国家自然科学基金项目(51064007)资助
江西理工大学优秀学术著作出版基金资助

有色金属矿山
重金属污染控制与生态修复

赵永红　周　丹　余水静　陈　明　编著

北　京
冶 金 工 业 出 版 社
2014

内 容 简 介

本书以有色金属矿山资源开采过程中产生的生态环境问题为核心，从污染产生的源头进行分析，概括总结了有色金属矿山废水、尾矿、矿区土壤中重金属污染的现状及治理技术；从生态修复的角度，论述了矿区生态环境综合治理的方法和技术。同时，结合近年来有关矿山重金属污染治理及生态环境修复的研究成果，全面概括、总结了目前有色金属矿山生态环境治理和恢复技术及应用现状。

本书可作为环境科学与工程、生态学、土壤学等学科普通高等学校本科生和研究生的课程教材，也可供有关专业科研工作者、工程技术和管理人员，政府、矿山企业负责环境保护工作的人员参考使用。

图书在版编目(CIP)数据

有色金属矿山重金属污染控制与生态修复/赵永红等编著．—北京：冶金工业出版社，2014.1

ISBN 978-7-5024-6499-8

Ⅰ.①有… Ⅱ.①赵… Ⅲ.①有色金属矿床—金属矿开采—重金属污染—污染防治 Ⅳ.①TD862 ②X5

中国版本图书馆 CIP 数据核字(2014)第 004810 号

出 版 人　谭学余
地　　址　北京北河沿大街嵩祝院北巷 39 号，邮编 100009
电　　话　(010)64027926　电子信箱　yjcbs@cnmip.com.cn
责任编辑　刘小峰　李维科　美术编辑　彭子赫　版式设计　孙跃红
责任校对　李　娜　责任印制　李玉山

ISBN 978-7-5024-6499-8

冶金工业出版社出版发行；各地新华书店经销；北京慧美印刷有限公司印刷
2014 年 1 月第 1 版，2014 年 1 月第 1 次印刷
169mm×239mm；12.5 印张；241 千字；189 页

34.00 元

冶金工业出版社投稿电话：(010)64027932　投稿信箱：tougao@cnmip.com.cn
冶金工业出版社发行部　电话：(010)64044283　传真：(010)64027893
冶金书店　地址：北京东四西大街 46 号(100010)　电话：(010)65289081(兼传真)

前 言

有色金属是航空、航天、汽车、机械、电力、通讯、建筑、家电等行业中不可或缺的基础材料，是提升国家综合实力和保障国家安全的关键性战略资源。我国有色金属矿产资源丰富，有色金属年产量稳居世界首位，有色金属资源的开发和利用在国民经济和社会发展过程中发挥着举足轻重的作用。然而由于在资源开采过程中对环境保护问题重视不够和开采技术相对落后，到目前为止已经产生了一系列的生态环境问题，如地表土层和植被的破坏，尾矿占用大量土地而破坏原有生态系统，采矿和选矿过程中产生大量粉尘并排放酸性或碱性矿山废水，矿区及周围土地、水体和大气的重金属污染等。其中，有色金属矿山开采引起的重金属环境污染问题已经引起社会的广泛关注，并成为制约行业发展的重要因素之一。因此，开展有色金属矿山重金属污染产生机制的分析，并探讨相关污染控制技术与原理，对解决行业污染问题，实现行业持续性发展具有重要意义。

本书以有色金属矿山资源开采过程中产生的生态环境问题为核心，从污染产生的源头进行分析，概括总结了有色金属矿山主要的环境污染问题，包括矿山废水、尾矿、矿区土壤重金属污染的现状及治理技术。在此基础上，分析和总结了有色金属矿山目前面临的生态环境问题，从生态修复的角度，论述了矿区生态环境综合治理的方法和技术。本书对近年来有关有矿山污染治理及生态环境修复的研究成果，以及工程应用进展进行了分析和梳理，结合作者在该领域的研究成果，总结了目前有色金属矿山生态环境治理和恢复的研究内容、治理技术及应用现状。

本书由赵永红、周丹、余水静、陈明负责编写。在编写过程中，王春英、成先雄、艾光华、张静、王春晖参与了部分内容的修订和录入工作，在此表示感谢！

本书的出版得到国家自然科学基金项目（51064007）、江西省矿冶环境污染控制重点实验室和江西省博士后科研择优资助项目的资助，谨表谢忱！

由于作者水平所限，书中难免有错误或者不当之处，敬请指正！

编著者
2013年12月

目 录

1 有色金属矿山重金属污染现状

1.1 我国有色金属矿山资源开发利用现状

矿产资源作为国土资源的重要组成部分，是经济建设的物质基础，也是能源和原料的基本来源。随着人类社会的发展和生产力的进步，人类对矿产的认识在不断加深，使其应用的范围也在不断扩大，充分显示了人类利用和改造自然的主观能动作用。新兴工业的崛起，尤其是原子能工业、新材料工业、微电子工业的迅猛发展，对矿产资源提出了大量新的要求。因此，如何最有效地开发和利用矿产资源则是国民经济持续发展的关键问题。新中国成立以来，特别是改革开放以来，我国有色金属工业得到了长足的进步，但同时又面临着严峻的挑战，如果对出现的各种问题不认真加以解决，势必会影响我国有色金属矿产资源的合理开发利用和有色金属工业的继续发展。

1.1.1 我国有色金属资源的现状

中国地大物博，矿产资源丰富。世界已发现的各类矿产有160多种，中国已发现150多种，探明储量的矿产有137种，发现矿产地20多万处，其中25种矿产储量居世界前列，45种主要矿产探明储量的潜在经济价值在10万亿元以上，居世界第三位。现已查明我国的主要有色金属矿产资源如下。

铜矿：我国已探明储量居世界第三位，仅次于智利、美国。除天津、香港以外，全国各省、市、自治区都有铜矿生产，但集中分布在赣东北、西藏昌都、四川会理、云南东川和易门、甘肃金昌和白银、湖北大冶及山西中条山等7个地区，占总储量的3/4以上，但品位较低。我国探明的铜资源储量中，平均品位为0.71%，品位大于1%的仅占1/5；有色金属工业系统尚待建设的铜矿山品位只有0.62%。而国外，智利四大矿山的平均品位为1.68%，赞比亚为3.5%，前扎伊尔达到5%，澳大利亚为1.8%。而且我国探明的铜矿体开采条件复杂，大多为小而薄的矿体。可以想象，我国铜资源所面临的形势是多么严峻。

铝土矿：冶炼铝金属的主要原料。铝在金属中的用途之广，用量仅次于钢铁。我国铝土矿储量十分丰富，探明矿藏储量在10亿吨以上。主要分布于山西、贵州、河南、广西4个省区，其储量占全国总储量的85%以上。我国铝产量居世界第6位。但是矿石类型不够理想，氧化铝厂建设投资大、周期长、成本高。

铅锌矿：保有储量居世界第一、二位，主要分布在云南、内蒙古、广东、湖南、甘肃、四川、广西、江西、陕西9个省区，依次为云南609.71万吨、广东412.97万吨、内蒙古335.24万吨、甘肃274.40万吨、江西263.09万吨、湖南246.75万吨、四川200.56万吨、广西181.22万吨、陕西175.78万吨、青海171.30万吨。今后主要的工作是增加后备资源，解决老矿山资源接替问题。

镍矿：储量主要集中在甘肃和新疆，其中最著名的是金川。

钨矿：钨为我国优势矿产，储量占世界钨总储量的50%以上。但开采品位下降，黑钨减少。

锡矿：储量居世界前列，资源形势一般，但易采易选的砂锡资源日见枯竭；品位高、开采条件好的锡资源不多。如我国著名的锡金属产地大厂，也将面临着上部富矿即将采完，下部贫矿必须尽快接替上去的生产局面。

钼矿：钼资源贫矿多，富矿少，大多为单一钼矿，开发利用尚大有潜力。

稀土、稀有金属：我国在已探明的稀有金属矿产中，锂、钽、铌居世界前列。稀土金属资源占世界第一位，在全国广泛分布。

我国有色金属矿产资源的特点如下：

（1）多矿种共生在一起的矿多，单一矿少。有色金属在已探明的矿产储量中能占总储量50%以上的单一矿产形式只有汞矿和锑矿，其他金属矿产绝大部分为多矿种共生的矿床。据统计，我国铜矿单一矿产占总量5%，铅锌矿均为共（伴）生矿，锡矿单一矿产占总量12%，作为主矿产占6%，钨矿单一矿产占总量8%，作为主矿产占46%，铝矿共（伴）生的有用组分的储量占探明储量的85%。

（2）贫矿多富矿少。我国有色金属矿产资源中贫矿占的比重很大，这是资源利用相当不足的一面。据统计，铜矿品位大于1%的只占探明总量的36%，其中单个矿床规模大于100万吨的不及铜总量的1%，铝土矿98.5%为铝硅比值偏低的一水硬铝石，其中还有一部分储量不能进行露天开采；铝矿石的平均含量大于0.2%的仅占总储量的3%。

（3）大、中型矿床占有储量比例大，而且有一批世界级的超大型矿床。甘肃金川白家嘴子铜镍矿、湖南柿竹园钨锡钼铋矿、湖南锡矿山锑矿、广西大厂锡多金属矿、云南个旧锡矿、云南兰坪铅锌矿、甘肃成县厂坝铅锌矿、河南栾川钼矿、陕西金堆城钼矿等，这些大型和超大型的矿床都已成为或将要成为我国重要的矿物原料基地。

（4）我国有色金属人均资源占有量严重不足。我国虽然是有色金属生产大国，但不是资源大国，有色金属资源禀赋较差，人均资源占有量严重不足。铜矿、铝土矿和镍矿等资源的人均拥有量分别仅为世界平均水平的13%、10%和9%。占有色金属产量94%的铜、铝、铅、锌、镍等金属品种的资源储量严重

不足。

1.1.2 我国有色金属资源开发利用概况

1.1.2.1 我国有色金属发展规模

当今人类社会95%的能源、80%的工业原材料、70%的农业生产资料都取自于矿物资源，人类现实生活的衣食住行、生活日用、医疗保健等各方面都离不开矿物资源。矿业是人类文明进步、国民经济发展和科学技术革命的基础。

随着我国经济的发展和人民生活水平的提高，矿物资源需求量越来越大，有色金属生产规模不断扩大，我国已建成矿山、冶炼、加工和辅助企业的完整的生产体系；近年来，随着经济持续快速发展，中国有色金属工业得到快速发展，已跨入世界生产大国行列。2002 年 10 种主要有色金属产量首次突破 1000 万吨，居世界第一位，到 2011 年，我国十种主要有色金属产量达到 3438 万吨，连续多年居世界第一位。其中铝、铅、锌、锡、镁、锑产量居世界第一，铜居第二。成为名副其实的世界矿业大国，除铜有较大缺口外，铝供需基本平衡，铅锌自给有余。然而，我国有色金属工业的发展与国民经济对有色金属工业的需求还很不适应。随着我国对矿产资源的开发与利用规模的扩大，一方面增加了巨额的社会财富，促进了经济和社会的发展；另一方面又带来了日益严重的环境和灾害问题。

1.1.2.2 有色金属综合利用水平

我国有色金属资源总的特点是储量较丰富，伴生元素较多，矿石类型复杂，单一矿石很少，许多有色金属矿中硫含量很高，并且一些矿石含有大量的砷矿物，从而增加了回收的难度。我国有色金属资源中共（伴）生的有用元素达 50 多种，常见的主要共（伴）生元素有 Cu、Ag、Au、Sn、S、Cd、Ti、Ge、Bi、Ga、Sb、Hg、In 等，其共（伴）生元素具有极大的综合利用价值。

目前我国在共（伴）生元素的回收方面取得了很大的进展。Cu、Sn、Sb 等元素的回收工作在 20 世纪 50～60 年代就已经开展，现已取得了很好的回收效果，尤其是在新药剂和新工艺上取得了很大的进展。例如，铅锌矿石中金的回收是在主要载体矿物回收的同时加以回收的，铅锌矿中金的主要载体为铜矿物、黄铁矿。

但是，我国矿产综合回收利用发展不平衡，绝大多数矿山资源回收工作已展开，但开展资源综合利用的科研工作的深度、广度不够，多数矿山对资源综合回收没有形成系统的科学管理体系，缺乏从矿物原料到加工利用各环节的综合利用研究。我国有色金属矿山共（伴）生元素综合回收利用水平不高，这就意味着大量的共（伴）生重金属元素进入了废弃物中，从而污染矿山环境。

1.1.2.3 有色金属回收利用现状

我国有色金属资源开发回收利用程度与企业规模、采矿方法和技术力量等有关。例如，我国铅锌采选能力达到100万吨/年以上的大型矿山，管理机制比较完善，技术力量雄厚，重视企业技术改造，重视新技术的开发和利用。铅锌的加权平均入选品位分别为2.96%和9.66%。铅的加权平均选矿回收率达到77.58%，锌的加权平均选矿回收率达到78.51%。采选开发利用水平铅锌分别为67.85%和68.66%。而采选能力介于30万~100万吨/年的中型矿山大部分为20世纪50~60年代建立的老矿山，据调查统计，我国中型矿山铅锌入选品位分别为3.67%和5.41%，精矿品位分别为59.92%和47.99%，回收率分别为87.97%和84.07%，铅锌综合利用水平分别为59.92%和55.56%。小型矿山由于资源枯竭、技术水平较低，铅锌入选品位分别为2.68%和6.55%，精矿品位分别为61.52%和52.56%，回收率分别为85.80%和89.94%，铅锌综合利用水平分别为55.44%和58.12%。

我国从采矿方法、采矿成本到回采率均与世界其他国家相差不大，主要差距在矿物加工领域，矿物加工从破碎技术到选矿药剂均存在一定的差距。在一定程度上制约了我国矿物加工领域的发展，使我国的回收水平与国际水平有一定的差距。

由于有限的利用水平，矿产资源开发不可避免地产生大量的废弃物。目前我国积存的尾砂、废渣约60亿吨，占用了大量的农田土地，给当地自然生态环境、社会经济生活带来了较大的负面影响。而尾砂、废渣中的重金属元素又不断向周边环境释放迁移，通过植物、水生生物等食物链长期危害人类健康。因此，就目前来说，考虑到已经存在有大量废弃物的前提下，控制与治理矿产资源开发所引起的重金属污染问题，不仅在于采选本身技术的跟进，关键还在于对废弃物的处理和综合利用。

1.1.3 我国有色金属资源开发利用存在的主要问题及对策

我国有色金属资源开发利用存在的主要问题可以概括为：

(1) 资源保障程度不容乐观。虽然近两年我国在找矿和勘探方面的力度逐年加大，部分有色金属资源储量也有所增长，但是较目前矿山开发力度和冶炼能力的发展速度来说，资源保障程度仍旧较低，铜资源严重不足；铝铅锌镍资源保障程度不高，对国外的依赖度增加；钨锡锑资源过度开采，势在下降；只有镁和稀土资源相对丰富。

如据美国地调局2007年统计数据揭示，2007年我国铅锌储量均居世界第二，在总量上确实具有比较优势。但事实上，我国铅锌资源储量已连续几年呈减少的

态势，铅锌储量已经步入严重短缺的资源行列。截至 2007 年底，全国铅储量（金属）只有 747 万吨、锌储量（金属）2424 万吨，若分别以 2008 年铅锌精矿（金属）产量 114 万吨及 315 万吨计，在不考虑采矿、选矿损失，而从静态角度计算，它们的供应保障能力严重不足，是大宗有色矿产资源中保障能力最差的矿种。

而储采比较高的镍资源形势也不容乐观。截至 2007 年底，全国镍储量只有 227 万吨，比 2006 年净减少 5 万吨。根据当前地质工作基础，近期在国内进一步发现金川矿区这样大型镍矿资源的可能性已经不大，由于没有新的大型矿床资源支撑，我国镍资源短缺矛盾将日益突出。如果考虑以后的扩能增产，估计其保障能力将进一步降低。

目前处于开发利用状态的铜矿占全国资源总量的 67%，铝土矿占 50% 以上，铅矿占 68%，锌矿占 72%，钨矿占 79%，钼矿占 60%，锡矿占 89%，锑矿占 87%，可供利用的后备资源不多。

（2）资源对外依存度越来越高。有色矿山经过多年的高强度开采（表 1-1），资源供应日趋吃紧，冶炼产能远远超过矿山开采能力，供需矛盾凸显，除了镁、钼、稀土金属等少数品种外，基础金属的生产严重依赖进口原料供给。

表 1-1　2000 ~ 2004 年中国有色金属矿山生产状况　　（万吨）

项　目	2000 年	2001 年	2002 年	2003 年	2004 年	年均递增率/%
采掘剥总量	21414	20912	26342	38447	32367	10.88
其中：采矿量	9588	9939	11285	12328	13846	9.62
剥离量	9655	9400	13514	14439	16323	14.03
出矿量	10506	10233	11610	12690	14358	8.12
铜精矿含量产量	59.3	58.7	56.8	60.4	74.2	5.76
铅精矿含量产量	65.9	67.6	64.1	95.5	99.7	10.91
锌精矿含量产量	178.0	169.3	162.4	202.9	239.1	7.66
镍精矿含量产量	5.0	5.1	5.4	6.1	7.6	11.04
锡精矿含量产量	9.9	9.3	6.2	10.2	11.8	4.49
锑精矿含量产量	9.9	9.7	6.0	1.0	12.5	6.0
钨精矿含量产量	4.5	5.3	7.0	7.0	11.6	26.71
钼精矿含量产量	6.4	6.3	6.7	7.2	8.5	7.35

资料来源：中国有色金属工业协会。

（3）有色金属矿山关闭加快，开采难度加大。全国县级以上国有有色矿山 900 余座，2/3 进入开采的中晚期，可采储量急剧下降。在九大有色金属资源基地中，资源接近枯竭的矿山数占 56%，有保障的仅占 19.5%。

（4）经营风险逐渐传导到上游矿山企业，矿山企业的盈利能力也在严重恶化。受2008年全球金融危机的影响，有色金属价格出现全线暴跌，其中，国内铜期货价格由2008年初的70000元/吨下跌至2009年2季度的22000元/吨，累计跌幅达70%；铝期货价格由21000元/吨下跌至2009年2季度的11000元/吨，跌幅接近50%；氧化铝价格也已下跌至1800元/吨；同期，国内铅、锌、镍市场价格跌幅也均超过了50%。2009年2季度铜、铅锌、镍等有色金属价格已跌至低品位矿山开采生产成本线以下，正逼近全行业生产成本。据统计显示（表1-2），截至2008年11月，有色金属矿山亏损企业由2007年的211家，上升至371家，亏损企业亏损额由2007年的511亿元，上升至815亿元。其中铅锌矿山亏损企业达201家，亏损面积已超过50%；亏损额达4亿元，占总亏损额的47%。铜、镍等其他矿山行业亏损额和亏损企业也成扩大趋势。自金融危机以来，全球经济持续处于低迷状态，有色金属矿山行业亏损面积呈不断扩大趋势。

表1-2 2008年部分有色金属矿山亏损情况（快报数） （亿元）

项 目	亏损企业亏损额		亏损企业家数	
	1～11月	上年同期	1～11月	上年同期
有色金属采选	8.5	5.1	371	211
其中：铜矿采选	0.8	0.5	42	33
铅锌矿采选	4	1.3	201	79
镍矿采选	0.17	0.05	9	4
铝土矿采选	0.025	0.084	2	2

中国正处于工业化发展的中期阶段，随着工业化、城市化进程的推进，国民经济发展对有色金属的消费需求还将继续增长。为解决资源瓶颈问题，保障国民经济持续、稳定、健康发展，应做好以下方面：

（1）继续加强国内有色金属资源的勘查，摸清资源家底，努力提高国内资源的保障程度。

（2）充分利用国外资源，降低国内资源的消耗速度。从国际市场进口资源是中国目前利用国外资源的主要方式，曾帮助实现了有色金属产量的快速增长，在此方面已积累了相当丰富的经验。今后应加强和巩固进口渠道的建设，进口国别和地区应适当分散，避免突发事件和紧急情况下供应中断。此外，进口品种应多元化，如铜，铜精矿、废杂铜、粗铜、精炼铜、铜材等应全方位进口，铝则应同时鼓励铝土矿和氧化铝进口，镍应鼓励进口红土镍矿、镍精矿等，以此规避市场风险。同时，鼓励国内企业走出去，以多种方式参与全球矿产资源的勘查开发，尽可能在全球范围内控制更多的有色金属资源，逐步建立稳定的国外原料供应基地，以增强抵御各种供应风险的能力。总之，充分利用国外资源，降低国内

资源的消耗速度，是提高国内资源保证程度的重要方式。

（3）稳定国内矿山的供应。通过对现有矿山、拟建矿山及后备资源基地的合理规划和布局，保证国产原料能按一定比例持续稳定地供应。

（4）加大科技投入，加强自主创新的能力。针对中国的资源特点，研发更适合中国国情的采选冶技术工艺及设备，提高国内有色金属采选冶的技术水平和资源综合利用能力，通过科技进步达到高效利用资源和节省资源消耗的目的。

（5）大力发展循环经济，加大资源再生利用。铜、铝、铅、锌等大宗有色金属具有良好的再生利用性能，国家应鼓励发展再生产业，完善再生资源的回收、加工、利用体系，特别要加强再生资源领域的科技研发，尽快提高再生资源的回收利用水平。

1.2　我国有色金属矿山重金属污染概况

有色金属是国计民生及国防工业、高科技发展必不可少的基础材料和主要的战略物资，有色金属矿产资源是国民经济建设和社会发展的重要物质基础。矿产资源大规模开发利用一方面为国民经济建设提供了资源保障，另一方面大大改变了矿区生态系统的物质循环和能量循环，造成了严重的生态破坏和环境污染。

1.2.1　有色金属矿山开采环境特点

（1）占地面积大。有色金属矿山一般由采矿工业场地、露采场（坑采）、选矿工业场地、废石场及尾矿库等组成。据统计，一座大型矿山平均占地达18万~20万平方米，小矿山也达几万平方米。由于我国有色矿山贫矿多、富矿少，以国民经济中应用最广的铜为例。我国铜矿石的平均品位仅有0.87%，其中含铜1%以上的矿石储量只占35.9%。位居亚洲前列的特大型铜矿江西德兴铜矿原矿含铜仅为0.41%，为全国最低，但其储量占全国可采1/5。因此，获得1t金属需产生大量废石和固体废物，不仅露天开采（或坑采）会直接毁坏地表土层和植被，而且矿山开采过程中的废弃物（尾矿、废石等）需要大面积的堆置场地，从而导致对土地的过量占用和对堆置场原有生态系统的破坏，引起水土流失。

（2）固体废物产生量大。采矿活动因大量剥离或开拓，会产生大量废石。每采出1t矿石平均产出1.25t废石，露天开采1t矿石通常剥离510t覆盖的岩土，选矿会产生大量尾矿，约0.92t/t。这些固体废物因受地形、气候条件及人为因素的影响，可能发生崩塌、滑坡、泥石流等。例如矿山排放的废石常堆积在山坡或沟谷内，这些松散物质在暴雨诱发下，极易发生泥石流。近几年来，尾矿库溃坝事件时有发生造成人员及严重的经济损失。2008年山西襄汾“9·8”重大尾矿库溃坝事故造成直接经济损失961.2万元，过泥面积30.2公顷，277人死亡。

（3）影响时间长。矿山项目属建设生产性项目，大型项目服务年限一般几十年，破坏的植被和固废堆置得不到及时治理，就会造成长期的水土流失。

1.2.2 有色金属矿产资源开发造成的环境问题

矿山开发对生态环境影响具有明显的时空变化特征，随着时间的推移，矿山开发对生态环境影响逐渐形成，在矿山整个生产期是动态变化的。最明显的是露天采场、废石场（排土场、排矸场）、尾矿库、地下采空区、塌陷地、地下水降落漏斗，影响范围、影响程度逐步扩大，对地表水、地下水、土地的污染也是逐步形成的。

矿山开采引起的生态破坏有三个过程：（1）开采活动对土地的直接破坏，如露天开采会直接破坏地表层与植被，造成地表裸露，土质疏松，水土流失加剧，尤其在山区更为严重；地下开采可导致地层塌陷等。（2）矿山开采过程中产生大量的尾矿等固体废弃物，尾矿和采矿产生的废石废渣是矿产资源开发利用过程中产生的两大类废弃物，它们的堆积需占用大面积的堆置场地，从而导致对原有生态系统的破坏。（3）矿山开采过程中的废水、废气和固体废弃物中的有害成分，通过径流、大气交流等方式，可对矿山周围地区的大气、水体和土地造成污染，其污染影响空间远远超过矿区本身。

1.2.2.1 对地面环境的影响

A 地表景观破坏

矿山开采包括露天和地下开采两种方式：露天开采以剥离挖损土地为主，破坏地被，以及堆放尾矿和冶炼渣等，明显地改变了地表景观；地下开采将矿物采出后，其上覆岩层失去支撑，岩体内部应力平衡受到破坏，从而导致采空区上覆岩层发生位移、变形直至破坏。矿山开采前一般多为森林、草地等自然植被覆盖的山体。开采后砍伐森林，压覆、毁坏土地，山体遭到破坏，废石与垃圾堆置，严重破坏地表自然景观、影响景观的环境服务功能。

B 对土地资源的影响

矿产资源开发不仅破坏和占用大量的土地资源，日益加剧了我国人多地少的矛盾，而且引起周围地区地下水位下降，造成表土缺水，许多地方土壤养分短缺，土壤承载力下降，造成土地贫瘠、植被破坏，导致水土流失加剧、土地沙化、荒漠化，加速土壤侵蚀。一般来说，有色金属在矿石中的含量相对较低，生产1t有色金属可产生上百吨甚至几百吨固体废物。我国有色金属业固体废弃物年排放量为6590万吨，占全国固体废弃物总排放量的10.6%，且利用率很低，约为8%。许多有害物质长期堆放并经过雨淋、风化、渗流等作用渗入土壤，使土壤基质被污染，土壤结构变差。金属矿床的开采、选冶，使地下一定深度的矿物暴露于地表环境，致使矿物的化学组成和物理状态改变，加大了金属元素向环境的释放，影响地球物质循环，导致环境污染。矿业开发所造成的土壤污染，量

大面广，特别是矿区污染土壤在产生机制、污染物迁移规律、治理的目标和方向等方面，与一般的污染土壤有一定的区别，因此研究矿区重金属污染土壤的修复技术就有其必要性、特殊性和紧迫性。

1.2.2.2 对水资源的影响

矿区塌陷、裂缝与矿井疏干排水，使矿山开采地段的储水构造发生变化，造成地下水位下降，井泉干涸，形成大面积的疏干漏斗。采矿可破坏植被，造成水分涵养下降，进而破坏地表径流的下渗过程。同时，地下开采会改变地下水流的方向，严重时会使河溪断流。河流作为水的运输通道，在矿区往往被作为废水排放的直接途径，河床常被当做堆场阻碍行洪。地表径流的变更，使水源枯竭，水利设施丧失原有功能，直接影响农作物耕种。

采矿产生的废水排放总量占全国工业废水排放总量的10%以上，处理率仅为4.23%。废水包括采矿生产中排出的地表渗透水、岩石孔隙水、矿坑水、地下含水层的疏放水以及井下生产防尘、灌浆、充填污水、废石场的雨淋污水和选矿厂排出的洗矿、尾矿废水等。这些废水大多呈酸性，以含有大量可溶性离子、重金属及有毒、有害元素为特征。

1.2.2.3 对大气的影响

矿山的生产过程中，会有大量的粉尘被排放到空气中。矿山排出的废石和尾矿在风力的作用下，也会产生大量粉尘，使清新的空气变得污浊。矿山生产排放废气和粉尘，不仅污染环境，还造成农业破坏。矿山企业冶炼、烧结等加工过程中排放的粉尘不仅对周围空气环境造成污染，而且还会造成土壤板结，并影响植物光合作用及授粉，破坏农田及植物生长。

1.2.2.4 生物多样性遭到破坏

植被清除、废渣排放、土壤退化与污染，对生物多样性的维持都是致命打击。据统计，我国因采矿直接破坏的森林面积累计达106万公顷，破坏草地面积为263万公顷。而生物多样性丧失后，虽然某些耐性物种能在矿地实现植物的自然定居，但由于矿山废弃地土层薄、微生物活性差，受损生态系统的恢复非常缓慢，通常要50~100年，即使形成植被，质量也相对低劣。因此，开矿造成的生物多样性的损失往往是不可逆的。

1.2.2.5 引发地质灾害

采矿活动造成的地表植被的破坏、水系的紊乱以及采空区的形成将会加剧水土流失，带来极具破坏力的灾害，如泥石流和山洪暴发，更严重的是可能会加速荒漠化。据报道，人为地破坏尤其是矿山的采矿及矿石运输是形成沙尘暴的重要因素之一，此外采矿地裸露地面也是产生沙尘流动源的重要因素。矿山地下开采形成的采空区，易引发地面塌陷、裂缝和沉陷。另外，采矿破坏了地下岩体的原岩应力，可能存在诱发地震的危害。矿山开发过程中，伴随有大量的废石和尾矿。而排土场和尾矿库一般建在山坡上，在风吹雨淋的作用下，存在溃坝并引发泥石流和山体滑坡的潜在隐患。

1.2.3 我国有色金属矿山重金属污染问题

资源与环境是人类赖以生存、繁衍和发展的基本条件。随着人口的急剧增长、工农业生产和科学技术的飞速发展，人类正以前所未有的规模和强度开发资源。人类在对矿产资源进行开发与利用时，不可避免地带来许多环境和灾害问题，其中重金属污染是矿产资源开发引起的主要环境问题之一。

自然界存在100多种元素，其中约有80多种是金属元素，而重金属是指密度大于或等于5g/cm^{3}的金属，约有45种。像As、Se等一些元素是处于金属与非金属之间的具有过渡性质的元素，它们兼有金属和非金属的某些性质，一般被称为类金属；根据其环境效应和对生命体的毒性作用，在环境科学研究中，也被称为重金属元素。自然界主要重金属元素及其相对原子质量、密度如表1-3所示。

表1-3 自然界中主要重金属元素

重金属元素	相对原子质量	密度/g·cm^{-3}	重金属元素	相对原子质量	密度/g·cm^{-3}
钒（V）	50.942	6.11	银（Ag）	107.87	10.49
铬（Cr）	51.996	7.14	镉（Cd）	112.40	8.65
锰（Mn）	54.938	7.43	锡（Sn）	118.69	7.31
铁（Fe）	55.847	7.25~7.86	锑（Sb）	121.75	6.68
钴（Co）	58.933	8.92	铂（Pt）	195.09	21.45
镍（Ni）	58.71	8.90	金（Au）	196.967	19.3
铜（Cu）	63.54	8.94	汞（Hg）	200.59	13.59
锌（Zn）	65.37	7.14	铅（Pb）	207.19	11.34
砷（As）	74.921	5.73	铋（Bi）	208.98	9.78

重金属污染是指由重金属及其化合物引起的环境污染，重金属污染物在环境中难以降解，能在动物和植物体内积累，通过食物链逐步富集，浓度能成千成万甚至成百万倍地增加，最后进入人体造成危害，是危害人类最大的污染物之一。国际上，许多废弃物都因含有重金属元素而被列入国家危险废物名录。一般来说，少量甚至微量的接触即可对人体产生明显的毒性作用，称为有毒金属元素或

金属毒物，已发现危害较大的有毒金属元素有 Hg、Cd、Pb、As、Cr、Sn、Mo、Se 等，必须指出的是，有毒金属元素的划分也是相对的，有机体所需要的、在营养上所必需的金属元素如 Fe、Cu、Co、Zn、Mn、Se 等，如摄入量过多，也会产生毒性作用。

重金属一般以天然含量广泛存在于自然界中，由于其在人类的生产和生活方面有广泛的应用，使得环境中存在着各种各样的重金属污染源，但最主要的污染源是采矿、石化燃料、冶炼以及使用重金属的工业企业，尤其是有色金属矿产资源开发。

在进行矿产资源开采、运输和选冶过程中，都会产生一定的大都含有重金属元素的固体、液体和气体废弃物，这些重金属一旦进入到周围的大气、水和土壤环境中，便对当地乃至大范围环境产生一定的污染和危害。

首先，采矿作业过程就是将矿物破碎并从井下搬运到地面的过程，这样就改变了矿物质的化学形态和存在形式，这是重金属污染环境的关键所在。矿物破碎时，一部分重金属通过井下通风系统随污风排至地表，然后通过大气扩散进入人体呼吸系统，或沉降到土壤和水体中；一部分通过坑道废水进入地下水或地面水环境。矿物质在井下或地面搬运过程中，也因洒落、扬尘进入附近的水体或土壤中，对环境造成危害。

然后，矿石开采出来之后要进行选矿。选矿产生的尾矿通常呈泥浆状，尾矿一般存放在尾矿库，小部分尾矿作为充填材料又回填到井下，绝大部分长期堆存在尾矿库。选矿废水以及尾矿沉淀后的废液经简单处理后循环使用或用于周边农田灌溉，部分废液经尾矿坝泄水孔直接外排至周边水体。尾矿库中的重金属通过外排的废液或者通过扬尘进入周边环境，从而对周边环境产生重金属污染和危害。同时，选矿必须加入选矿药剂，如捕收剂、抑制剂、萃取剂，这些药剂多为重金属的络合剂或螯合剂，它们络合 Cu、Zn、Hg、Pb、Mn、Cd 等有害重金属，形成复合污染，改变重金属的迁移过程，加大重金属迁移距离。因此，在矿产资源开采过程中，选矿废水和尾矿库的重金属是矿山环境污染的重要来源。

总之，矿床资源开采和选冶，将地下一定深度的矿物暴露于地表环境，致使矿物的化学组成和物理状态发生改变，加大了重金属向环境释放通量。矿山废弃物中的重金属，一方面，通过废石和尾矿堆的孔隙下渗进入底垫土壤或通过地表径流进入周围环境土壤；另一方面，通过地表径流进入下游水文系统或下渗到地下水，径流又携带重金属进入流经的土壤，造成整个矿区甚至附近大区域的水体和土壤的污染，并影响整个生态系统。

1.2.4 重金属污染评价

重金属污染物是一类典型的优先控制污染物。环境中的重金属污染与危害取决于重金属在环境中的含量分布、化学特征、环境化学行为、迁移转化及重金属对生物的毒性。人类活动极大地加速了重金属的生物地球化学循环，使环境系统中的重金属呈增加趋势，加大了重金属对人类造成的健康风险。当进入环境中的重金属超过其环境容量时，即导致重金属环境污染的产生。重金属环境污染物为持久性污染物，一旦进入环境，就将在环境中持久存留。由于在重金属对人类和生物可观察危害出现之前，其在环境中的累积过程已经发生，而且一旦发生危害，就很难加以消除。因此，在过去20多年中人们就通过不同途径引入的重金属对生态环境的污染做了广泛的研究。下面着重对矿产资源开发重金属污染评价进行综述。

目前，在对矿区重金属污染进行评价时，常采用的评价方法主要有总量法、化学形态分析法和生物指示法等几种。

总量法是最早采用的方法。它以矿区污染重金属元素含量的高低为依据，来判断尾矿和矿渣对矿区生态环境的影响。样品中重金属元素的含量越高，尾矿和矿渣对环境潜在的影响就越大。J. M. Azcue等通过对加拿大某尾矿堆积地区和没有尾矿堆积地区湖中沉积物As和Pb浓度的测定，表明前者As、Pb浓度分别为1104μg/g和28100μg/g，而后者仅为98μg/g和88μg/g。再者，湖中沉积物孔隙水中As浓度比湖水中As浓度高4个数量级。这充分表明了As、Pb是从尾矿输入的。挪威Gatlla河受到该地区以前采矿活动的严重污染，导致河流中Cu和Zn的可溶浓度上升。检测结果为Cu155μg/g、Zn186μg/g。孙华等（2003）通过现场采样调查及室内样品分析研究了贵溪矿区和冶炼厂附近蔬菜地土壤及作物的重金属含量。结果表明，该区土壤已受到严重污染，特别是Cu、Cd含量全部超标，作物产量和品质均明显下降，已不适于继续食用。张超兰等（2003）通过对南宁市郊某铅锌矿污染区12个主要菜地土壤中重金属（Cu、Zn、Cd、Pb）含量的调查和分析测定，采用模糊综合评判方法对土壤中重金属污染状况进行评价。结果表明，南宁市郊部分蔬菜土壤不同程度地受到Cu、Zn、Pb、Cd的污染，污染程度依次是：Cd污染 > Pb污染 > Zn污染 > Cu污染。吴超等（2003）对某铅锌矿山尾矿区土壤进行了大量的取样、化验分析，结果表明矿产资源开采主要废弃物尾矿对周边土壤造成了严重的重金属污染，并结合已有的历史数据建立了未来土壤Pb、Zn、Cd和As浓度的预测模型，指出如果不采取任何措施，10年后该矿区土壤Pb、Zn、Cd和As的浓度将为预测时的1.19～2.71倍。王庆仁（2002）等对我国几个工矿区与污灌区土壤重金属污染状况及原因进行了探讨。通过对几个矿区土壤重金属污染状况的调查，结果表明，土壤重金属含量绝大部分高于土壤背景值，Cd、Zn等明显超标，某些重金属元素含量间还存在一定的伴生规律。滕彦国等应用标准化方法对攀枝花地区表层土壤的重金属污染进行了评价，并建立了攀枝花地区土壤环境地球化学基线模型，评价结果表明，该区

Cd 没有污染，Co、Cr、Ni、Pb 为轻微污染，As、Zn 以重度污染为主，污染程度较高的地区主要分布在工矿区。文献检索发现，近几年来，通过分析和调查环境介质重金属元素的含量来评价重金属污染程度和状况的文献报道还有很多。

但是，最近的一些研究表明重金属在环境中的行为和作用，如活动性、生物可利用性、毒性等，仅用它们在环境中的总量来预测和说明是不确切的。其主要原因是在生态系统中，生物只能利用以离子形式存在的重金属元素，而重金属含量的高低与它们在样品中的存在形式之间没有直接的关系。有时含量可能会很高，但如果活性很差，动植物就不能直接吸收和利用这些重金属元素，它们也不可能富集到动植物体内去。也就是说，重金属含量的大小并不能决定重金属对环境的污染程度，因为重金属存在的物理、化学形态与重金属的释放迁移轨迹和方向关系非常密切，重金属含量以及物理和化学形态决定了重金属元素的污染状况和潜在的生物有效性。因此，在评价重金属污染状况研究中，除了要了解重金属元素含量外，还要掌握重金属存在的物理、化学形态，这种方法就是化学形态分析法。化学形态分析法是用一种或多种化学试剂萃取样品中的重金属元素，根据重金属萃取程度的难易，将样品中的重金属分为不同的形态。同一重金属元素其形态不同化学活性或生物可利用性也就各不相同。依据使用萃取剂的种数和萃取步骤的次数，可将化学形态分析法分为连续萃取法和单一萃取法两大类。

植物指示法是一种正在迅速发展的方法，也是前景最看好的方法之一。在矿区周围被污染的土壤中寻找一些植物作为生物指示剂，依据它们体内吸收的重金属的量来直接判断土壤的污染程度。美国蒙大拿州 Clark Fork 河流受到上游地区铜矿开采和冶炼活动的影响，使河岸湿地生长的植物——阔叶香薄植物组织中 Cu、Zn、Fe 和 Pb 的浓度明显升高。龙健等（2003）通过野外土样采集及室内测定，研究了浙江哩铺铜矿区重金属污染对土壤中微生物指标的影响。结果表明，与对照土壤相比，矿区土壤微生物参数发生了明显的改变，并指出微生物学特征可作为矿区土壤环境质量变异的有效指标。植物对土壤中微量重金属元素的吸收是这些元素进入食物链最主要的途径之一。按照植物对重金属的反应性不同，人们将植物分为以下三类：富集植物、指示植物和免疫植物。其中，富集植物能有效地吸收重金属而不管重金属的浓度高低如何；指示植物对重金属的吸收是随土壤中重金属可利用性部分的增多而增加；免疫植物则在一定的浓度范围内不吸收重金属。富集植物可用于重金属污染土壤的生物修复，免疫植物由于具有不吸收利用重金属的特性，可直接在重金属污染的土地上种植。依据指示植物体中重金属元素的含量，可直接判断污染土壤中重金属的活动性和生物可利用性。这与前面所讲的总量法、化学形态法有所不同。

如何在矿区周围寻找或专门种植一些特殊植物来帮助我们认识矿区土壤重金属污染程度是植物指示法面对的最主要的问题。目前，生物指示法还处于发展之中，还有很多问题，诸如指示植物的选择、适用范围以及哪一部位的组织（根、茎、叶、果实）和哪一生长阶段的植物可用来做指示植物等，都亟待解决。

在对重金属污染评价研究中，除了通过植物、水生生物、沉积物、微生物等生命体重金属含量来进行研究外，对环境介质酶活性的研究也是目前常用的研究手段。滕应等（2002）对浙江省天台铅锌银尾矿污染区土壤中酶活性进行了测定。结果表明，污染区土壤中酶活性随着重金属污染程度的加剧而显著降低，其中脱氢酶和脲酶活性下降最明显。多元回归模型显著性检验表明，单一脱氢酶活性与矿区土壤重金属复合元素含量之间呈极显著相关，而单一脲酶、蛋白酶以及酸性磷酸酶活性与重金属复合元素含量呈显著相关。主成分分析结果显示，尾矿污染土壤中的酶信息系统的第 1、2 主成分方差贡献率之和达 98.06%，以第 1、2 主成分建立了 2 个土壤中酶活性的综合指标（即总体酶活性），依据总体酶活性对各供试样本进行空间分类，其结果与以重金属含量为依据的划分结果基本上相吻合。可见，采用酶活性构筑的土壤信息系统的总体酶活性，表征矿区土壤的重金属污染状况是可行的。

大型蚤法作为诊断和评价水环境污染的一种标准方法，已经得到了广泛的应用。将此法应用于土壤重金属污染的毒性检测，李永进等进行了此方面的实验。他采用清洁土壤人工投加污染物的方法，应用大型蚤法对四种重金属污染的草甸棕壤进行了毒性的诊断。通过实验，确立了四种重金属在草甸棕壤中的 IC_{50} 值（50% Immobilization Concentration）：Cd 157.71μg/g，Zn 182.29μg/g，Cu 185.09μg/g，Pb 1223.3μg/g。对复合污染的研究表明，重金属间存在明显的协同作用。这一研究表明了土壤毒性变化与大型蚤运动抑制的关系，为重金属污染土壤毒性快速诊断提供了理论依据。

D. J. 赫佐格等根据美国内华达州的实践经验，提出了一种新颖的评价方法。这种方法包括两个步骤，即描述矿山废物的特征和评价其潜在的影响。在评价过程中，可以使用一种或综合使用几种方法。据称在该地区的几座矿山，这种采用土壤稀释试验和水均衡模拟的新型评价策略已成功应用于评价矿山废物的潜在影响。

不过，目前评价矿区土壤污染最常用的方法还是通过其重金属含量和形态的测定，并结合环境标准进行比较来判断重金属污染的程度，这是一种比较简单但很实用的方法。根据以上方法所获得的大量数据一般比较分散和零乱，并且环境污染机理也十分复杂。因此，在进行重金属污染评价时，往往要应用数学方法对这些数据进行处理和分析，以便更客观、更全面地反映重金属污染状况。这些数学方法有单向指数法、综合指数法、内梅罗指数法、WQI 法、模糊数学法、值评价法、密切值法和灰色聚类法等。

1.3 有色金属矿山重金属环境地球化学问题研究现状

矿山环境是一种重要的原生与次生环境复合体，特别是有色金属矿山，既是资源的集中地，又是天然的生态环境污染源。金属矿山废石和尾矿的长期堆存不仅占用大量土地，而且在地表径流、风、雨水淋滤等自然作用下，其中的重金属等组分不断扩散迁移，影响其周边的土壤、水体和大气。因此，矿山环境的研究重要而迫切，特别是重金属污染，对其物质来源及环境地球化学行为的研究已日益受到重视。

1.3.1 环境地球化学的概念

环境地球化学是地球化学与环境科学结合而发展起来的新兴边缘学科。环境地球化学由地球环境的整体性和相互依存性出发，以地质地球化学理论为基础，针对环境污染特点和全球环境变化问题，综合研究化学元素在地—水—气—生各圈层间的地球化学过程，揭示自然作用和人类活动干扰下地球化学环境系统的变化规律，为资源开发利用、生态环境保护及人类健康服务。

1.3.2 矿山重金属的污染源

我国尚未建立完善的涉及有色金属采选业重金属污染防控的监管体系，对重金属污染源研究不够彻底，目前可将重金属污染源分类为：水污染源、大气污染源、固体污染源。

首先，一方面，由于大多数矿区所处的地区生态环境较好，矿体和矿渣中的有害重金属在洗矿的过程中产生的大量废水直接排入周边水体，造成污染；另一方面，通过淋溶进入地表水和地下水，造成水源的污染，更为严重的是一些小矿主就地选矿，致使带有大量重金属的废渣、废水直接排入水体，严重污染河流。

其次，在矿石开采、冶炼、加工的过程中，会产生大量的扬尘、废气等污染物，这些污染物往往含有大量的有害物质，严重污染大气。例如，黄金的冶炼会产生大量的 SO_2，若用汞法提金，还会产生大量汞蒸气。

最后，矿渣和尾矿的堆放，有些中小矿厂甚至没有尾矿库，将矿渣和尾矿乱堆乱放，这势必造成对土壤资源的破坏和污染。

1.3.3 重金属环境地球化学研究进展

1.3.3.1 重金属在大气中环境地球化学研究

大气颗粒物中的重金属污染物具有不可降解性，不同化学形态的金属元素具有不同的生物可利用性，重金属的长期存在可能对环境构成极大的潜在威胁。粒径小于 10μm 的大气颗粒物（称可吸入颗粒物（PM10）或可吸入悬浮颗粒物

(RSPM)）含有更高含量的重金属，据报道，大约 75% ~90% 的重金属分布在 PM10 中，且颗粒越小，重金属含量越高。大气颗粒物通过呼吸进入人体后，其中的重金属可造成各种人体机能障碍，导致身体发育迟缓，甚至引发各种癌症和心脏病。

A 重金属在大气颗粒物中的地球化学形态

已有的研究表明，重金属对环境的危害首先取决于其化学活性，其次才取决于其含量。在有关重金属化学形态的研究中，如何进行形态的分类和提取相当重要。有的学者采用 SMT（The Standard Measurements and Testing Program of the European Community）分类法把金属的存在形态划分为七类，即水溶态、可交换态、碳酸盐结合态、铁锰氧化物结合态、有机物、硫化物结合态和残渣态。Tessier 采用连续提取法把固体颗粒的金属的存在形态划分为五类，即可交换态、碳酸盐结合态、铁锰氧化物结合态、有机结合态和残渣态，目前主要采用这一分类方法。Femandez 从人体生理环境考虑设计分析方案，研究了城市细颗粒物中 11 种痕量金属的形态分布。已有研究表明，尽管各重金属化学形态的分布与粒径的关系各有其独自特征，但总体上仍表现为颗粒越小，环境活性越大的特点。

B 大气颗粒物中金属的迁移转化

大气颗粒物通过干湿沉降可转移到地表土壤和地面水体中，并通过一定的生物化学作用，将重金属转移到动植物体内。由于进入生态系统中的重金属会通过食物链传递危害人体健康，因此有关生态系统重金属污染物循环迁移累积规律的研究已成为环境科学领域的热点问题。大气颗粒物作为影响生态系统重金属累积的外援因子之一，对生态系统重金属累积具有重要意义。据 Klokel 的报道，在许多工业发达国家，大气沉降对生态系统中重金属累积贡献率在各种外源输入因子中排列首位。Miguel 等曾建立了数学模型对大气颗粒物中重金属在城市生态环境各圈层之间的循环通量进行了定量研究。

重金属的化学形态在一定的环境条件下，可发生转化。吕玄文等的研究表明，大气颗粒物经过酸雨浸泡后，Cu 的可交换态含量迅速增加，而碳酸盐结合态、残渣态的含量由于向可交换态转变而减少；在湖水浸泡条件下，Cu 的铁锰氧化物结合态含量大幅增加，有机结合态含量也有明显增加，残渣态的含量大幅减少。这说明了在氧化或还原条件下，重金属的化学形态可发生相互转化，同时其对环境的危害性也发生了相应的改变。

1.3.3.2 重金属在土壤中环境地球化学研究

A 重金属在土壤中的迁移和其特点

重金属进入土壤环境后，扩散迁移比较缓慢，且不被微生物降解，通过溶解、沉淀、凝聚、络合、吸附等过程后，容易形成不同的化学形态。当其在土壤

中积累到一定程度，就有可能通过土壤—植物（作物）系统，经食物链为动物或人体所摄入，潜在危害性极大。

与其他污染形态有所不同的是，土壤重金属污染有其自身特点，主要表现为：(1) 隐蔽性和滞后性。土壤重金属污染往往要通过对土壤及农作物样品进行监测后，甚至通过对人和动物健康状况进行诊断后才能确定。(2) 累积性。由于重金属在土壤中不容易迁移、扩散和稀释，因此，很容易在土壤中不断积累而超标，同时也使土壤污染具有很强的地域性。(3) 不可逆性和难治理性。重金属污染的自然降解是非常困难的，积累在土壤中的重金属很难靠稀释作用和自净作用来消除。

B 土壤重金属迁移模拟研究

土壤重金属的分布转化以及污染修复主要有数学模型及计算机模拟研究两种研究手段。重金属在土壤中的迁移的模拟研究主要有具有确定性解的解析或数值模型和不确定解的随机模型。一般来说常用的解析或数值模型即对流—弥散模型 (Convective—Dispersive Model，简称 CD 模型)，CD 模型主要应用于具体的微观尺度的模拟研究，用于研究土壤重金属受植物、天气、水分和污染源影响的迁移规律。随机模型在求解中常根据经验简化相应边界条件，因此也称经验随机模型，主要用于在大面积区域性重金属在土壤中传输的研究。

1.3.3.3 重金属在水体中环境地球化学研究

重金属一旦进入水环境，均不能被生物降解，而是会以一种或多种相对稳定的形态长期驻留在环境中，造成永久性的潜在危害。其主要通过沉淀—水解作用，吸附—解吸作用，同沉淀与离子交换作用，氧化—还原作用，配合作用，胶体形成作用等一系列的物理化学过程进行迁移和转化，在迁移和转化的过程中主要有两个环节十分重要：(1) 重金属被吸附，这是重金属污染物沉降的前提条件。重金属如何被吸附，吸附量和吸附速率受哪些因素的影响，都直接关系到重金属能否很快迁移到沉积物中。(2) 重金属的释放。重金属从悬浮物或沉积物中重新释放造成二次污染，对其释放规律和影响因素的研究十分必要。

A 水体中影响重金属吸附的主要因素

重金属污染物进入水体后由于水体中悬浮物的吸附作用，大部分从水相转移至悬浮物种随之迁移，当选浮物负荷量超过其搬运能力时就会逐步沉降下来，蓄积在沉积物中。水环境条件等因素改变时，重金属又可能再次释放，重新进入水体中。由此可见，重金属在水体中的各种物理化学及生物反应，并且其中有些过程是可逆的，所以在研究重金属在水体中的迁移转化规律时，必须综合考虑各过程以及主要影响因素。

当重金属在水体中吸附时影响重金属吸附的主要因素有悬浮物、泥沙粒径、泥沙浓度、沉积物、温度和 pH 值以及离子强度。

天然水体中上述几种因素分别对重金属吸附产生影响，当要综合分析它们对重金属吸附过程的影响时，人们发现可用三种等温吸附模式，即 Henry 型、Langmuir 型和 Freundich 型，来描述重金属的吸附过程，三种吸附模式分别有不同的适用条件。吸附等温式和吸附动力学方程是三种模式的数学表达形式，其中，吸附等温式是在温度固定条件下表达重金属平衡吸附量和水相平衡浓度之间关系的数学式，根据这种关系绘制的曲线称为吸附等温线，通过该曲线可以研究两者之间的相关关系。吸附动力学方程描述的重金属吸附量随时间的变化过程，主要通过分析吸附和解吸速率来实现。

B 水体中影响重金属释放的主要因素

累积于悬浮物或沉积物中的重金属还会被重金属释放出来，这对水生生态系统和饮用水的供给都是十分危险的。水体中的重金属被释放主要由四种化学变化引起。其主要变化的因素有水中盐度的变化、氧化还原反应条件的变化、pH 值的变化以及天然或人工合成的强络合剂的使用。此外，微生物的活动也会引起重金属的释放，主要通过络合金属离子、改变环境条件以及氧化还原等方式促使金属的释放。

除了上述因素影响之外，重金属释放还与颗粒粒径、颗粒表面特性以及水流紊动强度等因素有关。一般粒径大解吸能力强，水流紊动强度可通过影响水流挟沙力来影响重金属的释放。

对重金属在水体中释放规律的研究主要有两种方法。一种方法是以重金属吸附动力学为基础，把重金属释放看做是吸附的逆过程。《湘江重金属迁移转化模型研究》中在研究释放动力学方程中的系数时就用 Freundich 型吸附模式中的解吸系数代替，正是从这种角度来研究重金属的解吸过程。另一种方法则是以重金属释放的试验为基础，研究重金属释放的动力学过程。

1.3.4 矿山重金属污染物的迁移与环境地球化学效应

矿山环境中的重金属，一方面，通过废石及尾矿堆的孔隙下渗进入底垫土壤或通过地表径流进入周围环境土壤；另一方面，通过地表径流进入下游水文系统或下渗到地下水，将地表水和地下水联系起来，造成整个矿区甚至附近大区域上的水体污染，并影响整个生态系统。矿山排出的酸性水是有害重金属元素的一个重要载体。从环境学的角度讲，研究矿山废物氧化作用及其导致金属迁移的机理和环境效应是环境地球化学研究的一个重要方面。

1.3.4.1 *矿山环境中氧化作用与 AMD*

地表条件下，土壤和地质体的氧化和水解反应引起硫化物矿物的风化作用，

导致包括酸在内的风化产物的释放。矿山水文环境中酸的主要来源是硫化物矿物的氧化作用，特别是含铁硫化物。Jennings 等评价了 13 种普通硫化物和硫酸盐矿物的氧化反应（矿物用 10% 的 H_2O_2 处理）。结果表明：毒砂、黄铁矿、黄铜矿、磁黄铁矿、白铁矿和闪锌矿等产酸明显，而实验条件下方铅矿、辉铜矿和硫酸盐矿物——重晶石、硬石膏、石膏、铅矾和黄钾铁矾等没有生成酸。总之，硫化物的氧化作用释放一定量的酸、铁离子、SO_4^{2-} 及其他金属进入尾矿的孔隙水中。同时释放的酸性溶液又加速硫化物及其他造岩矿物的氧化和溶解，从而使更多的元素从原矿石中释放迁移出来。

1.3.4.2 硫化物氧化作用的制约

矿山环境中硫化物氧化作用产生的富含金属元素的酸性水体，即 AMD，其形成的 pH 值范围大多为 2 ~ 4。AMD 形成的快慢受外界地球化学条件的限制。比如受碳酸盐、氢氧化铝、铝硅酸盐和氢氧化铁等耗酸矿物质的制约。

制约硫化物氧化作用的因素很多，包括：（1）与硫化物接触的溶液 pH 值；（2）矿物的化学性质、表面积和形态特征；（3）溶液中 O_2 和 Fe(Ⅲ)的含量；（4）温度；（5）硫化物与共存矿物的相互作用；（6）微生物的影响。因而，研究废石尾矿堆中的化学反应和矿物氧化过程必须综合考虑各种地球化学条件的制约，才能得出正确预测尾渣毒性及环境地球化学效应的科学结论。

1.3.4.3 金属的迁移机制

硫化物的氧化作用释放一定的金属离子、SO_4^{2-} 和 H^+，这是金属元素向环境迁移和扩散的第一步。接下来的金属迁移还受一系列复杂的沉淀—水解作用、同沉淀作用、离子交换和吸附/解吸附反应的控制。

（1）沉淀—水解作用：中和反应是导致金属沉淀的一个重要机制。尾矿中碳酸盐矿物（如方解石等）的溶解或与地下水（含较高的 HCO_3^-）的混合作用，可以中和矿山水的酸性。当矿山水体被中和时，pH 值升高，金属离子或风化产物（Fe^{2+} 或 Fe^{3+}）的硫酸盐通过水解作用直接沉淀。

（2）吸附/解吸作用：大量的地球化学研究表明，酸性矿山水中，Fe(Ⅲ)/Al(Ⅲ)水解沉淀而导致污染水体含有丰富的无定形铁/铝（氢）氧化物颗粒，是金属吸附迁移的重要载体。胶体态 $Al(OH)_3$ 的形成以及 Al 沉淀作用的可逆性已得到很多实验和研究证实。pH 值约为 4.6 时，无定形的 $Al(OH)_3$ 形成。随着 pH 值升高，Al 先形成无定形的胶体相，而后慢慢聚集成团，最终形成微结晶的三水铝石或其他类似矿物。在较高 pH 值条件下，尽管 Fe(Ⅱ)也是可溶的，但是非生物的或微生物参与的氧化作用最终使之转化成 Fe(Ⅲ)，形成胶体。当 $pH < 4$ 时，Cu、Pb 和 Zn 等在无定形铁氢氧化物表面没有发生吸附作用，只有在 pH 值

增加时，吸附作用才发生和加强。既然低 pH 值条件下金属呈自由离子存在，pH 值的降低能导致 Cu、Zn 和其他金属从无定形铁氢氧化物中解吸附出来。由此可见，胶体表面的吸附不是一个简单的积累过程，而是一个吸附/解吸附的动态过程。

（3）同沉淀与离子交换：同沉淀与离子交换作为一种金属迁移机制，在矿山环境中有重要意义。如次生铜蓝的形成可能是 Cu^{2+} 交换了硫化物中之 Fe^{3+} 或 Zn^{2+} 所致。而存在于次生矿物相或集合体中，不呈独立矿物相的某些元素（如 Ni、Co）可能以同沉淀方式进入其中。然而这些金属元素的转化和赋存机制并不是很清楚。

上述表明，矿山环境系统中各种金属元素的迁移都随固体矿物及溶液化学性质不同而变化。它们的迁移机理并不单一，甚至同种金属的迁移形式也随时间和空间位置的不同而有差异。某些情况下，特别是容矿岩石能缓冲 AMD 时，矿山水排出矿山之前，金属含量就减至背景值，在某些地球化学条件下则要经过长距离的搬运后才能沉淀下来，有时没有发生化学反应的简单稀释作用也能影响金属的迁移正是这些复杂的重金属迁移过程导致了矿山环境中复杂的环境效应。

1.4 结语

近年来，随着环境地球化学研究领域的不断拓宽，关于我国有色金属矿山重金属污染环境地球化学的文献增加很快。但是，由于矿山环境中废石及尾矿堆氧化作用和金属迁移的地球化学过程的复杂性，尽管国内外不少学者对矿山环境进行了大量的研究工作，仍然存在许多问题。

（1）矿山环境的矿物转化过程中环境地球化学信息的提取和识别研究。扫描电镜和电子探针微区分析提供了矿物转化的重要信息，重要的是，如何从这些矿物转化过程提取或解译其内在的环境演化信息。

（2）蒸发过程和外来水体（雨、雪等）加入对矿山环境氧化作用及金属迁移的影响。蒸发过程和外来水体（雨、雪等）加入对尾矿堆内水体的酸性和金属含量有直接的影响，而这些因素伴随尾矿堆的整个氧化过程。

（3）同位素和微量元素的示踪已广泛应用于各种地质和水文地球化学过程的研究，矿山环境中这些地球化学手段的引入，可为金属释放迁移过程的研究提供重要信息。

（4）矿区环境系统的环境效应以及矿山开发对元素外生循环的贡献研究。此外，很多研究成果是在实验室条件下得到，如何有效地应用于复杂的矿山环境系统中，也是一个有待研究的重要课题。

（5）自然的低 pH 值尾矿水溶液中，拥有庞大的细菌群落。然而，有关微生物参与下的硫化物氧化作用的生物机理过程的研究较少。宏观上，矿山附近区域上的动植物对重金属的生物积累及生态效应研究也有待深入。

参考文献

[1] 邓丽丽．我国有色金属矿产资源的现状及开发对策[J]．矿业研究与开发，1998，18(5)：44-46.

[2] 廖国礼．典型有色金属矿山重金属迁移规律与污染评价研究[D]．长沙：中南大学，2006.

[3] 尚福山，段绍甫．2008年主要有色金属矿产资源开发现状及2009年供需形势分析[J]．中国矿业，2009，18(2)：5-7.

[4] 林如海．中国有色金属矿物资源开发现状及展望[J]．中国金属通报，2006(35)：2-7.

[5] 周京英，孙延绵，付水兴，等．中国主要有色金属矿产的供需形式[J]．地质通报，2009，28(2)：171-176.

[6] 沈建新．浅谈有色金属矿山生态环境影响与评价[J]．有色冶金设计与研究，2011，32(2)：9-12.

[7] 张东为，崔建国．金属矿山尾矿废弃地植物修复措施探讨[J]．中国水土保持，2006(3)：40-42.

[8] 李莲华，高海英．矿山开采的环境问题及生态恢复研究[J]．现代矿业，2009(2)：28-30.

[9] 罗莹华，梁凯，刘明，等．大气颗粒物重金属环境地球化学研究进展[J]．广东微量元素科学，2006，13(2)：1-6.

[10] 陈桂荣，曾向东，黎巍，等．金属矿山土壤重金属污染现状及修复技术展望[J]．矿产保护与利用，2010(2)：11-14.

[11] 王志文．感潮河网地区重金属数学模型研究[D]．南京：河海大学，2004.

[12] 周海舟．应用PCR-DGGE技术研究锰污染农田土壤微生物群落遗传多样性[D]．长沙：湖南大学，2008.

[13] 吴攀，刘丛强，杨元根，等．矿山环境中（重）金属的释放迁移地球化学及其环境效应[J]．矿物学报，2001，21(2)：213-218.

2 有色金属矿区重金属的迁移与转化

矿产资源是一种极为重要且珍贵的不可再生资源，是人类生产、生活和社会经济得以快速发展不可或缺的物质基础。我国目前使用的原材料中，有近80%都与矿产资源的开发密不可分，另外，在使用的能源当中，也有超过90%以上都是依靠矿产资源来提供的。由于对矿山的过度开采且未采取相应的环保措施或技术相对落后等因素的影响，使矿山的开采不仅仅是给国家经济带来了发展，同时也给矿区当地的生态环境造成了很大程度的污染。这些污染问题包括开采对当地人文景观的破坏、对土地资源的影响、对水资源的污染以及对生物多样性的破坏等，甚至对人类的生存和发展都产生了极其严重的影响。造成矿区生态环境问题的因素有许多，而其中矿山重金属迁移转化造成的污染以及其潜在危害性是最主要的因素之一。

2.1 有色金属矿山重金属污染的源与汇

人类对矿产资源的开发与利用，一方面增加了社会财富，促进了经济和社会的发展，另一方面又带来了环境和灾害问题。由于技术、管理及效益差等原因的影响，资源开发中的生态环境问题严重。有色金属矿石品位低，每加工1t矿石所产生的尾矿就达0.92t以上，积存的尾砂、废渣占用了大量的农田土地，给当地自然生态环境、社会经济生活带来了较大的负面影响。而尾砂、废渣中的重金属元素又不断向周边环境释放迁移，通过植物、水生生物等食物链长期危害人体健康。

矿区不同介质中的重金属有两方面的来源：一是来源于含重金属的基性超基性岩石的自然风化；二是由于人为对矿山的开采、选矿和冶炼等矿业活动，其中矿业活动是重金属的最主要来源。矿区不同介质中重金属的存在形式不同，大部分重金属元素主要存在于矿物晶格中，以残渣态的形式存在，部分元素有机结合态和碳酸盐结合态所占比例也较高。矿区不同介质中重金属的活化及迁移过程以物理活化和物理迁移为主。在自然因素下重金属与其他所有元素一样有相同的转化关系，即通过风化作用与沉积作用在岩石—土壤—水体及植物之间转化与循环。在人为因素下，在矿业活动的不同阶段重金属通过废气（扬尘与废气）、废液（废水）、固体废弃物（废渣、废石、尾矿）在土壤、大气、水体、植物之间进行转化与循环。

在进行矿产资源开采、运输和选冶过程中，都会产生一定的大都含有重金属元素的固体、液体和气体废弃物，这些重金属一旦进入到周围的大气、水和土壤环境中去，便对当地乃至大范围环境产生一定的污染和危害。矿业活动包括采矿、运输和选冶，每一活动过程都会产生含有重金属元素的固体、液体和气体废弃物。

矿产资源开发的重金属污染主要有以下五种来源：(1) 井下坑道废水纳污河流；(2) 污风排风井；(3) 尾矿库；(4) 原矿运输铁路；(5) 精矿运输道。

首先，采矿作业过程就是将矿物破碎、并从井下搬运到地面的过程，这样就改变了矿物质的化学形态和存在形式，这是重金属污染环境的关键所在。矿物破碎时，一部分重金属通过井下通风系统随污风排至地表，然后通过大气扩散进入人体呼吸系统，或沉降到土壤和水体中，一部分通过坑道废水进入地下水或地面水环境。矿物质在井下或地面搬运过程中，也因洒落、扬尘进入附近的水体或土壤中，对环境造成危害。

其次，矿石开采出来之后要进行选矿。选矿产生的尾矿通常呈泥浆状，尾矿一般存放在尾矿库，小部分尾矿作为充填材料又回填到井下，绝大部分长期堆存尾矿库。选矿废水以及尾矿沉淀后的废液经简单处理后循环使用或用于周边农田灌溉，部分废液经尾矿坝泄水孔直接外排至周边水体。尾矿库中的重金属通过外排的废液或者通过扬尘进入周边环境，从而对周边环境产生重金属污染和危害。同时，选矿必须加入大量的选矿药剂，如捕收剂、抑制剂、萃取剂，这些药剂多为重金属的络合剂或螯合剂，它们络合 Cu、Zn、Hg、Pb、Mn、Cd 等有害重金属，形成复合污染，改变重金属的迁移过程，加大重金属迁移距离。

总之，矿床资源开采和选冶，将地下一定深度的矿物暴露于地表环境，致使矿物的化学组成和物理状态发生改变，加大了重金属向环境释放通量。矿山废弃物中的重金属可以通过废石和尾矿堆的孔隙下渗进入土壤或通过地表径流进入周围环境土壤；还可以通过地表径流进入下游水文系统或下渗到地下水，径流携带重金属进入流经的土壤，造成整个矿区甚至附近大区域的水体和土壤的污染，并影响整个生态系统；最后，还会由于运输过程中因洒落或扬尘进入大气中，随后迁移到水体和土壤中。

矿区的矿业活动形成污染的过程具有相互促进、叠加、加速和毒性放大的污染“蝴蝶效应”。废弃的矿坑、采矿渣堆、尾矿库和废矿堆是重金属污染的根源。重金属释放和迁移的模式为：受雨水淋滤时，产生富含重金属的矿山排水，通过下渗淋滤发生纵向和横向迁移，进入周边水体和土壤，污染水体，破坏生物生存环境，导致湖泊和河流细菌和微生物减少，加重水体的自净，加速水体的进一步恶化。损害土壤营养、组成结构，导致植物无法定居生存。在干燥的气候环境下，通过大气扬尘污染周围环境。受污染水体、土壤和大气中的有害物质通过生物链进入动植物体内，进而危害人类健康。

2.2　矿区重金属在介质中的赋存形态及其对迁移转化的影响

通常，环境分析仅对环境介质中重金属污染物的总量或总浓度进行测定，虽可提供介质受重金属的污染状况，但大量生物分析与毒理研究表明，特定环境中重金属元素的生物活性和毒性以及它们在生物体内、生态环境中的迁移转化过程与其环境中存在形态密切相关。单纯依靠重金属元素的总量往往很难表征其污染特性和危害。因此，对受污染沉积物中不同形态的重金属分离和测定，可以更好的理解其潜在的和实际的环境效应。

形态的生物利用性以及对环境的影响大小并不相同，根据各形态生物利用性的大小归类，分为可利用态、潜在可利用态和不可利用态。可利用态包括水溶态和离子交换态，这种形态的重金属元素容易被生物吸收。潜在可利用态包括碳酸盐结合态、铁锰氧化物结合态和有机硫化物态，它们是可利用态重金属的直接提供者，碳酸盐结合态和铁锰氧化物结合态当 pH 值和氧化还原条件改变时，也容易被生物吸收，一部分有机硫化物态不易被生物吸收。不可利用态一般是指残渣态，对生物没有作用。

可交换态重金属：是指吸附在黏土、腐殖质及其他成分上的金属，对环境变化敏感，易于迁移转化，能被植物吸收。可交换态重金属反映人类近期排污影响及对生物毒性作用。

碳酸盐结合态重金属：是指土壤中重金属元素在碳酸盐矿物上形成的共沉淀结合态。对土壤环境条件特别是 pH 值最敏感，当 pH 值下降时易重新释放出来而进入环境中。相反，pH 值升高有利于碳酸盐的生成。

铁锰氧化物结合态重金属：一般是以矿物的外囊物和细粉散颗粒存在，活性的铁锰氧化物比表面积大，吸附或共沉淀阴离子而成。土壤中 pH 值和氧化还原条件变化对铁锰氧化物结合态有重要影响，pH 值和氧化还原电位较高时，有利于铁锰氧化物的形成。铁锰氧化物结合态则反映人文活动对环境的污染。

有机结合态重金属：是土壤中各种有机物如动植物残体、腐殖质及矿物颗粒的包裹层等与土壤中重金属螯合而成。有机结合态重金属反映水生生物活动及人类排放富含有机物的污水的结果。

残渣态重金属：一般存在于硅酸盐、原生和次生矿物等土壤晶格中，是自然地质风化过程的结果，在自然界正常条件下不易释放，能长期稳定在沉积物中，不易为植物吸收。残渣态结合的重金属主要受矿物成分及岩石风化和土壤侵蚀的影响。

2.2.1　矿区重金属在土壤中的赋存形态及其迁移转化的影响

矿区土壤是重金属污染的重要环境介质。矿山环境中的重金属通过大气传

输、地表径流、地下水直接或间接地进入矿区土壤。因此，矿区土壤重金属污染状况很大程度地反映了矿山环境的重金属污染。

当土壤中的重金属含量超过土壤的收纳能力后便可形成土壤重金属污染。土壤重金属污染具有以下几个主要的特征：

(1) 隐蔽性、滞后性。水污染、大气污染等问题一般都通过感官等就能察觉，比较直接。但土壤重金属污染表现出隐蔽性、滞后性，而通常土壤的重金属污染则不会直接地表现出环境危害性，只有当土壤中的重金属含量达到一定的程度，或在外界环境条件发生变化的情况下，重金属才有可能被活化，常常伴随着不同程度的生态危害的发生，于是土壤重金属污染就有了“化学定时炸弹”之说法。

(2) 累积性和地域性。在水体、大气这些环境介质中的重金属，相对土壤中的重金属比较容易迁移。这使得存在于土壤中的重金属不能像在水体、大气中那样比较容易扩散和被稀释，因此重金属容易在土壤中通过不断地积累而超标，与此同时也使得土壤重金属污染表现出很强的地域性的特点。

(3) 不可逆转性和难治理性。土壤的重金属污染通常是一个不可逆转的过程，土壤中的重金属不能像有机物那样可以被微生物降解。另外，受到重金属污染的水体、大气在切断污染源后，有可能通过稀释和自净化等作用使污染问题发生逆转，但是存在于土壤中的重金属则很难靠稀释和自净等作用来消除。在土壤的重金属污染发生之后，单纯依靠切断污染源的途径是很难恢复的，有时要靠一些其他的治理技术，如淋洗和换土等辅助方法才有可能使污染消除，但这些方法一般都是见效比较慢的。这使得受到重金属污染的土壤的治理具有成本较高、周期较长的特点。据研究，要使某些受到重金属污染的土地恢复到以前状态的大约要 100 ~ 200 年时间。

2.2.1.1 土壤中重金属的主要迁移转化方式

重金属大多是周期表中的副族元素，其外层电子构型为 $(n-1)d^1ns^1-(n-1)d^2ns^2$ 和 $(n-1)d^{10}ns^1-(n-1)d^{10}ns^2$，大多具有不饱和的 d 电子层。因而，在土壤环境中重金属与其他元素结合时往往表现出可变的化合价，这些特点使得重金属的环境行为与效应非常复杂。另外，土壤的酸碱度、胶体含量组成、土壤水文、生物组成、土壤温度、土壤有机质含量、土壤中植物根系及微生物生活能力等物理性质，也将影响重金属在土壤系统中的分布和形态。重金属在土壤中的主要迁移转化方式可以分为物理吸收作用、物理化学作用、化学作用以及生物作用四种：

(1) 重金属在土壤中的物理吸收作用。由于土壤是一个多相的疏松多孔体系，另外土壤固相中含有的各类胶态物具有巨大的表面能，能够截留或者吸附一定化学形态的物质。如S. K. M等研究利用红土带土壤的吸附去除现实地下水中的砷：样品中砷初始浓度为0.33μg/g，在最佳条件下，红土带土壤能够去除98%的总砷，并进行了Langmuir、Freundlich和D-R等温线验证，最佳吸附剂量为20g/L，最佳平衡时间为30min；吸附性物中含有一定量的Cu和Al，但出水中并没有Cu和Al离子的浸出，且出水和进水的pH值基本一致，表明该吸附过程中主要为物理截留和吸附起主要作用。

土壤颗粒大小和矿物组成对重金属物理吸附具有显著影响。质地细的土壤比质地粗的土壤吸附重金属能力强，质地细的土壤包含较多的黏土矿物、Fe和Mn的氢氧化物、腐殖酸，具有较高的比表面积和表面能，对重金属的吸附能力强。

土壤胶粒对重金属离子的物理吸附能力还与重金属离子的性质有关。同一类型的土壤胶粒对阳离子的吸附与阳离子的价态有关。阳离子的价态越高，电荷越多，土壤胶粒与阳离子之间的静电作用力也越强，吸引力也越大，因此结合强度也大。而具有相同价态的阳离子，则主要取决于离子的水合半径。离子半径较大者，其水合半径相对较小，在胶粒表面引力作用下，易被土壤胶粒的表面所吸附。

（2）重金属在土壤中的物理化学作用。土壤胶粒带有不同电性的电荷，当与溶液接触时便能吸附溶液中带异性电荷的离子，所以又可以称为离子交换作用。杨秀红等研究土壤和钠化改性膨润土对Cd^{2+}的吸附中发现，随着Cd^{2+}浓度的增加，膨润土和土壤对Cd^{2+}的吸附量增大，土壤和膨润土对Cd^{2+}的吸附主要是离子交换吸附，吸附等温线符合Langmuir方程。如用城市污水灌溉，可将重金属污染物从水体转移入土壤，重金属离子被交换吸附到土壤胶体上，降低了城市污水中重金属污染物浓度。

（3）重金属在土壤中的化学作用。重金属在土壤中的化学作用主要包括沉淀—溶解、吸附—解吸、氧化—还原、分解—化合、酸碱中和、络合等。这些反应一般都是可逆的反应，当外界环境条件改变时，土壤中重金属形态可以通过化学作用相互转化，或者使污染物转化成难溶、难解离性物质，使危害程度和毒性减小，或者重金属污染物由稳固态转化为游离态，毒性和活性增加，整个土壤体系处于不断反应变化的动态平衡中。

当土壤氧化还原状况发生变化时，土壤中重金属的形态、化合价和离子浓度也会随之变化。在还原条件下，S^{2-}可使重金属以难溶硫化物的形式沉积，或者难溶的重金属氢氧化物转化为更难溶的硫化物；在氧化条件下，Fe^{3+}和Mn^{2+}则以难溶氧化物的形式沉积。当土壤风干（通气状况良好），氧化环境明显时，难溶性的ZnS、CdS会被氧化成可溶性的$CdSO_4$和$ZnSO_4$或S^{2-}被氧化成H_2SO_4。因此，氧化还原电位的变化，将使土壤溶液中水溶性重金属形态发生变化，从而影响重金属在土壤中对植物的有效性。在重金属污染土壤的生物修复中，减少重

金属的氧化状态，能减少重金属的移动和毒性。

土壤中重金属可与土壤中的各种无机配位体和有机配位体发生配合作用。例如，在土壤表层的土壤溶液中，汞主要以 $Hg(OH)_2$ 和 $HgCl_2$ 形态存在，而在氯离子浓度高的盐碱土中则以 $HgCl_4^{2-}$ 形态为主。土壤中根分泌物也可和重金属络合形成稳定的螯合体，降低它们在土壤中的移动性，起到固定和钝化作用。根系分泌物与重金属 Pb、Cd 的络合反应，可能会影响到植株对重金属的吸收分配作用，络合能力、络合强度的大小随重金属性质而异。小麦分泌物对 Pb 的络合能力大于 Cd，小麦、水稻分泌物对红壤中 Pb、Cd 的溶出没有显著影响。Schnitzer 和 Hansen 用离子交换平衡方法，计算出重金属胡敏酸络合物的稳定常数，离子的稳定顺序为：$Fe^{2+} > Al^{3+} > Cu^{2+} > Ni^{2+} > Co^{2+} > Pb^{2+} > Ca^{2+} > Zn^{2+} > Mn^{2+} > Mg^{2+}$；但在低 pH 值条件下，重金属很少能络合。Cd 能与醋酸盐、柠檬酸盐、丙二酸、顺丁烯二酸盐、琥珀酸盐、酒石酸盐等作用生成有机 Cd 络合物，增加 Cd 从土壤中析出。在重金属污染轻的沙土中，为了提高植物吸取重金属，加入 EDGA 后，重金属的吸出大量增加。螯合物是一种通过植物提取土壤中重金属的有效工具，但也可能增加土壤中微生物对重金属的利用度。

（4）重金属在土壤中的生物作用。一般来说，进入土壤的重金属，大都停留在它们首先与土壤接触部位的表层几厘米范围之内，可以通过植物根系的摄取迁移至植物体内，也可以向土壤下层移动。有些植物可以吸收土壤中的重金属，进而降低土壤重金属对其他生物的毒性。不同植物种类对各种重金属的吸收能力影响差异较大。当土壤受到重金属污染严重时，可以通过能积累重金属的植物来提取修复，目前已发现400多种超积累植物，积累 Pb、Hg、Cr 等重金属的含量一般在 0.1% 以上。国内最近几年发现报道的超积累植物已有不少，紫花首楷对 Pb 具有较高的富集能力；蜈蚣草对砷具有超富集作用，该植物对砷耐性较强；Mn 超积累植物如商陆和水寥；Cd 超积累植物如油菜、宝山荃菜、龙葵和东南景天。植物具有生物量大且易于后处理的优势，因此利用植物对重金属污染位点进行修复是解决环境中重金属污染问题的一个很有前景的选择，美国能源部就已规定用于修复土壤重金属污染的植物所应具有的特性：1）即使在污染物浓度较低时也有较高的积累速率；2）能在体内积累高浓度的污染物；3）能同时积累几种重金属；4）生长快，生物量大；5）具有抗虫抗病能力。

除了植物能够吸收富集土壤中重金属外，微生物在被污染的土壤环境中去毒方面也具有独特作用。许多重金属是生命必需的物质或元素，但是当它们在环境中的浓度超过了一定的限度就成了毒物，微生物可对它们进行固定、移动或转化，改变它们在土壤中的环境化学行为。微生物对重金属进行生物转化主要作用机理包括微生物对重金属的生物氧化和还原、甲基化与去甲基化、溶解和沉淀以及有机络合配位降解转化重金属，改变其毒性，从而形成某些微生物对重金属的解毒机制。微生物可以改变土壤中重金属氧化还原状态，如某些细菌对变价重金属元素的高价态有还原作用，而有些细菌对变价重金属元素的低价态有氧化作用，随着重金属价态的改变，重金属在土壤中的稳定性也会随之改变。Desjardin用含葡萄糖的营养液在30℃下培养含六价铬的土壤，从中分离出还原Cr^{6+}的菌种链霉菌属的嗜热一氧化碳链霉菌，当细菌细胞群集或附着到悬浮固体颗粒上，将Cr^{6+}还原为Cr^{3+}，使Cr的活性及毒性降低。硫酸还原细菌可以产生H_2S，将重金属Cd^{2+}还原为CdS而沉淀。真菌的代谢产物会产生螯合离子使土样中水溶性Pb、Cd量都逐渐增加，重金属活性增加。但是从机理上，微生物不能降解重金属，一些不利于收集、吸收或富集的重金属也会再次释放回环境中，造成二次污染。因而，单独应用微生物修复重金属污染土壤受到限制。

2.2.1.2 土壤中重金属的迁移转化研究

各种有色金属矿山，无论是露天开采，还是地下开采，主要产生两种类型的固体废弃物——废石和尾矿。尾矿中原生矿物颗粒细小，一般在70μm以下，特别是风化产生的次生矿物颗粒非常细小，由于氧化、淋滤作用产生含有高浓度重金属的酸性污水。这些尾矿淋滤出的酸性水迁移到附近水体和土壤，会进一步影响整个生态系统。最使人们不安的是，即使在矿山关闭几十年、上百年甚至更长的时间后，尾矿淋滤液中重金属对环境生态系统的严重影响仍然存在。

张汉波等分别调查和研究堆积时间在10年、20年和近100年的铅锌矿渣堆，埋深在10cm、30cm、60cm的重金属含量变化情况。结果表明，由于雨水的淋溶作用和酸化，矿渣堆表层的重金属随堆积时间延长而减少，在堆积时间为100年的矿渣堆中，表层的铅含量仅有575.51μg/g，但下层含量却达到5144.57μg/g。在这些矿渣堆中，可活化铅的含量也较高，最高达到了453.48μg/g，而堆积20年和10年的矿渣中表层的重金属含量减少的程度较小。可活化铅含量也相对小，最高含量分别为197.0μg/g和50.0μg/g。

为追踪矿山尾矿氧化的动态地球化学作用过程，瑞典选择某废弃铜矿山进行了重点研究。内容包括不同时段地下水、地表水和尾矿砂的化学和矿物特征。研究发现在Laver尾矿池中硫化矿物的氧化导致了清晰的化学分带。该矿山未氧化尾矿的主要硅酸盐矿物为石英、斜长石、黑云母、白石母，硫化矿物为磁黄铁矿、黄铜矿、黄铁矿、闪锌矿和方铅矿。对氧化和未氧化尾矿的研究表明，氧化后硫化物中的元素如La、S、Y、V、Ni、Li、Co、Zn、Cu和Cd明显贫化，而硅酸盐造岩矿物中的Al、Mg、K等无明显变化。此外，由硫化矿物氧化和风化释放的金属基本被滞留在尾砂池中，仅有5%～10%的金属被释放到地表水系。Zn、Cd、Co和Ni由于被大量未风化尾砂吸附，有可能被次生结合到尾矿上，而Cu则在氧化层下方形成一个明显的富集带。当氧化层接近地下水潜水面时，硫

化物的氧化几乎完全停止，富集的 Cu 有可能被部分溶解，并随地下水的运动迁移。氧化带渗出的酸性水也会促使被吸附的 Zn、Cr、Co 和 Ni 再度溶解，并被搬运走。

不同的矿物氧化速率不同，陈天虎等对方铅矿、闪锌矿、磁黄铁矿、黄铜矿和黄铁矿进行了风化氧化实验研究。研究结果显示，侵蚀液 pH 值越低，硫化物氧化速率越大，有机物存在对硫化物氧化起缓冲和抑制作用。

尾矿是复杂多相的人工混杂堆积物。其矿物学特征与矿床类型、矿石品位、硫化物含量、缓冲容量、区域气候（气温、降雨量）密切相关。尾矿矿物学研究对于解决尾矿环境问题是非常重要的，因为尾矿中发生的一切变化和环境危害的根源都是其中矿物在特定尾矿条件下发生复杂的水—气—矿物反应的结果。许多矿物对于环境条件的变化是很敏感的，特别是温度、湿度、pH、Eh 值。水—气—矿物反应导致原生矿物分解、转变，新矿物形成。尾矿在表生环境条件下矿物发生的氧化反应、中和作用、吸附作用、离子交换作用控制其酸性排水和重金属释放的过程。

为了研究揭示尾矿硫化物氧化作用和酸性排水以及重金属淋滤迁移规律。评价尾矿环境危险性，国外学者对尾矿原生矿物及次生矿物组成和特征进行了深入细致的研究工作。

原生矿物组成主要与矿床地质特征、矿石类型、选矿加工工艺有关。不同矿山的尾矿硫化物种类和组成以及非金属矿物种类和组成各异。在表生环境条件下尾矿中发生的水—气—矿物反应以及反应产物亦有很大差别。尾矿中原生矿物大部分在风化过程中表现出惰性，如石英和多数的硅酸盐矿物。Sherolr 研究了碳酸盐和硅酸盐矿物对酸性排水的中和作用。Mihcele 对比研究了富硫化物富碳酸盐尾矿和低硫化物无碳酸盐尾矿的矿物和地球化学特征。研究发现富硫化物富碳酸盐尾矿空隙水 pH 值为 7 ~ 8.3，硫化物基本未氧化，无次生矿物，无重金属和酸性水产生。低硫化物无碳酸盐尾矿空隙水 pH 值为 2.15，重金属浓度高，硫化物强氧化，大量次生矿物产生，有酸性排水产生和重金属污染。从而揭示尾矿是否有酸性水排出和重金属释放不仅与碳酸盐矿物的含量有关，还取决于硫化物的含量。而硫化物氧化是产酸和释放重金属的主要机制，酸产生主要与黄铁矿、磁黄铁矿氧化有关。重金属释放来源于不同的矿物，锌和镉与闪锌矿有关，铜与黄铜矿有关，钴和镍与黄铁矿、磁黄铁矿有关，铅在方铅矿氧化时转化为铅矾，淋滤液中铅的浓度很低。具有酸反应活性的矿物，特别是碳酸盐矿物与硫化物氧化产生的酸发生中和反应，促使硫化物氧化产生的离子水解沉淀。

目前，国内外在进行尾矿重金属释放迁移的研究中，除了对尾矿进行矿物学研究外，不同酸度的淋溶实验的研究也有报道。

马少健等采用静态浸泡实验方法，研究了硫化矿尾矿中铅锌重金属离子的溶

出规律。结果表明：铅锌等重金属离子容易从硫化矿尾矿中溶出，尾矿库将持续危害环境；溶液 pH 值、温度和尾矿粒度影响硫化矿尾矿的离子溶出；锌比铅更容易溶出进入溶液。

蓝崇钰等将铅锌尾矿砂装柱，用 pH =2 ~7 溶液淋溶 50 天的结果表明，酸度的提高可以显著地增加尾矿砂中重金属（Pb、Zn、Cu 和 Cd）的溶出。而随着时间的延长，Zn 的溶出量明显增高，Pb 和 Cu 的溶出则逐渐降低。pH <3 时，Cd 的溶出逐渐升高；pH >3 时，Cd 的溶出呈下降趋势。酸度对重金属溶出的影响由大至小依次为 Zn、Cd、Cu 和 Pb。渗滤液对植物的毒性随着起始淋溶酸度的提高与时间的推移而加剧。

胡宏伟等利用淋溶实验，研究了乐昌铅锌尾矿的酸化及其对重金属溶出的影响。结果表明：高硫和中硫尾矿因含很高的有效硫（分别为 20.4% 和 15.9%），在尾矿的堆放过程中会发生酸化，发生酸化的时间在第 51 周左右，低硫尾矿（有效硫为 7.2%）在短期内不会发生酸化。尾矿发生酸化后，将促进其中盐分的溶解，从而使得 Pb、Zn 和 Cd 等重金属的溶出增高。

王一先等利用自行设计的大口径淋滤柱开展了淋滤实验和静置浸泡实验。研究结果表明，矿山尾矿排放水不一定是酸性，它取决于矿床脉石矿物、赋矿的岩石及其次生蚀变矿物的酸缓冲能力。矿山排放水的组成是地表或地下水与矿山尾砂中矿物和氢氧化物及非晶态物质相互作用的结果，元素的赋存状态对其被淋滤的程度有很大影响。优先流能使重金属大量带出，因此要尽量防止优先流的形成。

2.2.2 矿区重金属在水中的赋存形态及其迁移转化的影响

目前我国大多数矿山废水经过简单处理甚至不处理就直接排放到河流中。这些废水随着河流进入河口地区，带来了大量的有机、无机污染物和重金属污染。虽然能通过各种化学和生物过程转化、降解某些有毒物质，但这种自净是有限度的。当进入河流的污染物含量超过了河口的自净能力，必然会对河口地区的生态环境产生负面效应。同时，由于重金属等难降解污染物能通过食物链蓄积和放大作用在生物体内积累，从而最终对生物体和人体产生不利的影响。过量的重金属大多数都能抑制生物酶的活性，破坏正常的生物化学反应，具有多种毒理作用，能造成生殖障碍，影响胎儿正常发育，威胁儿童和成人身体健康。

自 20 世纪 50 年代发现水俣病等一系列灾难事件后，近海环境中重金属污染对生态环境的影响就引起了人们的高度重视。沉积物中重金属元素以其难降解、易累积的特性成为人为因素导致的水体环境问题。众多研究表明，河口沉积物既是水体重金属污染的汇，也是重金属污染的源。重金属在沉积物中是累积还是向间隙水和上覆水释放取决于水—沉积物界面物理、化学和生物条件的相互作用。

例如氧化还原条件的变化、生物扰动、潮流、洪水和清淤等。因此，在深入研究重金属元素在河口及近海中的分布特征和赋存形态的基础上，对其潜在生物毒性进行评价和预测，具有十分重要的意义。

目前，河口环境中的重金属问题已成为研究者近几十年来的热门课题，并在全球范围内开展了广泛的研究。从最初的总量分析，到之后的赋存形态研究，再到之后的酸同步提取以及生物毒性实验，随着这些研究的进行，人们对重金属污染的认识也在逐步加深。综合运用多种方法，研究重金属在河口沉积物中的迁移转化机制及其生态效应，对进一步理解重金属的环境行为、维护河口生态系统健康具有非常重要的理论和现实意义。

2.2.2.1 河口重金属的赋存形态及其测定方法

土壤中重金属主要存在于土壤溶液中，并且主要是以简单离子、有机或无机络离子的形式而存在，土壤重金属污染的严重性及重金属在土壤中的环境行为并不完全取决于其总量，而取决于其化学形态。被结合于不同化学相中的元素，在环境中有着不同的化学行为，无论是常量或微量元素，若是处于惰性结合状态，表明它们存在于载体矿物的晶格中，因而是相对稳定的，同时随着天然的岩石碎屑或矿物颗粒一起迁移和沉积，一般情况下不会因外界环境酸碱度的改变而从矿物中释放。因此即使含量很高，它们对环境质量的有害影响也不会很大。而重金属的可交换态在土壤中的理化性质较活泼、迁移性好并且容易被植物吸收，是单一萃取法的研究对象，同时也是连续萃取法研究的首要和关键环节。

分离和测定受污染沉积物中不同形态的重金属，可以更好的理解其潜在的和实际的环境效应。沉积物中重金属元素存在的形态较为复杂，根据不同地质化学相结合的程度，其存在形态大体可以分为七种：（1）在沉积物表面存在的可交换离子；（2）吸附于沉积物表面；（3）与铁锰氧化物结合共沉淀；（4）与硫化物、碳酸盐、磷酸盐等结合沉淀于沉积物中；（5）与有机物以各种形式结合；（6）被二级矿物质包埋；（7）结合在原生矿物晶格中。

由于水体和沉积物中的重金属含量很低，很难对其形态进行直接分析，因此常常采用化学方法对其中重金属的形态进行化学表征，主要方法有三种：

第一，直接准确测定。所采用的分析测试方法包括电化学法、色谱法和光谱法等。由于单一仪器的局限性，在形态分析时多采用多种分析方法和仪器联用技术，互相补充，将分离与测定结为一体。例如高效液相色谱等离子体质谱（HPLC-ICP-MS）、微波诱导等离子体原子发射光谱（MIP-AES）等。

第二，模拟计算。以化学平衡为基础建立相应的模型进行计算是形态分析中很重要的一种方法。但模拟计算因同时考虑平衡关系和不同组分间相互影响较多，计算复杂，需要建立相关的热力学、动力学数学模型解决问题，因此主要用于水体系的形态分析。

第三，逐级提取。模拟各种可能的、自然的及人为的环境条件变化，合理使用一系列选择性试剂，按照由弱到强的原则，连续溶解不同吸收痕量元素的矿物相。把原来单一分析元素总量的评价指标变成元素各形态的分析量，从而提高了评价质量。逐级提取由于其操作简便、适用范围广、能提供丰富的信息等优点，得到了广泛的应用。常见的几种提取方法见表 2-1。

表 2-1　逐级提取重金属各个形态的方法

<table>
<tr><th colspan="2">步　骤</th><th>Tessier</th><th>原始 BCR 流程</th><th>改进的 BCR 流程</th><th>GSC 流程</th></tr>
<tr><td rowspan="2">酸提取态</td><td>可交换态</td><td>称 1g 样品，加 8mL 1mol/L $MgCl_2$（pH = 7），室温搅拌 1h</td><td rowspan="2">称 1g 样品，加 40mL 0.11mol/L HOAc，室温下振荡 16h，1500g 下离心 20 min</td><td rowspan="2">称 1g 样品，加 40mL 0.11mol/L HOAc，22 ± 5℃下振荡 16h，3000g 下离心 20min</td><td rowspan="2">称 1g 样品，加 20mL 1mol/L NaOAc（HOAc 调至 pH = 5），振荡 6h，2800r/min 下离心 10min；用 1mol/L NaOAc 再淋滤一次</td></tr>
<tr><td>碳酸盐结合态</td><td>残渣中加 8mL 1mol/L NaAc（HOAc 调至 pH = 5），室温搅拌 5h</td></tr>
<tr><td rowspan="2">可还原态</td><td>无定型铁锰（氢）氧化物态</td><td rowspan="2">残渣中加 20mL 0.04mol/L NH_2OH · HCl 和 25% HOAc 混合液，96℃下适当搅拌 6h</td><td rowspan="2">残渣中加 40mL 0.1mol/L NH_2OH · HCl（用 HNO_3 酸化至 pH = 2），室温下振荡 16h，1500g 下离心 20min</td><td rowspan="2">残渣中加 40mL 0.5mol/L NH_2OH · HCl 加 25mL 2mol/L HNO_3 定容到 1L（pH = 1.5），22 ± 5℃下振荡 16h，3000g 下离心 20min</td><td>残渣中加 40mL 0.1mol/L NH_2OH · HCl 和 0.05mol/L HCl 混合液，水浴（60℃）2h，离心 10min，重复淋滤加热 0.5h</td></tr>
<tr><td>晶质铁锰氧化物态</td><td>残渣中加 30mL 1mol/L NH_2OH · HCl 和 25% HOAc 混合液，水浴（90℃）3h，离心；25% HOAc 漂洗，离心；重复 0.1mol/L NH_2OH · HCl 淋滤、加热 1.5h</td></tr>
<tr><td colspan="2">可氧化态</td><td>残渣中加 3mL 0.02mol/L HNO_3 和 5mL 30% H_2O_2（pH = 2），85℃，适当搅拌 2h；加 5mL 3.2mol/L NH_4OAc 和 20% HNO_3 混合液，室温连续搅拌 0.5h</td><td>残渣中加 10mL H_2O_2（pH = 2 ~ 3），保持室温 1h；再加 10mL 加热至 85℃ 1h；再加 10mL H_2O_2，加热至 85℃ 1h；H_2O_2 加 50mL 1mol/L NH_4OAc（pH = 2），室温下振荡 16h；1500g 下离心 20min</td><td>残渣中加 10mL H_2O_2（pH = 2 ~ 3）保持室温 1h；加热至 85 ± 2℃ 1h；再加 10mLH_2O_2，加热至 85 ± 2℃ 1h；加 50mL 1mol/L NH_4OAc（pH = 2），22 ± 5℃下振荡 16h，3000g 下离心 20min</td><td>残渣中加 0.75g $KClO_3$ 和 5mL 12mol/L HCl，加 10mL 12mol/L HCl 15mL H_2O，离心 10min；加 10mL 4mol/L HNO_3，水浴（90℃）加热 20min，离心 10min；用 5mL H_2O 漂洗残渣并离心</td></tr>
</table>

续表 2-1

步 骤	Tessier	原始 BCR 流程	改进的 BCR 流程	GSC 流程
残渣态	残渣中加 2mL 浓 $HClO_4$ 和 10mL HF，烘至近干，加 1mL $HClO_4$ 残渣溶于 12mol/L，70℃，1h	残渣转移到 Teflon 盘，加 HF/HNO_3/HCl 混合液，放在加热平台上消化	残渣中加 3mL 蒸馏水、7.5mL 6mol/L HCl 和 2.5mL 14mol/L HNO_3；20℃下静置一整夜，逆流下煮沸 2h，冷却并过滤	残渣中加 2mL 16mol/L HNO_3，加热台上加热至 200℃，加 2mL 12mol/L HCl，水浴（90℃）加热 20min，分别加 5mL、3mL 和 2mL 浓 HF、$HClO_4$ 和 HNO_3，水浴（90℃）加热 1h；蒸发（70℃）一整夜，加 1mL 12mol/L HCl 和 3mL 16mol/L HNO_3

Tessier 逐级提取法较细地划分了重金属元素的各种不同结合形态，经历了较长时间的研究与测试，应用范围较广。但是也有学者指出该法提取剂缺乏选择性，提取过程中存在重吸附和再分配现象等。Tessier 等人认为，实际情况中的重吸附和再分配的问题没有那么明显，并通过对逐级提取方案的改进减少这些问题的影响。然而，Tessier 逐级提取法还是存在一些难以克服的缺点。首先，分析结果的可比性差；其次，该方法没有进行质量控制的标准物质，无法进行数据的验证和比对。针对这些问题，欧共体标准物质局提出了一种三级四步逐级提取法，研制了相应的标准物质 CRM601，并在欧洲 35 个实验室进行了沉积物重金属形态分析的比较实验，取得了较好的可重现性。

Rauret 等又在 BCR 逐级提取方案的基础上提出了改进的 BCR 逐级提取方案，并依据改进方案研制了标准物质 CRM701（定值元素为 Cd、Ni、Pb、Zn、Cu 和 Cr）。改进方案中 Cu、Pb、Cr 的重现性得到明显改善，且较原方案能更好地减少基体效应，适应更大范围土壤、沉积物的分析。

BCR 逐级提取法将自然和人为环境条件的变化归纳为弱酸、可还原和可氧化三种类型，同时将选择性提取剂由弱到强的作用充分应用，使窜相效应降到最低。由于经过国际间几十个实验室的多次比对实验和改进，方法日益成熟和完善，加之步骤相对较少，形态之间窜相不严重，又有相应的标准物质，因此 BCR 法再现性显著好于 Tessier 法。

综合来看，在目前缺乏其他更精确、更直接、更简便的研究方法的条件下，逐级提取技术能快速、有效地提供较多的元素形态间接信息，是目前沉积物元素形态研究的必要手段。

2.2.2.2 河口沉积物重金属的迁移转化

矿山重金属污染由于重金属化学行为和生态效应的复杂性，矿山土壤污染一直处于主导地位，然而水环境污染也日益严重。其中，水环境的污染监测都是一直以上覆水质监测为主，但是，考虑到大部分高毒性污染物质主要富集于沉积物中而不是上覆水内，且易再悬浮和溶出而造成二次污染，因此如果忽略了对沉积物的监测，便无从对水环境实施全面有效的保护。底质沉积物不但是污染物的主要富集介质和重要的生物栖息场所，而且是比水介质更稳定、更概括和更强烈的区域环境质量状态和趋势指示作用的监测要素。

河口是一个复杂而多变的地球化学场，河口重金属的时空分布受诸多因素影响，归纳起来可分为三个方面：第一，水动力学作用。它依靠潮汐和水体的运动，主要有混合作用和扩散作用。第二，物理化学作用。起因于河口环境中各种物理化学变化，主要包括吸附和解吸作用、离子交换作用、沉淀和共沉淀作用及絮凝作用等。第三，生物作用。它由水生生物活动引起，包括生物扰动、同化作用和甲基化作用等。以上这些作用共同导致沉积物中重金属的浓度随时间和空间发生变化，进而其生物有效性也随之变化。

影响河口沉积物中重金属积累的因素主要包括陆源输入、大气输入、吸附、络合、有机物絮凝、生物积累、化学沉淀作用。影响河口沉积物中重金属释放的因素包括溶解作用、解吸作用、S 值、Eh 值、pH 值变化引起释放作用、生物作用、水动力作用。其中，重金属在河口沉积物中积累与释放的主导因素为 Eh 值、pH 值、生物活动、潮汐、风暴潮、静水压力等作用、人为作用如航道清淤等。

Eh 值和 pH 值对重金属在沉积物/水界面的累积与释放有重要影响。Lu 等的研究显示，沉积物水界面若处于还原条件，界面水中微量金属 Cd、Hg、Pb 的浓度受硫化物支配，Fe 与 Ni 受有机络合物控制，Mn 受氯的络合物控制，Cr 受羟基络合物控制。此外，某些水生生物对水体中的金属具有很强的富集能力，这些生物死后下沉引起沉积物中重金属的累积。

生物引起重金属的释放主要通过两条途径：其一是生物新陈代谢；其二是生物扰动。在沉积物水界面处活动的细菌可以把聚集的间隙水带出沉积物界面，使颗粒物质易于迁移到沉积物表层或深处，或在沉积物中留下排泄物，这些作用都会加速金属在不同基质之间的转化。微生物对重金属的释放影响是多方面的，最主要表现在如下两个过程：分解有机质、降低分子量，产生较易络合金属离子的有机质；新陈代谢活动使环境条件发生变化如 Eh 值、pH 值等，通过 Eh 值的变化使无机化合物变成金属有机络合物，如微生物对汞的甲基化作用等。

在有污染物输入的地区，河口沉积物中的重金属含量明显增加，之后随距排污点距离的增加而逐渐降低。Basu 等（1994）统计 Veniee 泻湖 163 个站位的资料后，发现离开泻湖口重金属的衰减遵循如下规律：$C = C_0 e^{-kx}$。C_0 为泻湖口金属浓度，x 为距离（km），C 为离开泻湖口 $x$km 处污染物的浓度，k 为扩散系数（$\mu g \cdot g^{-1} \cdot km^{-1}$），除 Cr、Fe、Ni 外，计算结果与实测结果的吻合程度很好。

河口地区水体中的悬浮颗粒物能捕集大量的重金属离子并发生沉降，使河口沉积物成为重金属污染物的主要聚集地。但在重金属污染物永久结合入沉积物之前，由于受到沉积物中所发生的物理、化学变化以及生物因素的影响，重金属污染物通过水—沉积物界面循环多。其表现是重金属在沉积物中累积或向上覆水释放，这是近海沉积物重金属生地化循环中的一部分，也是对近海生态环境影响最为显著的一个阶段，其过程非常复杂。

2.2.3　矿区重金属在大气中的赋存形态及其迁移转化的影响

目前对于大气颗粒物中重金属对环境的危害研究，已得到普遍认可的是大气颗粒物通过干湿沉降可转移到地表土壤和地面水体中，并通过一定的生物化学作用，将重金属转移到动植物体内，图 2-1 为大气重金属进入生态系统的示意图。

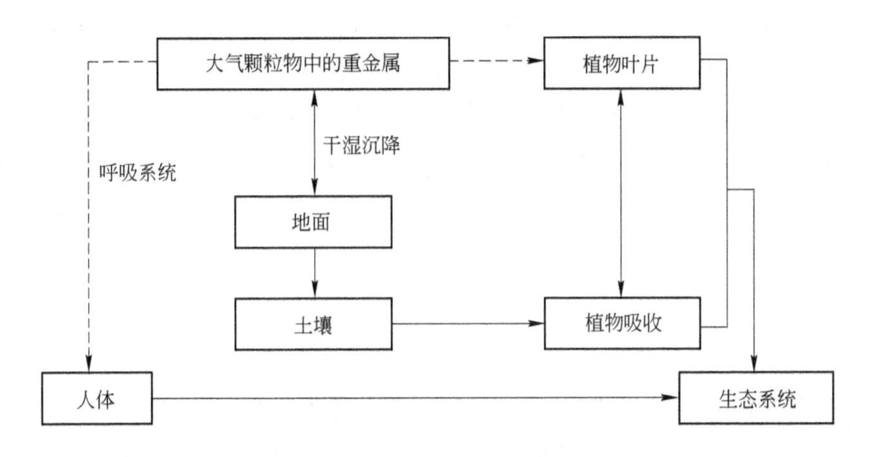

图 2-1　大气颗粒物中重金属进入生态系统途径

由于进入生态系统中的重金属会通过食物链传递危害人体健康，大气颗粒物中的重金属作为影响生态系统重金属累积的外援因子之一，对生态系统重金属累积具有重要意义。因此，对矿区大气中重金属的地球化学行为研究，对于整个生态环境有着重要意义。

重金属具有高毒性和持久毒性，且重金属被动植物吸收富集，经过食物链传递最终会进入人体，进而危害人类健康。所以，重金属污染物在环境中的含量、分布、存在形态、迁移转化、生物效应以及防治对策等方面都日益引起人们的关注。重金属的生物毒性不仅与其总量有关，更大程度上是由其形态分布决定，重金属赋存形态更大程度决定着重金属的环境行为和生物效应。由于在一定的环境条件下，金属的化学形态可发生转化，不同化学形态的金属元素具有不同的化学活性和生物可利用性。因此，颗粒物中金属元素的形态分布研究显得越加重要。

大气颗粒物中的重金属在一定条件下，由于离子交换、吸附、络合、絮凝等物理化学作用，经过一系列变化，吸附在不同粒径的颗粒物上，在大气环境中存在的时间各异，迁移方式不同，对环境的危害也不同。目前的研究对大气重金属的来源、浓度分布等方面做了大量的工作，可以对研究区域的总体污染水平提供一些信息，但是不能同时提供金属的化学形态和粒径大小分布，从而准确反映其对环境和生命体的危害程度。

因此我们不仅需要知道大气颗粒物中多种金属元素的含量，更为重要的是应该了解这些元素的化学形态分布以及含有这些金属的粒子的大小分布。以此为基础，结合区域环境特征，对大气重金属的环境危害性进行系统的评价，是大气重金属污染治理的必要环节。

目前对矿区大气颗粒物的研究主要是对大气颗粒物不同来源及特征研究，而对颗粒物中重金属形态和在不同粒径上分布的研究报道较少，由于重金属可交换态和碳酸盐结合态金属对人类和环境危害较大，铁锰氧化物结合态和有机结合态较为稳定，在外界条件变化时也可释放出来，且均在小颗粒中占优势，对环境和生物体的危害更大，因此对颗粒物中重金属元素的形态分析意义非凡。以大气总悬浮物颗粒物 TSP 以及可吸入颗粒物 PM 为研究对象，分析大气颗粒物中 Pb、Zn、Cu、Cd 等重金属的形态，结合重金属生物富集模型，分析大气颗粒物中各重金属的环境危害性权重。

2.2.3.1 不同粒径大气颗粒物中重金属的危害性

大气颗粒物的粒径范围在 0 ~ 100μm 之间，统称为总悬浮颗粒物 TSP。PM10 是指空气动力学直径 D_a 小于或等于 10μm 的大气颗粒物。PM10 也称为可吸入颗粒物。PM2. 5 是指空气动力学直径小于或等于 2. 5μm 的大气颗粒物，也被称为能够进入肺泡的颗粒。PM2. 5 属于细微颗粒物的范畴，通常被称为细粒子。

粒子空气动力学粒径大小决定进入呼吸道、在呼吸道内滞留的程度和粒子在肺部的沉积部位。这些粒子痕量金属的吸附率高达 60% ~80%，尤其是如果其中含有生理可利用性有毒金属，就可能影响肺的生理功能。粒径大小同时也决定了大气颗粒物在大气中的去除方式、存留时间，从而决定分布在其中的重金属在大气气溶胶体系中的迁移途径、时间和距离。气溶胶粒子的汇和大气寿命如表 2-2 所示。

表 2-2 气溶胶粒子的汇和大气寿命

名 称	细 粒 子		粗 粒 子	
	D_p < 0. 05μm	0. 05μm < D_p < 2μm	D_p < 10μm	D_p > 10μm
汇	核凝聚 云滴俘获		雨冲刷 干沉降	
寿 命	小于 1 小时	3 ~5 天	几小时 ~ 几天	几分钟 ~ 几小时

其中，细粒子、超细粒子对人体的危害最大。粒径小于10μm的大气颗粒物含有更高含量的重金属。大约75% ~90%的重金属分布在PM10中，且颗粒越小，重金属含量越高。且其中元素如Si、Fe、Se、Na、Ca、Mg和Ti等一般以氧化物的形式存在于粗颗粒物中；Zn、Cd、Ni、Pb和S等元素则大部分存在于细粒子中。祁建华在进行TSP和PM10颗粒中重金属的比较研究中得出金属元素Cu、Pb、Zn更容易分布在PM10颗粒物上。王章玮等在研究北京大气颗粒物中PM2.5、PM10及降雪中的汞时，发现PM2.5中的汞比PM10中汞的浓度高出80.2%。尽管各重金属化学形态分布与粒径的关系各有其独自特征，但总体上都表现为颗粒越小，环境活性越大的特点。

2.2.3.2 大气颗粒物中重金属的形态与生物危害性

近年来，大气颗粒物的研究已从颗粒物总浓度的时空变化研究逐渐向颗粒物中某些重金属元素的含量、不同粒径大气颗粒物中各种元素含量的分布发展。颗粒物中的重金属组成可分为地壳元素、污染元素和双重元素三大类，能随着大气颗粒物的化学组成和来源不同而变化，这些重金属在大气颗粒物中往往以多种化学形态存在，由于形态不同其在环境中的行为及毒性差异较大，因此这些元素的形态研究分析十分重要。

由于不同的地球化学相中的重金属具有不同的化学活性及生物有效性，重金属对环境的危害首先取决于其化学活性，其次才取决于其含量。其主要原因是在生态系统中，生物只能利用以离子形式存在的重金属元素，而重金属含量的高低与它们在样品中存在形式之间没有直接的相关关系。有时含量可能会很高，但如果活性很差的话，动植物就不能直接吸收和利用这些重金属元素，它们也不可能富集到动植物体内去。因此重金属的活性与其化学形态密切相关。

在有关重金属化学形态的研究中，如何进行形态的分类和提取相当重要。在选择提取剂时，研究者都试图模拟自然环境中的或一些人为因素引起改变的环境条件。常用的提取剂有中性的电解质，如$MgCl_2$、$CaCl_2$；弱酸的缓冲溶液，如醋酸或草酸；螯合试剂，如EDTA、DTPA；还原性试剂，如$NH_2OH \cdot HCl$；氧化性试剂，H_2O_2；以及强酸，如HCl、HNO_3、$HClO_4$、HF。电解质、弱酸以及螯合试剂主要以离子交换的方式将金属元素释放出来，而强酸和氧化剂则以破坏土壤基质的方式释放出金属元素。

在大气重金属形态研究中，Hlavay等将大气颗粒物中的金属分为环境可迁移态、碳酸盐和氧化物态、有机结合态和硅酸盐结合态。代革联、吕玄文等参考土壤重金属的形态分类将TSP中重金属形态分为残渣态、铁锰结合态存在、水溶态、交换态和有机质结合态。

关于重金属化学形态分析，提取剂的选择非常重要。基于操作性定义的重金属形态提取技术中最常用的是连续提取法，现已被广泛应用到土壤、水系沉积物、城市固体垃圾、大气沉降物、尾矿等分析领域。

2.2.3.3 大气颗粒物中重金属的测试方法研究

大气颗粒物中通常含有浓度差别很大的多种无机元素，几种技术如发射光谱、X射线荧光光谱、中子活化分析与原子吸收光谱等已用来分析收集在不同类型过滤介质上的大气颗粒物中的无机元素。X射线荧光光谱属于非破性分析手段，是大气颗粒物分析中的一种新方法，但至今国内外还没有合适的颗粒物标准样品，方法处于探索阶段；中子活化分析方法简单，但仪器昂贵，在普通实验室难以推广；原子吸收光谱法是大气颗粒物测定中的一种传统方法，但普遍存在测试时劳动强度大，效率低，线性范围窄，不能进行多元素同时测定的问题。

目前，国内外对大气颗粒物中金属元素的特征、浓度研究较多，采用原子吸收（AAS）法和电感耦合等离子体原子发射光谱（ICP-AES）法，由于受仪器灵敏度的限制，大气颗粒物中组成复杂，元素的含量范围变化很大，这些方法对于大气颗粒物中痕量金属的元素分析，其准确度和精密度均不令人满意。

用电感耦合等离子体（ICP）作质谱（MS）的离子化源是20世纪90年代以来发展最快的无机痕量分析技术之一，易于进行多元素分析，检出限低，应用十分广泛。

廖可兵等用ICP-MS测定大气颗粒物中14种微量金属元素进行测定，发现具有良好的准确度，回收率在90.64%～111.21%之间；精密度良好，RSD＜3.21%；14种微量金属元素的检出限在0.002～0.18μg/L之间，其检出限比ICP-AES法要低2～3个数量级，为大气颗粒物的质量控制提供了依据。

2.3 不同重金属的相互关系及转化过程

2.3.1 铜在不同介质中的迁移

河水水体对铜有明显的自净能力，水中一般都含有大量的无机和有机悬浮物强烈地吸附或螯合铜离子。当悬浮物沉降时，铜也随之沉降。同时，底泥中的无机物和有机物同样吸附水中铜，则铜进入底质中。水体中还有有机物厌氧分解产生的硫离子，Cu^{2+}与S^{2-}的亲和力很强，相互结合成CuS脱离水相沉积到底质中。因此，在大多数的水系中，即使有很高的含铜量，通过上述过程也可使游离铜减少。

利用含铜废水灌溉农田或施用含铜污泥，铜可积蓄在土壤中。随水进入到土壤中的铜可被土壤吸持。土壤中的腐殖酸、富里酸含有羧基、酚基、羟基等含氧基团，能与铜形成螯合物而固定铜。铜与不同环境中的腐殖酸络合稳定常数顺序如下：土壤富里酸＜土壤腐殖酸＜泥炭富里酸＜泥炭腐殖酸＜沉积物富里酸＜沉

积物腐殖酸。一般，土壤中有机质含量越高，土壤吸附铜的能力越强。土壤黏土矿物含有带负电荷的离子，对铜离子有很强的吸附作用。其吸附作用与土壤中黏粒含量及黏土矿物组成有关。土壤的黏粒含量越多，吸附的表面越大，吸附铜的强度越大。

杨居荣等对黏土矿物、腐殖酸吸附铜离子的强度进行了研究。结果表明，腐殖酸 > 蒙脱石 > 伊利石 > 高岭土。我国几种主要类型土壤对铜的吸附强度为黑土 > 褐土 > 红壤。这与土壤中黏土组成及有机质含量有关。黑土及褐土的黏土矿物组成以蒙脱石、伊利石为主，红壤以高岭土及铁路氧化物为主，蒙脱石、伊利石对铜的吸附强度高于高岭土。黑土有机质含量为 2.91%，褐土为 1.61%，红壤为0.77%，黑土有机质最高，吸附铜的能力强。土壤对铜的吸附强度还有以下顺序：砖红壤 > 黄棕壤 > 红壤，这也和黏土矿物的组成及有机质的含量有关。

在酸性土壤中，铜易发生流失迁移。一是在酸性土壤中，土壤对铜的吸附减弱，被土壤固定的铜容易解吸出来，转变成易溶性铜而发生流失迁移；二是含铜化合物在酸性土壤中溶解度增加，在碱性土壤中溶解度减小。其溶解度受 pH 值影响，其中尤其以氢氧化铜的关系最大。而其他含铜化合物，如氧化铜、碳酸铜、磷酸铜、硅酸铜等，也有其类似的关系。此外，砂质土中的铜也容易流失。主要是砂质土对铜的吸附固定能力弱，由于淋溶作用而发生流失。

2.3.2　铅在不同介质中的迁移

2.3.2.1　铅在水体中的迁移

铅在自然界多数以硫化物和氧化物存在，仅少数为金属状态，并常与锌、铜等元素共存。硫化物主要是方铅矿（PbS），分布最广，全世界所产的铅大部分都是硫化铅矿炼出的。氧化铅矿主要是白铅矿（$PbCO_3$）及铅矾（$PbSO_4$），这两种矿物都属再生矿物。由于成因不同，氧化矿常在铅矿床的上层，而硫化铅矿常在下层。铅矿物多数与其他金属矿物组成多金属矿床。

铅在天然水中主要以 Pb^{2+} 状态存在，其含量和形态受 CO_3^{2-}、SO_4^{2-}、OH^- 和 Cl^- 等含量的影响。在天然水中铅化合物主要存在着如下的溶解平衡和络合平衡。

铅在水体流动迁移的过程中很容易净化，这是因为悬浮物颗粒和底部沉积物对铅有强烈的吸附作用。实验表明，悬浮物和沉积物中的有机螯合配位体、铁和锰的氢氧化物吸附铅的性能最强，并且 Pb^{2+} 能与天然水中存在的 S^{2-}、PO_4^{3-}、I^-、CrO_4^{2-} 等离子生成不溶性化合物而沉积，致使铅的移动性小，含铅废水中的铅能够转移到排污口附近的水底沉积物中。

天然水中含铅量低不仅由于铅化合物的溶解度低，而且由于水中固体物质对铅的吸附作用。这样使得即使在矿床附近的水中含铅量也不高，矿床水中的含铅量一般不超过 0.4μg/g，离矿体越远，水中含铅量迅速下降。所以含铅量高的水存在的范围很窄。

此外，有人认为铅在环境中能发生自然生化甲基化。Wong 等人用湖底沉积物为基质，加入一定量的三甲基醋酸铅，在缺氧的条件下进行恒温培养后，测得四甲基铅的存在。当用硝酸铅代替三甲基醋酸铅时，有时也可以得到四甲基铅。

Jarvie 等人指出，具有生化活性的湖底物在缺氧情况下，有可能发生甲基化过程，这个过程可以把三甲基醋酸组转变为四甲基铅。在实验中，同时采用了一个纯化学体系和一个生物体系。前者含有一定量的硫化物，然后同时往两个体系中加入三甲基醋酸铅和三甲基氯化铅，结果都产生四甲基铅。Dumas 等人重复了 Jarvie 的实验，发现从湖底物体系中产生的四甲基铅的量约为硫化物体系的 10 倍，从而认为铅的生物甲基化过程是完全可能的。

当然，无机铅与铅化合物，以及低碳链烷基化合物的铅盐能否发生自然甲基化，一直是有争论的问题，有待进一步研究。

2.3.2.2 铅在土壤中的迁移转化

据杨居荣等研究，进入土壤的 Pb^{2+} 容易被有机质和黏土矿物所吸附。就土壤而言，对铅的吸附量有下列顺序：黑土(771.6μg/g) > 褐土(770.9μg/g) > 红壤(425.0μg/g)。对于黏土矿物和腐殖质而言，黏土矿物对铅的吸附量以蒙脱石(4060μg/g) 最高，其次是伊利石 (1560μg/g)，高岭土 (1250μg/g) 最低，腐殖质的吸收量 (4400μg/g) 明显高于黏土矿物。其结果证实，各类土壤对铅的吸附强度与黏土矿物组成及有机物含量有关。黑土和褐土含有机质分别为 2.94% 及 1.61%，红壤有机质含量为 0.77%，土壤对铅的吸附强度与有机质含量呈正相关。黑土及褐土的枯土矿物组成以蒙脱石、伊利石为主，红壤以高岭土及铁铝氧化物为主，而蒙脱石、伊利石对铅的吸附强度高于高岭土。

土壤中的铅主要是以 $Pb(OH)_2$、$PbCO_3$ 和 $PbSO_4$ 固体形式存在，在土壤溶液中的可溶性铅含量很低，土壤中的铅迁移性弱。

当植物生长时，根从土壤溶液中吸收 Pb^{2+} 而迁移到植物体内。然后铅从固体化合物中补充到土壤溶液，补充的速度决定着对植物的供给量。一般用醋酸和 EDTA 溶液的浸提来估算土壤中的可给态铅量。氧化还原电位对土壤中可给态铅量会产生影响，随着土壤氧化还原电位的升高，土壤中可溶性铅与高价铁、锰氧化物结合在一起，降低了铅的可溶性迁移。当土壤呈酸性时，土壤中固定的铅，尤其是 $PbCO_3$ 容易释放出来，土壤中水溶性铅含量增加，可促进土壤中铅的移动。

铅在污灌区的累积分布。一般是离污染源近、污染年限长的土壤的含铅量高。在上海川沙污灌区，灌渠上游的土壤含铅量为 94.8μg/g，下游的土壤含铅量降至 45.8μg/g，土壤含铅量以进水方向依次递减。污灌土壤垂直分布的含铅

量则随深度的增加而递减。土壤 2 ~ 5cm 深的含铅量为 269.0μg/g，5 ~ 10cm 的含铅量为 53.7μg/g，10 ~ 30cm 的含铅量为 39.5μg/g，30 ~ 50cm 的含铅量为 36.4μg/g。

2.3.3 砷在不同介质中的迁移

2.3.3.1 砷在水体中的迁移

进入水体中的砷可和水中的各种物质发生作用，包括氧化—还原、配位体交换、沉淀与吸附以及生物化学等作用都能发生。这些作用构成砷在水中的局部循环，致使砷发生水流迁移、沉积迁移、气态迁移、生物迁移。

砷最广泛的形式是 H_3AsO_3、$H_2AsO_3^-$、$H_2AsO_4^-$、$HAsO_4^{2-}$。当 Eh 值呈中性，最主要的是亚砷酸（H_3AsO_3）。富氧的水体具有高的 Eh 值，在中性和弱酸性环境，以砷酸离子（$H_2AsO_4^-$、$HAsO_4^{2-}$）为主。

砷的正离子形式 AsO^+ 要在强酸性水（$pH < 0.34$）的状况下出现，而在强碱性环境中（$pH > 12.5$）呈 AsO_4^{2-} 的形式。在富氧的表层水中，以亚砷酸形式存在的砷有氧化成砷酸盐的倾向。氧化作用在中性 pH 值时是很缓慢的，但在酸性或碱性环境中可加快，并使铜盐可以发生催化反应。中层水的 Eh 值一般比表层低，在微酸性环境发生砷酸盐还原反应，此时砷酸盐转变成亚砷酸盐，有机物和亚铁离子的存在可促进反应的进行。在很大的 Eh 值和 pH 值范围内都有可溶性砷，所以砷容易发生水流迁移。

砷的沉积迁移是砷从水体析出转移到底质中。包括吸附到黏粒上、共沉淀和进入金属离子的沉淀中。Lapeintre 指出，铁对砷的亲和力很强，砷酸盐都会被水合氧化铁吸附共沉淀，氢氧化铁具有高度的吸附能力，是因为氧化铁带正的表面电荷，优先吸附负离子，所以各种砷酸盐均可被氢氧化铁和黏土所吸附，而且生成的砷酸铁不易溶解。砷酸盐在化学性质上类似于磷酸盐，可以同晶型相互代替，因而磷酸盐存在影响铁对砷酸盐的吸附。一般是砷酸盐的沉积迁移与水中铁含量成正比，与磷酸盐成反比。

亚砷酸的行为类似于砷酸，可以被氢氧化铁吸附或与之共沉淀，氢氧化铁吸附亚砷酸并与铁生成 Fe_2As_3 化合物，沉淀到底质中。此外，As^{3+} 对 S^{2-} 有较强的亲和力，它很容易被金属硫化合物吸附或共沉淀，使砷移动到底质中。

2.3.3.2 砷在土壤中的迁移转化

砷以三价或五价状态在土壤中存在。水溶性部分多为 AsO_4^{3-}、AsO_3^{3-} 等阴离子形式，一般只占总砷的 5% ~10%，美国土壤中水溶砷只占总砷的 5% ~10%，日本土壤中水溶砷平均为 5%，我国土壤中水溶砷低于 10%，但其总量都在 1μg/g

之内。因此，即使以可溶性砷进入土壤，也容易转化为难溶性砷累积于土壤表层。Crafts 用土柱做土壤砷的水迁移试验，发现砷向下层迁移随土壤种类而异，一般都累积在表层，向下迁移困难。我国进行的一些砷污染土壤调查，与水迁移试验一致。即污染土壤的砷累积在表层，并且随纵深垂直分布递减。

但是，砷在一些自然土壤中各层的分布是中层多，上层次之，下层少。这与土壤中 Cd、Hg 分布相反。主要是由于表层土中硫酸盐、硝酸盐、碳酸盐等作用，使土壤砷转变成可溶性砷，从上向下迁渗，砷随铁累积到中层。同时，砷由于植物的吸收作用在表层也不易累积。

砷在土壤中迁移转化有两个决定因素：一是土壤只有使易溶性砷化合物转变成为难溶化合物的固定能力；二是使砷的难溶化合物变成易溶化合物的能力。这些能力和土壤中铁、铝、钙、镁有关，同时受到土壤的 pH 值、Eh 值、微生物以及磷的影响。

砷进入土壤后可和土壤发生反应。带负电荷的砷酸根和亚砷酸根可被土壤胶体吸附。如带正电荷的氢氧化铁、氢氧化铝都可以起这种吸附作用；另一方面，铝硅酸盐黏土矿物表面上的铝离子也可以吸附含砷的阴离子。有机质对砷无明显的吸附作用，因为它带负电荷。不同黏土矿物类型和不同的阳离子组成对砷的吸附量有差异。据研究表明，用 Fe^{3+} 饱和的黏土矿物对砷的吸附量为 620 ~ 1172μg/g，吸附强度为蒙脱石 > 高岭土 > 白云母。用 Ca^{2+} 饱和的三种黏土矿物的吸附能力降低，吸附量是 75 ~ 415μg/g，吸附强度依次为高岭土 > 蒙脱石 > 白云石。用 Na^{+} 饱和的三种黏土矿物吸附能力最低，只有 0 ~ 347μg/g，其强度是高岭土 > 蒙脱石 > 白云石。对这几种黏土矿物来说，阳离子组成对吸附量的影响超过黏土矿物种类的影响。

同时砷可被土壤中的铁、铝、钙、镁等固定。它一方面可以和铁、铝、钙、镁等离子形成复杂的难溶性含砷化合物；另一方面可以和无定形铁、铝等的氢氧化物产生共沉淀，以这种形式存在的砷，不易发生迁移。

由于它们共沉淀产物的溶解度有下列次序：$Ca_3(AsO_4)_2 > Mg_3(AsO_4)_2 > AlAsO_4 > FeAsO_4$，所以以 Fe^{3+} 固定砷酸盐的作用最大，Al^{3+} 的作用比 Fe^{3+} 要小，Ca^{2+}、Mg^{2+} 所起的作用不如 Fe^{3+}、Al^{3+} 显著。前田信寿研究了氢氧化铁、氢氧化铝对砷的吸附，发现氢氧化铁对砷的吸附能力为氢氧化铝的 2 倍以上，游离氧化铁对砷的固定作用最显著。我国姜永清等研究了黄土中各级砷的含量分布。通常在活性铁高的土壤中，土壤中砷以 Fe-As 为残留的主要形式。在活性铁低的情况下，如果活性 Al 或代换钙多，那么在土壤中主要以 Al-As 或 Ca-As 累积。假如活性 Fe、Al 和代换钙少，As 可能从土壤中流失。据 Goldschmlit 介绍，含有大量铁的铁矾土中，含砷量高达 375μg/g 以上。同时重黏土较砂质土含砷量高。造成这种相关的原因是：活性铁和铝是直接随土壤中黏粒含量的增多而加大。大多数

土壤对砷的吸附能力有这样的顺序：红壤 > 砖红壤 > 黄棕壤 > 黑土 > 碱土 > 黄土。这也说明铁、铝氢氧化物吸附砷的突出作用。

土壤中吸附态砷转变成溶解态的砷化合物，主要与土壤的 pH 值和 Eh 值的关系密切。前田信寿等人开展了土壤中 Eh 值、pH 值和砷溶解度之间关系的研究。表明土壤中砷在 Eh 值降低、pH 值升高时，显著地增加其可溶性。在碱性土壤中，土壤胶体上的正电荷减少，对砷的吸附能力降低，可溶性砷的含量虽会增高。由于砷酸盐比亚砷酸盐容易被土壤吸附固定。如果土壤中的砷以亚砷酸盐状态存在，其砷的溶解性增加。

土壤中微生物也起着促进土壤中砷的形态变化的作用。有人分离出 15 个系的异养细菌，它们可以把亚砷酸氧化成砷酸，并发现细菌中有亚砷酸盐脱氢酶活动，指出细胞色素 a 加强了亚砷酸盐的氧化，而细菌则在氧化反应中得到能量。土壤中的微生物还可以起气化逸脱土壤中砷的作用。有人作盆栽实验发现，测定施砷量和水稻吸收砷及土壤残留量有一个很大的差值，认为这部分砷以 H_3As 等形式从土壤中气化逸脱，主要是砷霉菌对砷化合物有气化作用。

由于磷化合物和砷化合物的特性相似，因而磷化合物的存在影响土壤中砷的动态。Dean 等人把土壤分别与磷溶液及砷溶液交互浸泡处理，得到多种土壤吸附的 PO_4^{3-} 与 AsO_4^{3-} 的比率为 1.25 ~2.62，土壤吸附磷的量明显大于砷，证实了一般土壤中吸附磷的能力比砷强，土壤中磷能夺取土壤中砷被固定的位置，从而增加砷的可溶性。Gile 就砷的土壤吸附问题指出，磷的吸附是由于土壤胶体中铁、铝两者的作用，而砷的吸附主要是铁起作用，铝对磷的亲和力远远超过铝对砷的亲和力，铝吸附的砷很容易被磷取代交换。纽约的一种果园土壤，由于施用砷酸铅农药而含有 625μg/g 的砷。采用 1250mol 0.05mol/LKH_2PO_4 通过土壤柱后，有 77% 的砷从土壤中流走。在土壤被淋洗之前，未检出可溶性砷，然而在淋溶的过程中，水溶性砷可增至 5% ~9%。由此可知，在受砷毒害的土壤中大量加用磷肥，可以使一些有毒的、易溶的砷移入深土层。

2.3.4 汞在不同介质中的迁移转化

2.3.4.1 汞在水体中的迁移转化

汞从污染源排入到天然水体，可立即与水体中的各种物质发生相互作用。这些物质包括溶解在水中的各种离子、分子和络合配位体，悬浮在水中的有机与无机颗粒物、水底沉积物以及水生生物。由于以上物质对汞都表现出一定的亲和力，因而它们的作用决定了汞在水体中的迁移转化与最终归宿。

溶解在水中的汞约有 1% ~10% 挥发转入大气中。Hg^{2+} 被水中有机质、微生物或其他还原剂还原为 Hg，逸散到大气中。当水中含汞量稍高，pH≥7 时，水中汞在厌气微生物作用下生成（CH_3）$_2$Hg，在水中的溶解度小，容易逸散到大气中。

水体中还存在有机物，包含巯基、胺基、羧基等官能团都能与 Hg 结合，形成稳定性高的有机络合物。汞以络合物形式存于水相中，随水流迁移。

由于悬浮物和底质对汞有强烈的吸附作用，水中悬浮物则能大量摄取溶解性汞，从而束缚了汞的自由活动能力，当地质因素或环境化学因素改变而导致悬浮物沉降时，则汞也随之沉降，这时水中汞迁移到沉积物中。同时，底质沉积物中的化学物质也同样吸附水中 Hg^{2+}，若 Hg^{2+} 被沉积物吸附固定，水中汞也向沉积物中转移。

2.3.4.2 汞在土壤中的迁移转化

汞进入土壤后95%以上能迅速被土壤吸持或固定。主要是土壤中含有的黏土矿物和有机质对汞有强烈的吸附作用，因此汞易累积在土壤中。

土壤中黏土矿物含有带负电荷的离子，可吸附以阳离子形式存在的汞。而以阴离子形式存在的汞，如 $HgCl_3^-$、$HgCl_4^-$ 也能像磷酸根离子那样被黏土矿物吸附。在这种吸附中，黏土矿物的边缘，以及存在的氧化铁、氧化铝、二氧化锰、氢氧化铁、氢氧化铝所带的正电荷起着决定作用。

不同的黏土矿物对汞的吸附存在着差异，并且受 pH 值等因素的影响。在土壤中施用醋酸苯汞时，则蒙脱石对它的吸附率最高，同时在 pH 值为 6 时吸附最多，其次是水铝英石和高岭土。对于 $HgCl_2$，则水铝英石吸附最强，而蒙脱石、高岭土和伊利石差，斑脱土在 pH = 4.5 ~ 5.5 吸附最多。根据 Reimer 的研究认为，黏土矿物对 $HgCl_2$ 的吸附速度和能力为伊利石 > 蒙脱石 > 高岭土 > 粉砂 > 中砂 > 粗砂。对于甲基汞，同样也为伊利石 > 蒙脱石 > 粉砂。腐殖质固定汞的能力比黏土矿物大得多。腐殖质是一些含芳香结构的化合物，通过含酚羟基、羟基、羟基醌、磺酸基、氨基、醌基、甲氧基、羰基等反应基团的作用，汞被腐殖质螯合或吸附。一般说来，土壤中腐殖质含量越高，土壤吸附汞的能力越强。西安东郊某些污灌土壤有机质含量为 1.60%、1.13%、0.99% 时，其含汞量分别依次为 4.2μg/g、4.0μg/g、2.1μg/g，含汞量随有机质的增多而增加。有些实验表明，土壤中有机质增加 1%，汞的固定率可提高 30%。此外，杨国治等人曾研究汞在土壤中的固定与释放作用，其研究认为，土壤对汞的固定能力是黑土 > 红土 > 黄棕土 > 潮土 > 黄土，这种趋势和土壤中有机质含量由高到低是一致的。

土壤对汞的吸附累积是极为牢固的。实验表明，用水或 EDTA 络合剂，都不能提出这种吸附的汞，所以汞不会通过土壤污染地下水。

土壤中吸附的汞一般累积在表层，并沿土壤的纵深垂直分布递减。污染区，表层土壤（0 ~ 10cm）含汞 0.66 ~ 1.15μg/g，中层（10 ~ 30cm）含汞 0.17μg/g，底层（30 ~ 50cm）含汞 0.1μg/g。土壤表层含汞量高，是因为进入土壤中的汞首

先被表层吸附阻留，还有表层土中有机质多，汞与有机质结合成螯合物，汞不易向下层移动。

土壤中汞的累积还与污染年限有关。土壤污灌的时间越长，土壤中含汞量越高。西安污灌区同一污水源灌溉的耕作土壤，污灌 15 年的含汞量为 2.63μg/g，明显高于污灌 12 年的含汞量 1.54μg/g，比污灌 7 年的含汞量更高，而非污灌的耕作土壤含汞量仅为 0.097μg/g。

土壤中汞的累积还与污灌水的含汞量有关。在用同一污水灌溉的情况，耕层土壤的含汞量随与污水源距离的增加而减少。如在西安东郊沿着污水渠的西南方向，在污水源附近，离污水源 1km 及 5km 处，土壤中含汞量分别为 2.12μg/g、1.96μg/g、0.94μg/g。这是因为随着污水流程增加，一部分汞被污水中悬浮物吸附沉淀，一部分汞逐渐挥发，流程越长，污水中含汞量越少，从而污染减轻。

土壤中吸附累积的汞还会发生转化。土壤中一价汞与二价汞离子之间可以发生化学转化。无机汞和有机汞都可以转化为金属汞。同时，各种化合物中的 Hg^{2+} 也很容易被土壤中的极毛杆菌、假单胞杆菌等微生物还原成金属汞，并由于汞的挥发而向大气中迁移。

土壤中的汞化合物还可转化成甲基汞。甲基汞的生成可以是化学过程，也可以通过土壤中细菌及生物体内酶的催化。汞的甲基化速度和土壤的温度、湿度、质地有关。在水分较多、质地黏重的土壤中，甲基汞的含量比水分少，砂性的土壤多。土壤中的甲基汞通过吸收转移而进入冬种农作物、肉类和蛋类中积累，食用后进入人体造成危害。

土壤中有机汞也可自行挥发，致使汞由土壤向大气迁移。施入土壤中的甲基汞和乙基汞，在 142 天后，只有 2.2% ~4.8% 以原来形态存在，其中很多是挥发扩散到大气中。Hogg 的实验证实，在土壤中的汞约有 7% ~30% 挥发。北京农业科学院气象研究所多年的实验证明，每年约有 10% 的汞挥发。这种土壤汞的逸失和土壤微生物活动有关。土壤微生物活跃，汞的逸失增加。此外，土壤温度降低，温度减小，汞的挥发也相应减小。用 ^{203}Hg 标记多种汞化合物的试验证实二甲基汞比氯化甲基汞和金属汞的挥发性大。

2.3.5　镉在不同介质中的迁移转化

水体对镉具有一定的净化作用。其作用是水体、底泥及生物群等多因子的物理、化学和生物共同作用的结果。

水体中含有大量的有机和无机化合物、络合物、悬浮物、水生动植物及水底沉积物。这些物质都有与铬结合的趋势。但结合能力有很大的差异，因而造成了镉在水体各相分布的不平衡。大量的研究工作表明，水体悬浮物和水底沉积物对镉表现出较强的亲和力，因此悬浮物和底质沉积物中含镉量很高。占水体总含量的90%以上。毛美洲等通过对湘江流域的研究指出，湘江株洲段的水体中可溶态镉是0.18μg/L，而悬浮物中含镉是0.14μg/L水悬浮物，底质中是107.28μg/g；湘潭段可溶态镉是0.35μg/L，悬浮物中含镉0.61μg/L水悬浮物，底质中3.44μg/g；长沙河段可溶态镉0.17μg/L，悬浮物中含镉0.14μg/L水悬浮物，底质中含镉2.74μg/g。这些测定证实了水体中的镉污染物大部分存在于固相。

水生生物有很强的富镉能力。据D. W. Fasset报道，对于32种淡水植物的测定表明，所含镉的平均浓度可高出邻接水相1000多倍。一般水体中都生存着大量的水生生物，它们所摄取的镉在自然界的循环中是不可忽视的。由于水体中固相和生物相对镉的作用，保证了水相中含镉浓度通常都不超过10μg/kg的饮用水标准，这有益于鱼类的生存和人类饮用水的安全，这也就是天然水体对镉污染物的自净能力。

2.3.5.1 镉的水流迁移

在镉的化合物中，除硫化镉以外，其他均能溶于水，镉是水迁移性元素。在水体中的镉主要以二价离子型状态存在，在一般的条件下，镉以 Cd^{2+} 状态随水流迁移。镉在水体中有与无机和有机配位体生成多种可溶性络合物的趋势，可促进镉的水流迁移，水体中主要的无机配位体是羟基、碳酸根、硫酸根、氯根及氨，与镉形成络合物。

在天然水中还存在着或多或少的有机配位体，它们是由动植物体和微生物体的分解而产生的。主要是黄腐酸、氨基酸类，具有多苯环、多官能团结构，只与离子态镉发生离子交换和螯合作用。这一反应能增加镉的溶解度，使易发生水流迁移和易为生命有机体吸收，从而减少了进入固相的镉。

镉在水体中的迁移能力取决于存在形态和所处的环演化学条件。就其形态而言，迁移能力顺序如下：离子态 > 络合态 > 难溶悬浮态。就环境化学条件而论，酸性环境能使镉的难溶态溶解，结合态离解，因而以离子态存在的镉增多利于迁移。相反碱性条件下容易生成多种类型沉淀，影响镉的水流迁移。

2.3.5.2 镉向底质中迁移转化

水流迁移的镉容易被水体中的悬浮物吸附，随着时间和水流距离的增大，水中镉很快因悬浮物的沉陷而被净化，同时在底质中富集起来。从表2-3中可以看出，水中镉的含量随着与排污口距离的增加而迅速下降了90%以上。水中镉的降低导致底泥镉的富集，底泥镉是水中镉的500倍左右。水中镉净化的主要原因之一是悬浮物的吸附沉降。悬浮物对镉的吸附能力决定于水中悬浮物的成分和粒度。水中悬浮物由无机颗粒及有机碎片粒子组成，悬浮物的成分对锡的吸收能力是：有机腐殖质 > 含腐殖质的土粒 > 黏土矿物 > 混有火山灰质土粒 > 中细粒冲积

土 > 中粗粒沙土粒。此外，镉的吸附模拟实验表明，水中悬浮物黏土成分越高，黏粒越小，其吸附沉降也越快。

表 2-3 镉在水中的迁移 (μg/g)

采样地点	水中的镉含量	底泥的镉含量
排污口	14.5	—
距排污口 50m	4.70	5800
距排污口 50m	3.21	1972
距排污口 50m	1.94	1120
距排污口 50m	1.59	1119
距排污口 50m	0.89	530

水底沉积物是多种有机与无机物质的聚集体，对镉有强烈的吸附作用，也可以使镉向底质中迁移转化，使水体得到净化。

底质中含有 1% ~20% 的有机质。有机质中含有大量的腐殖质。这部分腐殖质主要是分子量大的不溶于水的腐殖酸。镉与腐殖酸的羟基和酚羟基上的 H^+ 进行离子交换反应，生成镉-腐殖酸螯合物。其稳定常数小，使得镉易被水生生物吸收，或被能形成更稳定吸附的物质夺取。镉通常富集于有机质丰富的底质中，底质中与有机物结合的镉占总镉量的 25%。

底质中的黏土矿物对镉也有强烈的吸附作用。在天然水 pH 值条件下，多数黏土矿物表面带负电荷，它们对镉的吸附作用主要是层间吸附和表面吸附，这部分吸附量均高于有机质和氧化物吸附值。沉积物中主要黏土矿物吸附能力是蒙脱石 > 伊利石 > 高岭土。蒙脱石吸附能力比伊利石和高岭土大数倍，这是因为蒙脱石有层间溶胀，它的吸附件用不仅发生在外表面，而且涉及晶体的内表面。由于黏土矿物有较强的吸附能力，使镉很快由水相进入固相，从而使水体得到净化，并把镉污染限制在一个较小的区域。

2.4 矿区重金属迁移和转化过程中的生态影响

作为一种持久性潜在有毒污染物，重金属进入土壤后因不能被生物降解而长期存在于土壤中且不断积累，从而可能污染食物链并危及生态安全，还将会通过人体直接接触、地面扬尘吸入、饮水和食品摄入等途径威胁人类健康。其中，食用污染土壤上种植的农作物是矿区居民摄取重金属的最主要途径之一，由此可能造成当地居民的重金属健康风险。

土壤重金属污染将导致农作物的大量减产并使粮食、蔬菜、瓜果等的重金属含量增加，然后通过食物链而最终在人体内积累，进而危害人类身体健康，同时也影响国民经济发展。

土壤处于大气圈、岩石圈、水圈和生物圈的交接部位，在生态体系中处于独特的空间地位，土壤中重金属易积累难降解，当土壤受到重金属污染时引起毒害作用有：影响农作物的产量和质量；重金属被植物吸收利用而进入食物链对动物和人体产生毒害作用；通过雨水溶淋作用，重金属向下缓慢渗透进而污染地下水；受污染的土壤暴露在环境中，细小土壤颗粒容易进入大气环境，造成大气污染，直接或间接的危害动物或人体的健康。

2.4.1 重金属对植物生长发育的影响与危害

2.4.1.1 铜对植物的危害

研究证明，铜是植物体内多酚氧化酶、氨基氧化酶、酪氨酸酶、抗坏血酸氧化酶、细胞色素氧化酶等的组成部分，是各种氧化酶活性的核心元素。可进行电子的接受与传递，在植物体内氧化还原起重要作用，与叶绿素的形成以及碳水化合物、蛋白质合成有密切关系。并且能提高植物的呼吸强度。因而植物生长需要少量的铜，植物缺铜时叶绿素减少，叶片出现失绿现象，繁殖器官的发育受到破坏，产量显著下降，严重时死亡。

但是，过量的铜会对植物生长发育产生危害。土壤的含铜量超过50μg/g时，柑橘幼苗生长受到影响；土壤含铜量达200μg/g时，小麦枯死；高达250μg/g，水稻也将枯死。用浓度0.06μg/g的铜溶液灌溉水培水稻，其产量减少15.7%；若溶液浓度增至0.6μg/g时，产量减少45%；若溶液浓度增至1.2μg/g时，产量减少64.7%；若增至3.2μg/g，水稻全无收获。土壤中含铜量为410μg/g时，萝卜、青菜的生长受到抑制，产量显著下降。在此浓度下，萝卜、青菜单株鲜重则较对照分别减少28.2%和48.5%。土壤的含铜量为810μg/g时，萝卜单株鲜重减少49.6%，青菜减少91.3%。

作物受铜害的主要症状是褪绿，光合强度减弱，造成缺铁。一是阻碍植物对其他元素的吸收，被植物吸收的铜大部分停留在根部，根部大量铜过剩，使植物对其他成分的吸收受阻。例如根部铜过剩使二价铁氧化为三价铁，妨碍植物对二价铁的吸收和在体内运转。造成缺铁病。二是还发现植物中过量的铜抑制服脱羧酶的活性，间接阻碍了NH_4^+向谷氨酸转化，造成NH_4^+在植物体内的累积，使根部受到严重损害，首先主根不能伸长，常常到2～4cm就停止，根尖硬化，生长点细胞分裂受到抑制，根毛少。同时，根部的破坏使植物对水分和养分的吸收受到影响，造成生长不好。形成缺水病和叶枯病，产量下降，甚至枯死。

铜对植物的毒性还受其他元素的影响。在水培液中只要有1μg/g的硫酸铜，即可使大麦停止生长，然而加入其他营养盐类，即使铜浓度达到4μg/g也不至于使大麦停止生长；高浓度铜会引起柑橘缺铁褪绿，但施加铁或钼后可以减轻铜所造成的危害。

2.4.1.2 铅对植物的危害

铅不是植物生长发育的必需元素。铅进入植物的过程，主要是非代谢性的被动进入植物根内。Goren 与 Arvik 等研究了大麦、蚕豆、大豆、甜菜等离体根对铅的吸收作用，他们认为铅的吸收过程并不受代谢抑制作用的影响，是非代谢性的。铅离子一旦进入根内，就通过木质部转运到其他组织。Tanton 等用^{201}Pb示踪测定所进行的研究表明，尽管有一部分铅可能被结合在木质部的导管上，但是，其余部分的铅则通过茎部输送到幼叶上而不是老叶上。实验还表明，已经累积在根内的铅，还能够作为以后铅运转到茎部的贮藏处。至于铅在植物体内的转移情况。可利用^{201}Pb准确地监测，这种方法不受大气中铅沉积的影响。经测定，烟草地上部分的含铅量为根部积累量的一半，一般认为铅主要累积在根内，输送到地上部分是有限的。

除植物根部吸收铅外，还可以通过树皮或叶片进入植物体内。通常散布在空气中的铅，可通过张开的气孔进入叶内，但是叶表面角质层是铅进入叶内的障碍。铅也会从叶表面裂口、表皮裂缝、因病虫害而产生的叶片伤口进入叶内。据报道，采自靠近冶炼厂的植物叶片中，在气孔下腔和毗连的表皮细胞附近，可以见到密集的颗粒铅存在。

积累在根、茎和叶内的铅，可影响植物的生长发育，使植物受害。铅对植物根系生长的影响是显著的。铅能减少根细胞的有丝分裂速度，这也许是造成作物生长缓慢的原因。高浓度的铅影响植物的光合和蒸腾作用强度。Bazzaz 等研究了用不同浓度氯化铅处理水培的玉米和大豆。他们发现，随着铅浓度增加，光合和蒸腾作用的强度降低，导致植株高、叶量、生物量、产量都下降。在低浓度铅影响下，玉米比大豆敏感，大豆的光合和蒸腾强度与对照植株一样。但用高浓度铅处理，大豆比玉米敏感，光合和蒸腾强度受到强烈抑制。一般随着铅浓度增高，光合和蒸腾作用的速度逐渐降低。这两种生理过程的变化与叶子气孔对二氧化碳吸收和水蒸气扩散的能力有关。

铅的累积也直接影响细胞的代谢作用。Hampp 等观测了铅对离体菠菜叶绿体的影响，发现进行光合作用时，$^{14}CO_2$的固定作用受非代谢铅的抑制，而且糖—二膦酸酯的形成也受到明显的影响。此外，铅盐还抑制离体菠菜和番茄叶绿体光合作用时的电子传递，光合系统Ⅰ的活性不变影响，光合系统Ⅱ的活性受到抑制，特别对氧化方面以及原电子载体和水氧化作用点之间的抑制作用为显著。

实际上低浓度铅对作物生长产生的危害影响是弱的。从水稻盆栽实验可以看出，采用含铅 1 ~ 20μg/g 的溶液灌溉土培水稻，可对水稻生长发育产生轻度危害；用 50μg/g 溶液灌溉使水稻减产 22%；用 150μg/g 灌溉使水稻减产 28%。有的实验表明，当土壤含铅量 700μg/g 时可使水稻减产 10%；使小麦减产 10% 的土壤含铅量为300μg/g；使大豆减产10%的土壤含铅量是500μg/g。

高浓度铅还对蔬菜产生危害。例如，用高浓度铅处理白菜、萝卜种子，会使种子萌发率和胚根长度及上胚轴的长度降低，甚至出现胚根组织坏死。用高浓度铅溶液灌溉蔬菜，可使白菜、萝卜、莴苣根系生长受到明显抑制；外部叶片褪绿、老化以及植株矮小，生物量下降。

此外，铅使植物染色体和细胞核的畸变也是典型的中毒症状。然而，某些植物已进化成耐铅的生态型。目前发现有许多忍耐铅的生态型，包括细叶剪股颖、葡萄剪股颖、大鸥股颖、狐茅、红狐茅等，它们生长在富铅的土壤上。有人认为，植物对铅的忍耐性，主要是铅进入植物细胞中积累时，或与细胞中过剩的非蛋白质巯基结合，形成不溶性络合物；或以铅晶体缓慢地积累在细胞壁上，呈密布的微粒沉积下来。微粒中的铅，在生理上的作用是惰性的。铅微粒的存在以及在细胞内广泛分布的现象，还可以说明铅比其他重金属毒性低。

2.4.1.3 砷对植物的危害

一般认为，低浓度的砷对许多作物有刺激作用。Stewart 等人在菜豆、豌豆、马铃薯和小麦的土培实验中，加砷25μg/g的反比未施砷处理的生长发育好。对豌豆和小麦而言，砷含量达75μg/g时还有这种刺激作用。这种作用发生的原因，在土培实验中是否在于消除了有害的微生物，但水耕也有同样效果，是否是砷对植物的直接作用，对这些问题还有待研究。细田进行水稻盆栽实验，加砷10μg/g有明显的刺激作用，水稻增产6.4%。Stewart 发现，增施3.6千克/亩的砷，有利于豌豆、萝卜、小麦和土豆的生长。

研究作物发生砷害的原因，Morris 发现加砷使燕麦的叶面蒸发明显下降；Machlis 认为砷能阻碍作物体内水分的运行，抑制水分由根部向上部分输送，从而造成叶片凋萎以至枯死；Fellenburg 也表明，在种污染的土壤上作物的水分输送受到砷的阻碍。可以得出，砷的这种毒害妨碍作物对水分的吸收，同时也阻碍养分的吸收。山根等在水稻的水培实验中研究砷对养分吸收的阻碍作用，发现砷对养分的阻碍顺序是对 K_2O 最大，依次为 NH_4^+、NO_3^-、MgO、P_2O_5、CaO。经常可以看到高等植物砷害症状是叶片发黄，其原因是叶绿素受到破坏，但是还可以认为，由于砷严重阻碍水分和氮的吸收，也会引起叶片发黄。

Bonner 证明，取自燕麦子叶叶鞘的吲哚乙酸有促进生长发育的作用，但 $10^{-5} \sim 10^{-4}$mol/L 的砷就能抑制这种作用。在这个浓度范围内，砷不能抑制呼吸作用，却能阻碍吲哚乙酸所引起的呼吸作用的增强，相反增施磷就能减轻以至消除砷的这种阻碍作用。由此可知，砷是通过影响磷的代谢而产生阻碍生长发育的作用。早已证明，在生理上砷并不能代替磷。根据上述结果可以认为，如果从作物生理方面来看砷对作物危害的原因，则与磷相似，是由于三碳糖磷酸的氧化，

并不产生高能的磷酸，以致在三碳酸循环中可能强烈地阻碍三磷酸腺苷的形成。

为了直接了解作物的生长发育和含砷水平的相关性，许多人进行了水培实验的研究。Machlis 在水培实验中研究了菜豆、苏丹草和亚砷酸钠加入量的关系，使菜豆枯死的砷量是 2μg/g，苏丹草是 18μg/g，允许菜豆生长发育的浓度为 1.2μg/g，苏丹草为 10μg/g。Brenchley 的水培实验证明，阻碍豌豆生长发育的浓度是 4μg/g，大麦则是 20μg/g。对水稻而言，砷酸为 1μg/g 时稍有一点阻碍作用，5μg/g 时减产 50%，10μg/g 时生长发育极度恶化以致不能抽穗。山根等证实，水培液中含砷在 2.5μg/g 时就能抑制水稻分蘖植物生长，根部发育不良。在多年生作物方面，橘子的水培实验表明，砷酸为 5μg/g，亚砷酸为 2μg/g 时就产生毒害，砷酸达 10μg/g，亚砷酸达 5μg/g 时就能显著地抑制生长，但还未达到致死的水平。此外，亚砷酸和砷酸对作物的毒性有明显的差别，亚砷酸比砷酸的毒性作用强。用 2.5μg/g 的亚砷酸处理的水稻水培实验减产约 80%，同样浓度的砷酸处理只减产 40%。在番茄的水培实验中，亚砷酸达 10μg/g 就能使番茄枯死，但番茄能忍受 30μg/g 以上的砷酸。一般认为亚砷酸对作物的毒性至少比砷酸大 3 倍或 3 倍以上。

作物的生长发育与土壤含砷量直接有关。李应学等在盆栽和小区试验中研究了砷加入量和小麦、玉米、水稻生长发育的关系。盆栽实验表明，土壤含砷量为 25μg/g 和 50μg/g 时，对小麦植株高度和穗长均较对照有增加的趋势。含砷量为 25μg/g 时增产 8.7%，含砷量为 50μg/g 时增产近 20%，但含砷量为 100μg/g 时的株高、总穗数、干粒重显著下降，而不实小穗百分率增加一倍多，产量只有对照的 37.2%。含砷量为 200 ~ 1000μg/g 时全部枯死。盆栽玉米含砷量为 25μg/g 时产量下降，含砷量为 50μg/g 时产量降低近 20%，含砷量为 100μg/g 时减产 40%，含砷量为 200 ~ 1000μg/g 时或是全部枯死，或是未能结穗，结果均颗粒无收。水稻苗期对砷比较敏感，移栽后成活返青慢、生长受到抑制。受害植株生长缓慢、矮小瘦弱、枯黄死叶增多，稻根发育很差、根毛很少。成熟期水稻株高、总穗数及干粒重等随土壤含砷量增高而下降、秕谷率增加。5μg/g 时产量开始下降，10μg/g 减产 20%，30μg/g 减产一半以上。100 ~ 200μg/g 全部枯死无收成。小麦、玉米和水稻的小区实验也有和盆栽实验一致的趋势。细作在水稻的盆栽实验中表明，加入 10μg/g 的砷能促进生长发育，但随着加入量增多，产量就急剧下降，达 75μg/g 时其产量相当于对照的 21.6%，达 250μg/g 时，移栽后数日就枯死。在田间实验中，荻原发现砷为 10μg/g 时水稻就受害，达 35μg/g 时移植后 20 ~ 30 天就枯死或保持移植时的状态至成熟期。一般土培实验结果是土壤含砷 5 ~ 10μg/g 反而有利于生长发育。含砷达 25μg/g 时，平均减产 10%，50μg/g 减产 20%，100μg/g 减产 40%，但减产量还因土壤类型不同而有相当大的差异。

不同类型的砷化合物对作物的生长发育存在着不同的影响。南京土壤研究所环境保护室研究了无机砷和有机砷化合物对盆栽表明以有机砷形态存在于土壤中时，对水稻就有明显的毒性，这说明有机砷对水稻的毒性作用比无机砷大得多，与有机砷易被水稻吸收有关。

2.4.1.4 汞对植物的危害

汞是危害植物生长的元素。土壤中含汞量过高，汞不但能在植物体内累积，还会对植物产生毒害。通常有机汞和无机汞化合物以及汞蒸气，都会引起植物汞中毒。植物受汞蒸气毒害的症状是叶、茎、花瓣、花梗和幼蕾的花冠变成棕色或黑色，严重情况下引起叶子和幼蕾掉落。受汞蒸气污染的豆类植物和薄荷的叶子及茎会长出暗色的斑点，并逐渐变黑，最后枯萎和过早落叶，而且污染时间越长，损伤越重。

不同植物对汞蒸气的敏感程度是有差别的。大豆、向日葵、玫瑰和酐浆草对汞蒸气特别敏感；纸皮样大叶醉鱼草、伞花硬骨草、橡树、厚皮树、常青藤、巴豆和芦苇等对汞蒸气抗性较强；桃树、西红柿、天空葵等的敏感性属中等。大气中的汞化合物、雨水和尘埃以及土壤中的汞蒸气都能被植物吸收，吸收量过大时，叶片遭受伤害。

实验证明，汞对水稻的生长发育产生危害。中国科学院植物研究所水稻的水培实验，采用含汞为0.074μg/g的培养液处理水稻，产量开始下降，秕谷率增加。0.074μg/g处理的水稻根部已开始受害，并随着试验浓度的增加而根部更加扭曲，呈褐色，有锈斑。7.4μg/g浓度处理的植株，叶子发黄，植株高度变矮，根系发育不良。随着处理浓度的增加。植物各部分的含汞量上升。22.2μg/g浓度处理的水稻受害严重。36.5μg/g浓度处理的植株大部分死亡，活下来的植株也很少抽穗、开花。产量比对照下降97%。显然，36.5μg/g可为水培水稻受害的致死浓度。

但是，在作物的土培实验中，即使土壤中含汞量达到18.5μg/g。水稻和小麦产量也未受到影响。可见，要使农作物的生长发育受到危害，土壤含汞量要高达25~50μg/g。

土壤中不同形态的汞对作物生长发育的影响存在着差异。王庆敏等进行了土壤中无机汞和有机汞对水稻生长发育影响的盆栽实验研究。试验表明，当投加醋酸苯汞和$HgCl_2$达25μg/g时，对水稻的生长发育起抑制作用，但HgS和HgO是难溶构汞化合物，要分别投加300μg/g和50μg/g时，水稻的生长发育才明显受抑制。投加汞量相同时，醋酸苯汞、氯化汞对水稻生长发育的危害比氧化汞、硫化汞要大，其顺序为：醋酸苯汞 > $HgCl_2$ > HgO > HgS。

2.4.1.5 镉对植物的危害

镉是危害植物生长的有毒元素。在土壤中过量的镉，不仅能在植物体内残

留，而且也会对植物的生长发育产生明显的危害。镉破坏叶片的叶绿素结构，降低叶绿素含量，叶片发黄褪绿，严重的几乎所有的叶片都出现褪绿现象，叶脉组织成酱紫色，变脆、萎缩、叶绿素严重缺乏，表现为缺铁症状。由于叶片受到严重伤害，致使生长缓慢，植株矮小，根系受到抑制，造成生物障碍，降低产量，在高浓度镉的毒害下发生死亡。

植物光合作用的速率与叶绿素含量成正比，镉破坏叶绿素结构，使叶绿素含量降低，导致光合强度减弱。林舜华等用不同浓度的镉溶液进行水稻水培实验，在拔节和开花期对连体叶片的光合强度进行了测定。结果表明，光合强度随镉浓度的增加而降低。处理浓度为0.01μg/g时，植株光合比率拔节期减少17%。开花期减少4%；浓度为0.05μg/g时，拔节期光合比率减少23%，开花期减少8%；浓度为0.1μg/g时，拔节期光合比率减少26%，开花期减少8%；浓度为1μg/g时，拔节期光合比率减少42%，开花期减少38%；浓度为5μg/g时，拔节期光合比率减少43%，开花期减少59%。光合强度降低，导致产量下降，1μg/g时产量为对照的85%，5μg/g时产量为对照的21%。

陈灵芝等人在投加$CdCl_2$的土壤中进行水稻的盆栽实验表明，土壤含镉量10μg/g时对水稻产生不利影响，分蘖减少11%，地上部分生物量下降12%，糙米产量减少5%土壤含镉量为100μg/g时，分蘖受到阻碍，生长迟缓，拔节期株高比对照低6～12cm。糙米产量下降12%；土壤含镉量为300μg/g时，17天后水稻秧苗叶片出现褪绿现象，部分叶片的叶尖枯黄，卷曲，生长受到显著影响，拔节期株高比对照低20cm，有效分蘖减少60%，地上生物产量下降52%，糙米产量为对照的63.5%；土壤含镉量500μg/g时，插入水稻秧苗后30天死株率达27%，部分秧苗叶片枯黄，地上部分生物量比对照减少61%，糙米产量为对照的38.2%，严重影响水稻生长发育。

镉还影响大豆、烟草、蔬菜等作物的生长发育，产生危害。大豆受害后茎秆中止生长。茎、叶柄、叶脉组织呈现褐色斑纹，叶片褪绿，发生黄萎病，生物重量显著下降。烟草对镉比较敏感，当土壤含镉量1μg/g时减产17%，5μg/g时减产19%，10μg/g时减产20%。蔬菜也因大量吸收镉而受害，生长迟缓，产量下降，含镉量高。

Bingham等人分析了15种作物降低产量25%时，茎叶组织和土壤的含镉量。结果表明，镉对各种作物的影响有很大的差异，水稻叶片含镉量在2μg/g时即可使产量降低25%，而结球甘蓝叶片含镉160μg/g时才产生相似影响；不同植物对基质中镉的吸收和积累差异也很大，菠菜在土壤含镉量为4μg/g时，叶片含镉量为75μg/g，而莙荙菜在土壤含镉量为250μg/g时，叶片含镉量才达到150μg/g。菠菜、大豆、皱叶独行菜和莴苣，是对镉敏感的植物，在土壤含镉量4～13μg/g时，就能导致产量降低25%，而西红柿、南瓜、结球甘蓝、莙荙菜等，只有在土壤含镉量160~250μg/g时，产量才降低25%。水稻在水淹条件下甚至在土壤含镉为764μg/g时，才能使产量降低25%。显然，各种植物对镉危害的耐受程度是不同的。

2.4.2 重金属对土壤的影响与危害

土壤污染对健康的影响。土壤污染不像水体和大气污染那样直观，它往往要通过农作物包括粮食、蔬菜、水果或牧草等，或通过摄食的人或动物的健康状况才能反映出来，从遭受污染到产生恶果有一个相当长的逐步积累的过程，具有隐蔽性或潜伏性。

土壤污染对农产品产量和质量的影响。植物可从污染土壤中吸收污染物，从而引起代谢失调，生长发育受阻或导致遗传变异。如沈抚灌区曾利用炼油厂未经处理的废水灌溉，田间观察发现，水稻严重矮化；初期症状是叶片披散下垂，叶尖变红；中期症状是抽穗后不能开花授粉，形成空壳，或者根本不抽穗；后期仍继续无效分蘖。被重金属Cd、Hg等污染的农田所生产的粮食不能食用。

2.4.3 重金属对土壤酶活性及微生物的影响

重金属在土壤中的积累，能全部或部分抑制许多生化反应，改变反应方向和速度，从而破坏土壤中原有有机物或无机物所固有的化学平衡和转化。研究表明，进入土壤中的重金属尘埃使其微生物区系数量减少、酶活性降低。在水稻分蘖期，其蛋白酶、蔗糖酶、β-葡萄糖酶、淀粉酶的活性与红壤性水稻土中污染Pb浓度呈显著负相关，但酶活性与土壤添加Pb浓度之间并非是一个简单的直线关系，在浓度不同时，有一定的升降过程，表明了这种影响的复杂性。Pb在0~2000μg/g的浓度范围内使蔗糖酶、β-葡萄糖酶和淀粉酶的活性分别降低了42.3%、34.3%、34.0%。而在0~3000μg/g范围内蛋白酶降低了24.1%。与此相反，脲酶（Pb，Cd）、淀粉酶（Cd）与土壤中添加的Pb、Cd呈显著正相关；Pb浓度在4000μg/g范围内脲酶的活性增加了156%；Cd在8~160μg/g范围内，脲酶活性增强了84.8%，淀粉酶的活性增加了34.8%。汞对水稻幼苗根系酯酶同工酶的影响很明显，通过不同浓度$HgCl_2$处理4天后的水稻幼苗根系的分析，确认了彼此所呈现的酯酶同工酶谱是不同的、水稻幼苗伤害症状的出现与酯酶同工酶的变化有一定关系。一些研究阐述了生物对重金属的抗性机制，例如对衣藻抗Ni毒害的研究表明，在衣藻的细胞表面的Ni能与溶液中较多量的Ca^{2+}和Mg^{2+}进行交换，但却不能与H^+交换。在含Ni 10mg/L的溶液中，培育衣藻5天后，溶液中Ni浓度未发生变化，但Ca^{2+}和Mg^{2+}却显著地减少了，因而衣藻不吸收和富集Ni。

研究表明，Cd污染土壤可以减少微生物群体、降低呼吸速率；As污染对固氮菌、解磷细菌及纤维分解菌等均有抑制作用。基于发光菌对毒性显示负效应、且发光度与毒物浓度呈负相关，研究了黄棕壤中 Cu、Cd、Pb 的急性生物毒性，用细菌发光半抑制量（EC_{50}）比较了 Pb、Cu、Cd 的毒性，土壤中添加金属的 EC_{50}值的顺序为 Pb > Cu > Cd，表明其毒性正好与此相反，即 Cd > Cu > Pb。

在以发光菌研究土壤重金属污染临界值时，关键在于规定临界剩余发光度的标准。在对红壤的研究中，规定以剩余发光度的 80%（即细菌发光处于轻度受抑）和 100%（即细菌发光不受抑）为二级临界发光标准，按此标准所确定的土壤金属临界浓度与按照粮食减产 10% 水平或谷粒卫生标准所确定的土壤金属临界浓度比较接近。后在实践中发现，二级发光标准不便使用，主要缺陷在于所定范围太宽，因此在黄棕壤的临界浓度确定中，以剩余发光度 90%（EC_{10}）作为临界发光度标准。

对为 Cu、As、Pb、Cd 所污染之黑土的研究表明，由严重金属污染的存在，改变了土壤微生物体系，使细菌、真菌、固氮菌和放线菌的数量均发生显著的变化。当重金属的浓度较低时，Cd 对细菌、真菌、放线菌有明显的刺激作用，仅对固氮菌有抑制作用。As 对细菌和真菌有刺激作用，对放线菌和固氮菌有抑制作用；Cu 对真菌有刺激作用，对细菌有抑制作用，对放线菌和固氮菌的作用不明显；Pb 对放线菌和真菌有刺激作用，而对细菌和固氮菌有抑制作用。从总菌数量变化来看，当土壤中重金属量进一步增加时，例如 Cd > 3μg/g 时，抑制率达 30% ~57%；Pb > 1000μg/g 时，抑制率为 7% ~51%。As > 60μg/g 时，抑制率达 54%。Cu 对土壤总菌数起刺激作用，当 Cu > 200μg/g 时，其刺激度达 7.6% ~98%。几种重金属对土壤中固氮菌数量的影响表现出明显的抑制效应，因而也可将固氨菌作为一个敏感指标来研究重金属的污染。黑土中不同重金属量对微生物的影响，表明其刺激或抑制作用与浓度密切相关。

土壤微生物在重金属污染影响下，已失去了原来持有的生态状况，并在一定程度上呈现出受害现象。污染物不仅引起微生物数量发生了明显变化，又引起了土壤有益固氮菌数量的减少，更加显示出土壤环境的变化。

污染重金属在土壤中不易为生物所分解，因而可在生物体内积累和转化。重金属对污染土壤中动物区系也有明显的影响，污染稻田中动物群落的分布，就纵向而言，沿溪沟的水平方向距污染源越远污染越轻，动物分布则表现为相反的趋势。如距污染源 3km 的稻田，锰浓度高达 14000μg/g，土壤动物的密度为 5833 个/m^2；而距污染源 10km 处的稻田，锰浓度下降为 536μg/g，土壤动物密度则为 2336 个/m^2。横向分布也有类似的趋势。

参 考 文 献

[1] 廖国礼．典型有色金属矿山重金属迁移规律与污染评价研究[D]．长沙：中南大

学，2006.
[2] 刘慎坦．土壤中重金属可交换态分析方法的研究[D]．济南：山东大学，2009.
[3] 杨永强．珠江口及近海沉积物中重金属元素的分布、赋存形态及其潜在生态风险评价[D]．广州：中国科学院研究生院（广州地球化学研究所），2007.
[4] 温超．济南周边地区主要土壤类型[D]．济南：山东大学，2010.
[5] 牛司平．煤矿环境修复区土壤—植物系统重金属迁移转化特征研究[D]．合肥：安徽理工大学，2011.
[6] 彭景．成都市大气重金属污染特征及环境危害性评价的探讨[D]．成都：成都理工大学，2008.
[7] 徐争启．攀枝花钒钛磁铁矿区重金属元素地球化学特征[D]．成都：成都理工大学，2009.
[8] 熊代群．海河干流与邻近海域典型污染物的分布及其生态环境行为[D]．儋州：华南热带农业大学，2005.
[9] 明银安．城市污泥果肥利用研究[D]．武汉：华中科技大学，2009.
[10] 徐庆．上海郊区农业地土壤污染研究与溯源[D]．上海：东华大学，2013.
[11] 韦璐阳．钙、镁、铁对土壤砷污染的治理研究[D]．南宁：广西大学，2005.
[12] 陈剑虹．重金属废水处理技术的研究[D]．长沙：湖南大学，2003.
[13] 胡红波．苏州河重金属汞迁移转化[D]．上海：华东师范大学，2007.
[14] 刘一．铜陵矿区野生植物修复潜力研究及可食用性作物重金属污染评价[D]．合肥：合肥工业大学，2006.
[15] 苏峰．海带对镉离子的生物吸附研究[D]．长沙：湖南大学，2009.
[16] 田宝珍．镉在天然水体中的环境化学行为[J]．环境科学丛刊，1982，3(5)：61-65.
[17] 吕小王．植物对土壤中重金属的吸收效应研究[D]．南京：南京理工大学，2004.
[18] 徐钰．波尔多液营养保护剂在土壤中的生化行为及作物效应研究[D]．泰安：山东农业大学，2009.
[19] 康孟利．铅在茶树体内累积分布及其对茶树生育、生理影响的研究[D]．杭州：浙江大学，2004.
[20] 卓莉．铅锌尾矿对环境的污染行为研究[D]．成都：成都理工大学，2005.
[21] 王俊霞．废电池中重金属对荆芥和芫荽幼苗生长的影响及 DPP-4 抑制剂筛选模型的建立[D]．开封：河南大学，2013.
[22] 秦世学．土壤镉污染对作物的影响及作物对土壤镉的吸收[J]．环境科学丛刊，1983，4(10)：8-19.
[23] 汪尚朋．污水农业灌溉安全性评价的研究[D]．武汉：武汉大学，2006.
[24] 周毅．土壤镉污染对作物的影响[J]．农业环境与发展，1986，4：16-18.
[25] 孟昭福．有机改性土表面特性及对有机、重金属污染物吸附特征和机理的研究[D]．杨凌：西北农林科技大学，2004.
[26] 吕开云，高爱林，高永光．重金属污染土壤对植物伤害研究[J]．西部探矿工程，2006，08：271-273.
[27] 廖自基．环境中微量重金属元素的污染危害与迁移转化[M]．北京：科学出版社，1989.

[28] 陈怀满．土壤—植物系统中的重金属污染[M]．北京：科学出版社，1996：55-64.
[29] 杨居荣，许嘉林，王力平．土壤砷污染的植物效应，土壤环境容量研究[M]．北京：气象出版社，1986：65-74.
[30] 杨居荣，细小平，李芹．镉铅在植物细胞内的分布及其可溶性结合形态[J]．中国环境科学，1993，13：263-268.
[31] 李勋光，李小平，陈付清，等．不同砷化合物对水稻生长与砷吸收的影响，土壤环境容量研究[M]．北京：气象出版社，1986：75-83.
[32] 吴燕玉，陈涛，张学询．沈阳张士灌区镉的污染生态的研究，土壤—植物系统污染生态研究[M]．高拯民主编．北京：中国科学技术出版社，1986：295-301.
[33] 张甲耀．重金属对微生物的毒性效应[J]．环境科学，1983，4(3)：71-74.
[34] 徐红宁，许嘉林．不同环境中重金属符合污染对小麦的影响[J]．中国环境科学，1993，13(5)：367-371.
[35] 姜永清．几种土壤对砷酸盐的吸附[J]．土壤学报，1983，20(4)：394-405.
[36] 黄润华．黄河干流中砷的迁移[J]．中国环境科学，1986，6(3)：53-58.
[37] 臧惠林，郑春荣，陈怀满．控制镉污染土壤上作物吸收镉的研究．对水稻和白菜的控制效果[J]．环境农业保护，1987，6：28-29.
[38] 臧惠林，郑春荣，陈怀满．控制镉污染土壤上作物吸收镉的研究．对小麦和后作水稻的控制效果[J]．环境农业保护，1989，8：33-34.
[39] 熊礼明．土壤溶液中镉的化学形态及化学平衡研究[J]．环境科学学报，1993，13：150-156.
[40] Benjamin M M. Multiple-site adsorption of Cd，Cu，Zn and Pb on amorphous iron oxy hydroxide [J]. Colloid and Interface Sci.，1981，79：209-221.
[41] Doyle J J. Effects of low levels of dietary cadmium in animals -a review[J]. Environ. Qual，1977，6：111-116.
[42] 廖国礼，吴超，冯巨恩．矿坑废水污灌区河流重金属离子污染综合评价实践[J]．矿冶，2004，13(1)：86-90.
[43] 廖国礼，吴超．尾矿区重金属污染浓度预测模型及其应用[J]．中南大学学报，2004，35(6)：1009-1013.
[44] 陈怀满．环境土壤学[M]．北京：科学出版社，2005.
[45] 滕彦国，刘晶，崔艳芳，等．德兴矿区土壤中铜的地球化学形态及影响因素[J]．矿物岩石，2007，27(6)：59-63.
[46] 徐争启，滕彦国，度先国，张成江，倪师军．攀枝花市水系沉积物与土壤中重金属的地球化学特征比较[J]．生态环境，2007，16(3)：739-743.

3 有色金属矿山废水污染与控制

全世界每年约有 21 亿吨金属矿石和 12 亿吨非金属矿石采用露天开采，分别占金属矿石总产量的 57% 和非金属矿石总产量的 80%，并且，随着机械化程度的不断提高和完善，富矿资源的枯竭和扩大开采贫矿范围，使露天开采的剥采比日趋增大，从而废石、尾矿的排弃量也不断增加。世界各国每年产出的金属矿、非金属矿、煤、黏土等在 100 亿吨以上，排出的废石和尾矿约 400 亿吨，其中尾矿约 50 亿吨。我国发现的矿产有 150 多种，开发建立了 8000 多座矿山，累计生产尾矿 59.7 亿吨，占地 8 万平方千米以上，而且每年仍以 3.0 亿吨的速度在增长。以江西省为例，1997 年铜矿废水产生总量为 48206 万吨，其中酸性废水产生总量达 19572.2 万吨，选矿废水产生总量 28633.8 万吨。

矿山酸性废水（Acid Mine Drainage，简称 AMD）具有污染严重、不易控制及排放量大、影响范围广、治理困难等特点，其危害长期以来已成为社会问题，各国的环保工作者多年来为根治矿山酸性废水的污染做了大量的工作，取得了一定的进展，大大降低了矿山酸性废水对环境的危害，但是矿山酸性废水有着独特的性质，若采用一般工业废水治理方法，往往投资大、成本高，适用性受限，由于某些认识和技术上的原因致使酸性矿山废水对生态环境的污染越来越严重。因此，根据酸性废水产生和排放的特点，寻求既经济又实用的治理方法，是人们多年来一直努力探索的方向。

3.1 有色金属矿山酸性废水概况

3.1.1 矿山废水的来源及分类

矿山废水其来源大致可以分为矿坑水、废石堆场排水、废弃矿井排水和选矿废水等。

3.1.1.1 *矿坑水*

矿坑水来源于地下水、采矿工艺过程中产生的废水和地表降水。

地下水是地下采掘工程可能掘通蓄水层，造成大量通入矿坑和通入坑道的老窿水[1]而形成的矿坑水。

[1]老窿水：古代采矿的小井和采空范围，以及现代生产矿井已采空的范围（包括废弃的井筒和巷道）中的地下水。老窿中由于地表渗水或地下水流入而长期积聚的水称老窿水。老窿水的特点是水交替性差，常是含有多量甲烷、硫化氢等有毒气体的酸性水。老窿水常影响邻近和下部矿层的开采，有时突然涌水造成淹井。因此，在进行矿床水文地质调查和矿产开采时，都要重视查清老窿水。

采矿工艺废水指的是采矿过程中许多工艺需要用水而形成的矿坑水，如凿岩除尘、洗涤、设备冷却水和水力输送所需之水。

地表降水指的是地下开采造成岩层出现裂隙，地表水通过裂隙进入矿井。地表水通过土壤、松散岩层或通过与矿井相连的其他通道流入井下或露采场，从而增加了矿坑废水量。

3.1.1.2　废石堆场排水

矿山在开采过程中，必须剥离围岩，排放废石。无论是地下开采还是露天开采，都要掘出大量废石，除部分作为填料使用外，绝大部分都堆存于地表，降雨浸入废石堆，就形成含多种离子的酸性废水，通过地表溢流和渗漏排出，污染环境和水体。

3.1.1.3　废弃井排水

矿井开采完毕，仍然有废水排出，一般很难治理，是一种长期对环境有危害的污染源。这类水的性质由于成分和矿床种类、矿区地质构造及水文地质等因素的不同而不同。

3.1.1.4　选矿废水

选矿废水属于矿山废水的一类，它是选矿生产中由洗矿、破碎、选矿三个主要工段中产生的废水。这种废水中的重金属离子大都以固态物存在，只要采取物理净化沉降的方法就可使选矿废水中的重金属离子含量达到排放标准。选矿废水中的主要的危害来自于可溶性选矿药剂。

3.1.2　矿山酸性废水的形成机理

由于相当数量的黑色金属矿、有色金属矿和煤矿等含有一定量的硫或金属的硫化物，在开采的过程中，大量尾矿石、剥土堆放于露天，在氧化铁硫杆菌、氧化硫硫杆菌等微生物的催化作用下，尾矿石及剥土中的硫和金属硫化物被氧化，经过雨水冲刷，便形成了含有硫酸和硫酸盐的酸性废水，即我们所说的矿山酸性废水。这就是我们所说的“自然浸出”过程。

实际上并非只有露天开采才会产生矿山酸性废水，不论什么类型的矿山，只要存在透水岩层并穿越地下水位或者水体，或者只需要有地表水流入矿坑，就会产生矿山酸性废水。同样，这种地下矿坑酸性废水的产生过程也是一种“自然浸出”过程。

我国大部分矿山都有不同程度的“自然浸出”过程，产生的酸性废水量很大，这种自然浸出过程非常复杂，受到氧、微生物、气象以及水文地质条件等多种因素的控制。

金属矿物种类很多，有硫化矿、氧化矿、混合矿等，其中冶金矿山的硫化物主要以黄铁矿、黄铜矿等形式存在。氧化亚铁硫杆菌、氧化硫硫杆菌以及其他铁氧化细菌氧化黄铁矿的主要过程可用化学反应方程式描述如下：

（1）在干燥的环境中，黄铁矿被空气中的氧氧化生成硫酸亚铁和二氧化硫。

$$FeS_2 + 3O_2 \xrightarrow{细菌} FeSO_4 + SO_2 \tag{3-1}$$

$$SO_2 + H_2O \longrightarrow H_2SO_3 \tag{3-2}$$

$$SO_2 + \frac{1}{2}O_2 \longrightarrow SO_3 \tag{3-3}$$

$$SO_3 + H_2O \longrightarrow H_2SO_4 \tag{3-4}$$

经雨水冲刷即形成含有硫酸盐的矿山酸性废水。

（2）在潮湿的环境中，黄铁矿被空气中的氧及水中的溶解氧氧化生成硫酸亚铁和硫酸，及矿山酸性废水。

$$2FeS_2 + 7O_2 + 2H_2O \xrightarrow{细菌} 2FeSO_4 + 2H_2SO_4 \tag{3-5}$$

ADM 中的硫酸亚铁进一步被氧化为硫酸铁。

$$4Fe^{2+} + 4H^+ + O_2 \xrightarrow{细菌} 4Fe^{3+} + 2H_2O \tag{3-6}$$

黄铁矿还可以被矿山酸性废水中的三价铁离子氧化生成硫酸亚铁和硫酸，同时，矿物中以单质状态存在的硫在氧化硫硫杆菌的催化作用下，也可以被氧化为硫酸。根据硫的形态分析结果，硫首先被氧化为四价的硫，随着矿山酸性废水的迁移以及大气氧的作用，四价硫进一步被氧化为六价硫。

$$FeS_2 + 14Fe^{3+} + 8H_2O \xrightarrow{细菌} 15Fe^{2+} + 2SO_4^{2-} + 16H^+ \tag{3-7}$$

$$2S + 3O_2 + 2H_2O \xrightarrow{细菌} 2H_2SO_4 \tag{3-8}$$

随着矿山酸性废水的形成，水的酸度会增加，即 pH 值降低，反过来又使矿山酸性水接触到的其他金属的化合物的溶解度升高。因此，矿山酸性废水可能含有各种重金属离子，形成含重金属离子的矿山酸性废水。

黄铁矿的氧化和随后的迁移只需要很少的水和空气，矿坑里或者剥土堆、尾矿堆上的气氛足以形成基本的化学计量反应，然后，水将反应产物——酸、盐等汇集并且输送出矿坑或者剥土、尾矿堆。在矿山酸性废水的形成过程中，反应（3-1）、（3-5）是缓慢的，反应（3-6）是很快的，因此，反应过程中决定速率的是反应（3-1）和（3-5），在微生物的催化作用下，反应（3-1）和反应（3-5）可以大大加快，从而使整个反应加快。微生物在矿山酸性废水的形成过程中起着非常重要的作用，由于微生物的参与，使得硫化矿的氧化速度大大加快，微生物

在其中起着催化剂的作用。硫细菌是使硫化矿物质氧化的最主要的微生物，硫细菌的类型不同，氧化的含硫物质和氧化程度以及要求的氧化环境各异，最主要化能自养细菌是硫杆菌（*Thiobacillus*），常见的有氧硫硫杆菌（*Thiobacillus thiooxidans*），其最适合的 pH 值约为 2～3.5，氧化亚铁硫杆菌（*Thiobacillus ferrooxidans*），其最适合的 pH 值约为 2.5～5.8，这时能分别将硫化矿氧化为硫酸及硫酸盐，将亚铁氧化为高价铁。硫化矿物质在硫化细菌的作用下进行氧化，最后生成硫酸和硫酸盐的过程，被称为硫化作用（Sulphurication），这也是矿山酸性废水的自然形成过程。

3.1.3 矿山酸性废水的特点

金属矿山特别是有色金属矿山大多为硫化物金属矿床，这类矿床的矿体和围岩中存在相当数量的黄铁矿，在水中溶解氧和某些细菌的作用下，黄铁矿被氧化水解生成硫酸、硫酸亚铁、硫酸铁，富含这些物质的废水在其迁移和流动的过程中侵蚀其他金属矿物，从而形成含多种金属离子的矿山酸性废水，这种酸性废水中富含的金属离子有 Fe^{2+}、Fe^{3+}、Cu^{2+}、Zn^{2+}、Mn^{2+} 等，其含量根据不同情况而区别很大。

矿山酸性废水在形成过程中由于产生了硫酸致使废水呈酸性，同时硫酸根离子浓度也很高，通常达到数百至数千毫克/升，硬度也高，废水中的 Fe^{3+} 水解生成氢氧化铁而使得废水呈红褐色，常被称为“红龙之灾”。概况而言，矿山酸性废水有以下特点：

（1）呈酸性、并含有多种金属离子。黄铁矿一般都含有少量的有色金属硫化物，有的还会有锰、铝；有色金属，特别是重有色金属，大部分属于硫化金属矿床，这类矿床的矿体和围岩往往也含有相当数量的黄铁矿，它们在水中溶解氧和细菌的作用下，生成硫酸、硫酸亚铁和硫酸铁。这些生成物进一步与其他金属硫化物和氧化物作用，生成的硫酸盐而溶于水中，形成含有多种重金属离子的酸性废水。一般 pH 值在 2～4 左右，重金属离子的含量为每升几毫克至几百毫克范围，也有高达数千毫克的情况，铁离子一般都会在每升数百毫克至数千毫克范围，有的还含有一定数量的铝、镁、砷和二氧化硅。表 3-1 列出了部分矿山废水 pH 值及重金属含量。

表 3-1 部分矿山废水 pH 值及重金属含量 （mg/L）

矿山编号	pH 值	Cu^{2+}	Pb^{2+}	Zn^{2+}	Cd^{2+}	Fe^{3+}	Fe^{2+}	SO_4^{2-}
1	1.32	390	—	—	—	7.820	390	—
2	1.62	250	—	—	—	2.850	370	—
3	2.34	2.30	0.63	37.75	0.75	424.5	115.5	2.436

续表 3-1

矿山编号	pH 值	Cu^{2+}	Pb^{2+}	Zn^{2+}	Cd^{2+}	Fe^{3+}	Fe^{2+}	SO_4^{2-}
4	2.40	30 ~ 500	1.02	10 ~ 50	—	300 ~ 500	—	1700 ~ 4000
5	2.46	92.56	0.499	10.9	—	1174	701	6029

（2）水量大、水流时间长。矿山废水水量大，据统计，每开采 1t 矿石，废水的排放量约为 $1m^3$，不少矿山每天排放数千至数万立方米的水。由于矿山废水主要来源于地下水和地表降水，矿山开采完毕，这些水仍然继续流出，如果不采取措施，将长期污染环境和水体。

（3）水量与水质波动大。矿山废水的水量与水质随着矿床类型、赋存条件、采矿方法和自然条件的不同而异，即使同一矿山，在不同的季节由于雨水的丰沛情况不同也有很大的差异。废水的来源不同，其水质、水量的变化规律也不同，水量波动很大，水的成分和含量变化也大。同一类型矿藏，由于矿石组成、形成的条件等因素的差异，使形成的废水的组成及其浓度均不同。

3.1.4 矿山酸性废水的危害

矿山酸性废水的危害主要来自于酸污染和重金属污染：

（1）矿山酸性废水大量排入河流、湖泊，使水体的 pH 值发生变化，破坏了水体的自然缓冲作用，抑制细菌和微生物的生长，妨碍水体自净，影响水生物的生长，严重的导致鱼虾的死亡、水草停止生长甚至死亡；天然水体长期受酸的污染，将使水质及附近的土壤酸化，影响农作物的生长，破坏生态环境。依据“参照(Control)—受损(Impaired)—恢复(Recovery)”的设计方法，中科院水生所等相关科研人员对高岚河受酸性矿山废水影响的河段、不受影响的河段及恢复河段进行对比分析。结果表明底栖藻类密度、叶绿素 a 浓度、无灰干重及自养指数等受酸性矿山废水影响明显，且枯水期酸性矿山废水的影响更显著。为了解华南地区酸性矿山废水对溪流中树叶分解的影响，华南农业大学科研人员在广东省大宝山矿区附近的一条被酸性矿山废水污染（pH 值为 2.7 ~ 3.4 且富含多种重金属元素）的 3 级溪流中，利用两种孔径（5mm 的网袋和 11mm 的布袋）的分解网袋对两种树叶（人面子和蒲桃）进行了为期 101 天的树叶分解研究。结果表明，受酸性矿山废水的影响，底栖动物群落的多样性大为减少，同时由于各种金属氧化物在树叶表面的不断沉淀，使树叶处于缺氧状态，抑制了微生物的活动，导致树叶分解速率大为降低。江西永平铜矿是多金属硫化物矿床，矿区酸性污水流量平均达 4000t/d，造成其附近交集河口以下 5km 河段形成含大量重金属的酸性水，对生态环境带来了严重后果。

（2）矿山废水含重金属离子和其他金属离子，通过渗透、渗流和径流等途径进入环境，污染水体。经过沉淀、吸收、络合、螯合与氧化还原等作用在水体

中迁移、变化，最终影响人体的健康和水生物的生长。矿山废水中的重金属主要有：汞、铬、镉、铅、锌、镍、铜、钴、锰、钛、钒、钼和铋等，均有较强的危害。重金属毒物具有以下特点：

1）不能被微生物降解，只能在各种形态间互相转化、分散。重金属铬具有+2、+3、+6价的化合价。金属铬和+2价的铬一般认为是无毒的，+3价铬是人体必需的微量元素，但是进入人体过多时可对人体健康带来危害；+6价铬毒性较大，是人类确认的致癌物，具有强氧化作用，经吸收进入血液后，在红细胞内部与生物大分子反应，导致红细胞携带氧的机能发生障碍，引起内窒息而出现缺氧症状，进入鼻腔的+6价铬最终导致鼻中隔软骨穿孔，进入细胞的+6价铬可造成DNA断裂，细胞染色体畸变；摄入过量的+6价铬会引起肾脏和肝脏受损、恶心、胃肠道刺激、胃溃疡、痉挛甚至死亡。2011年8月，我国云南曲靖一家化工厂发生铬污染事件，致使水库4万立方米及附近箐沟3000立方米水体受到污染，同时导致数十头牲畜的死亡。

2）重金属的毒性以离子态存在时最严重，金属离子在水中容易被带负电荷的胶体吸附，吸附金属离子的胶体可随水流迁移，但大多数会迅速沉降，因此重金属一般都富集在湖泊或者排污口下游一定范围内的底泥中。底泥中的重金属主要以残渣态、铁锰氧化态及有机物结合态的形式存在，在一定的条件下底泥中不同形态的重金属元素会释放出来，造成二次污染。据研究，湘江衡阳段底泥重金属含量严重超标（18个监测点有12个以上超标），Zn、Pb等超标率为100%，超标率最低的Cd也达到66.7%。

3）重金属能被富集于体内，既危害生物，又通过食物链危害人体。如淡水鱼能够将汞富集1000倍、镉300倍、铬200倍等。水体中甲基汞通过食物链进入人体后，进入胃与胃酸作用，产生氯化甲基汞，经肠道几乎全部吸收进入血液；然后在红细胞内与血红蛋白中的巯基结合，随血液输送到各器官，并能顺利穿过血脑屏障，进入脑细胞，在人体脑组织内积累，破坏神经功能，无法用药物治疗，严重时能造成全身瘫痪甚至死亡，世界八大公害之一的“水俣病”正是由于甲基汞引发的。

4）重金属进入人体后，能够和生理高分子物质，如蛋白分子和酶等发生作用而使这些生理高分子失去活性，也可能在人体的某些器官积累，造成慢性中毒，其危害有时需几十年才能显现出来。比较典型的例子是发生在日本富山县神通川流域的“痛痛病”：在日本富山县，当地居民同饮神通川河的水，并用河水灌溉两岸的庄稼。后来（明治初期）日本三井金属矿业公司在该河上游修建了一座炼锌厂。炼锌厂排放的废水中含有大量的镉，整条河都被炼锌厂的含镉污水污染了，河水、稻米、鱼虾中富集大量的镉，然后又通过食物链，使这些镉进入人体致使其在体内蓄积而造成肾损害，进而导致骨软症。本病潜伏期一般为2～

8年，长者可达10～30年。初期，腰、背、膝、关节疼痛，随后遍及全身。疼痛的性质为刺痛，活动时加剧，休息时缓解，由髋关节活动障碍，步态摇摆。数年后骨骼变形，身长缩短，骨脆易折，患者疼痛难忍，卧床不起，呼吸受限，最后往往在衰弱疼痛中死亡。

重金属铜对人体造血、细胞生长、人体某些酶的活动及内分泌腺功能均有影响。如摄入铜过量，会刺激消化系统，引起腹痛、呕吐，甚至肝硬化。铜对水体自净作用有较大的影响，浓度为0.1mg/L时，使水体耗氧过程明显的受到抑制。锌是人体必需的微量元素之一，它有助于人体的生长发育和骨骼生长，有助于避免动脉硬化和皮肤病。但锌摄入过量时，会引起发育不良，新陈代谢失调、腹泻等。铁的毒性数据尚无报道，国家规定饮用水标准为0.3mg/L，温水鱼的安全标准为1.5mg/L。锰的毒性数据缺乏，在海洋鱼类方面，推荐了可接受浓度为0.77mg/L，而饮用水标准为0.1～1.0mg/L。

铝并非重金属元素，但是铝离子是废水中常见的离子之一，它的毒性报道不少，主要针对鱼类的危害进行了研究，当水体中铝的浓度超标（1.5mg/L）时会使温水鱼类中毒和产生畸变效应，铝浓度在0.15mg/L时能减少鱼的种群。矿山废水进入农田，一部分被植物吸收和流失，大部分重金属在我国的各种硫化矿床的酸性废水大多未经处理就直接就地排放，由此造成的环境污染非常严重，带来的经济损失也极大。

矿山酸性废水排放于地表之后，污染了土壤，造成了土壤理化性质的破坏，土壤的团粒结构遭到破坏，酸度和硫酸盐含量的增加将导致土壤微生物特别是硝化细菌和固氮细菌的活度降低，从而造成农产品歉收。另外，一些重金属离子还能通过粮食、蔬菜、水果等作物蓄积，被人畜食用而危害人畜健康。矿山酸性废水中的汞盐、镉盐、铅盐等毒性较大的重金属离子会大量杀死土壤中的微生物，使土壤失去腐解能力，土壤变得贫瘠。由于土壤中微生物的自然生态平衡受到破坏，病菌也能乘机繁殖和传播，引起疾病的传染与蔓延。

矿山酸性废水进入土壤或河流后，由于渗透作用会进一步污染地下水，使地下、地表均形成一个酸性环境，严重地危害了人类及各种生物的生存环境，另外，除了水资源的浪费以外，水中溶解的锰、铁、铜、铝、锌等资源也被浪费而未被利用。同时，酸性废水能腐蚀机器设备，造成不必要的损失。

矿山酸性废水影响范围广，所涉及的地区大，人口多，接触污染的对象不仅是人，而且还有动、植物、土壤、水体等，而又相互影响，甚至形成污染的恶性循环，矿山酸性废水水量大，作用时间长，危害非常深远。

3.2　国内外矿山酸性废水（重金属）治理工艺研究进展

正如前面指出，矿山酸性废水大多呈酸性，而且含有一定量的多种金属离

子，尤其是重金属离子对环境造成的严重污染和危害，为此要进行处理。当废水中有价金属含量较高时，还有一定的回收价值。广大科技工作者，对矿山酸性废水的治理技术进行了大量的研究，有一些技术和方法已应用于矿山，不仅使废水能达标排放，而且使水资源得到了充分的利用，有的还回收了贵重金属。下面就矿山酸性废水治理技术作出综合介绍。

3.2.1 沉淀法

根据所用沉淀剂的种类及其后续工艺，沉淀法可分为中和沉淀、硫化沉淀和沉淀浮选三类。

3.2.1.1 中和沉淀

中和沉淀法是投加碱性中和剂，使废水中的金属离子形成溶解度小的氢氧化物或碳酸盐沉淀而除去的方法。常用的中和剂有碱石灰（CaO）、消石灰（$Ca(OH)_2$）、飞灰（石灰粉、CaO）、碳酸钙、高炉渣、白云石、Na_2CO_3、NaOH 等，此类中和剂可去除汞以外的重金属离子，工艺简单，处理成本低。但经过此种方法处理后所产生的中和渣存在渣量大、易造成二次污染及含水率高等缺点。为了克服这些缺点，在沉淀的过程中可以考虑添加絮凝剂，加快沉降速度，降低中和渣的含水率。为了回收某些有用物质，根据金属离子在不同 pH 值沉淀完全的差异，可以采用分段中和沉淀法，既达到废水处理的目的，同时可回收有用金属，在许多文献中都对中和沉淀法处理矿山酸性废水有较为详细的叙述。如银山铅锌矿废水处理，采用两段石灰中和法，先用液氯作氧化剂将二价铁离子全部氧化为三价铁离子，调 pH 值为 8.0～8.5 时沉淀锌，得到了含锌量达 40% 的锌渣，从而达到了回收锌的目的。真宫三男在处理栅原矿山酸性废水时，采用分段中和沉淀法，获得了铁红和石膏两样副产品。林巨源采用分段中和沉淀法处理平水铜矿矿坑废水，有效地回收了有价金属铜和锌。

中和沉淀的另一种处理方法就是与选矿废水或尾矿溢流液中和处理，或直接进入尾矿库中和沉淀，这种方法在南山铁矿和德兴铜矿都曾经使用过。

德兴铜矿将尾矿溢流液与酸性水中和，混合比 4～6，中和后上清液 pH 值达 7.0～8.5，沉淀 4h 后，上清液水质澄清，各项指标均达到排放标准。经过该工艺处理，废水变为可利用的清水，多次取样全分析结果如表 3-2 所示。

表 3-2 尾矿溢流液与酸性水中和后水质列表 (mg/L)

样品来源	矿山酸性废水	尾矿溢流液	沉淀池出水
pH	2.7	12.5	8.95
Cu	85.05	<0.05	0.97

续表 3-2

样品来源	矿山酸性废水	尾矿溢流液	沉淀池出水
Fe^{3+}	1113.0		
TFe	2337.3	0.24	
Al	1025.2	0.87	5.4
As	0.068		0.007
SO_4^{2-}	14677		2232
Cd	<0.02	<0.05	<0.02
Ca	413.9	412.0	1089.1
Mg	882.9	8.00	47.58
S^{2-}		0.04	
Pb	<0.04	<0.20	<0.40
Zn	2.40	0.06	<0.02

此外，对中和工艺和中和反应器进行改进也是一种有效提高处理效率的方法，而把中和沉淀与其他方法结合起来处理矿山酸性废水也是中和法的热门研究方向之一。张志等人采用微电解-中和沉淀法处理矿山酸性废水，在强酸性条件下把重金属去除，在进行中和处理，使废水达标排放，取得了较好效果。

3.2.1.2　硫化沉淀法

金属硫化物是比氢氧化物的溶解度更小的一类难溶化合物。某些金属离子，当用氢氧化物沉淀法不能将它们降到要求的含量以下时，常采用硫化沉淀法。

硫化物沉淀法是加入硫化剂使废水中金属离子成为硫化沉淀的方法。常用的硫化剂有 Na_2S、NaHS、H_2S 等。该法的优点是硫化物的溶解度小、沉渣含水率低、不易返溶而造成二次污染。由于硫化物沉淀的优越性，使其在一些矿山的废水的处理中得到应用。在文献中研究了用硫化物处理花岗矿山酸性废水，为了使处理后的水达到排放标准，并使硫化渣中的含铜量提高，在工艺中，首先加石灰中和使 pH 值达到 4，此时，三价铁以氢氧化铁的形式沉淀除去，再往溢流出来的水中鼓入硫化氢气体，铜转化为硫化铜沉淀，所得硫化渣含硫化铜可高达 50%，水进一步用石灰处理之后达标排放。该法采用的硫化剂具有毒性、价格较贵，若硫化剂过量，易造成污染，因而其应用受到限制。利用资源丰富的硫铁矿（Fe_2S）制备硫化剂 FeS，可以避免硫化沉淀过程中产生 H_2S，排水可再处理，使硫化法得到改进。为了充分利用资源，采用硫化物的碱性废水作硫化剂进行以废治废，也收到了一定的效果。

3.2.1.3 沉淀浮选法

沉淀浮选是美国学者 R. E. Baarson 和 C. L. Ray 于 1963 年提出并研究应用于金属离子的提取和富集，最近几十年已开始应用于废水治理的一种新技术。沉淀浮选的基本过程是首先对废水中的金属离子进行沉淀或选择性沉淀，再加入捕收剂，然后向废水中通入大量微细气泡，使其与沉淀物相互黏附，形成比重小于水的浮体，在浮力作用下沉淀上浮至水面，实现固液分离。沉淀浮选的优点是可加快固液分离速度，附着了沉淀物的气泡上浮速度是沉淀物下沉速度的 3～5 倍；体积小，仅为化学沉淀法的 1/8～1/4；处理后出水水质好，不仅浊度或固体悬浮物（SS）低，含溶氧高，对去除废水中的有机药剂及嗅味等具有明显效果；排出的浮泥含水率远低于沉淀法排出的泥浆，一般污泥体积比为 1/10～1/2，这给污泥的进一步处理和处置带来了极大的方便，同时还可节省费用。采用选择性沉淀浮选技术，还可回收利用废水中的有用成分，变废为宝，实现废水处理的综合利用。

根据沉淀剂的分类，可以把沉淀浮选分为中和沉淀浮选和硫化沉淀浮选两类，采用中和沉淀得到的沉淀物（金属氢氧化物）可浮性较差，处理效果不好，而硫化沉淀得到的沉淀物（金属硫化物）可浮性较强，成为沉淀浮选的首选。

日本向井滋研究表明采用碱共沉淀浮选法除 Cd^{2+}、Hg^{2+} 离子均需二次沉淀浮选，而采用 Na_2S 进行硫化沉淀浮选只需一次就能取得很好的结果。用酸性巯基类捕收剂，可选择性地从含 Cu^{2+}、Fe^{3+} 废水中硫化沉淀浮选出 CuS，浮选产品可作为铜精矿销售。邹莲花等人采用硫化沉淀浮选回收铜，对含铜、铁为主的矿山酸性废水进行处理，在 pH＝2.2，Na_2S 用量为 Cu^{2+} 的 3.4 倍当量时，浮选后溶液中 Cu^{2+} 的去除率为 99.78%，残余浓度为 0.28mg/L，而铁的去除率几乎为 0，调整 pH 值到 8 时，Fe 沉淀率可达 91%。南方冶金学院周源等人通过控制体系的 pH 值，实现了铜和铁离子的分步沉淀，利用黄药浮选硫化铜，沉淀去除率达 99.46%；用脂肪酸钠皂浮选除铁，沉淀去除率达 99.86%；得到的铜渣含铜 28.5%、含锌 5.2%、铁渣含铁 14.56%。谢光炎等人采用硫化沉淀浮选处理矿山井下废水，废水中铜、铅离子浓度分别可降低到 1.0mg/L 和 0.5mg/L 以下，达到国家污水综合排放一级标准，可排入水体。将硫化沉淀浮选处理后的水作为铅铜矿浮选用水，铅铜精矿品位、回收率与用自来水选矿指标相同，远优于未处理井下水直接回用选矿指标。

硫化沉淀浮选具有重金属离子沉淀完全、沉淀易浮、同时能实现多种有用成分的选择性去除和回收利用等优点，有效解决了传统沉淀处理技术中固液分离困难的难题，不仅能使外排水中各种金属离子的含量及 pH 值都符合排放标准，达到有效治理的目的，而且可以回收利用废水中的有价金属，变废为宝。

虽然沉淀浮选能实现废水处理及其资源化，但人们的研究仍处于初级阶段。沉淀浮选本身所固有的特点如不同金属离子沉淀 pH 值不同，沉淀粒度细、沉淀时间长，渣量大，有络合剂或螯合剂存在时会使金属沉淀不完全，金属沉淀的反溶，耐冲击负荷能力差等仍制约该法的进一步应用。为了尽早实现工业化，对沉淀浮选技术在理论和工艺方面进行系统的研究显得尤为必要。

3.2.2 氧化还原法

氧化还原法在废水中的处理中，主要是在重金属废水处理中用作废水的前处理，如矿山废水处理中，为了使铁在 pH 值为 4 时以 $Fe(OH)_3$ 沉淀除尽，用氧化剂如一氧化氮、液氯或空气中的氧气将废水中 Fe^{2+} 氧化成 Fe^{3+}。

还原法还用在将水中的金属离子同还原剂接触反应，将重金属离子变为价数较低的离子加以去除。

在矿山酸性废水的处理中，常采用的是铁屑置换废水中的铜离子，使铜离子还原以金属铜的形式回收。我国早在西汉时期已发现用铁置换铜盐溶液中的铜离子，现仍在某些矿山中应用，例如江西铜业股份公司永平铜矿和山东招远黄金冶炼厂都有相关工程应用，永平铜矿采矿区废水形成汇流端处建起了数个小型氧化还原反应池，采用铁屑置换法，生产收集海绵铜，每年可获近 10 万元经济效益。此法的优点是可以以废治废，操作简单易行，但存在废水处理量小、渣量大的缺点。

3.2.3 电解法

电解法是利用电极与重金属离子发生电化学反应作用而消除其毒性的方法，按照阳极类型，分为电解沉淀法和回收重金属电解法两类。

电解沉淀法一般使用铁板做阳极，在酸性含铬废水中，阳极铁溶解，Fe^{2+} 立即将六价铬还原为三价铬，阴极是 H^+ 还原为 H_2。随着电解反应的进行，废水的 pH 值不断上升，Cr^{3+} 和 Fe^{3+} 形成氢氧化物沉淀，为了减少操作费用，阳极的铁板用废铁屑填充层代替能得到同等的效果。

回收重金属电解法主要是处理不含铬的废水，由于废水中的重金属含量不高，往往先通过其他技术富集处理后得金属回收。例如：工业废水经化学处理后，生成含重金属离子的氢氧化物难溶物质，将沉淀泥浆投入带隔膜电解槽的阳极室，向阴极室放入适当的电解液，用不溶性阳极进行电解，在阳极反应中游离的酸用于溶解泥浆，使电解液的 pH 值不变，泥浆溶解产生的重金属（如铜）通过隔膜转移到阴极室，在阴极还原成金属而析出。此法回收金属的效率比较高，如工业废水经溶剂萃取之后，在有机溶剂相中重金属离子含量提高，再经过反萃之后，所得到的反萃液进行电解得到金属。张旭东等研究了采用铁碳微电解方法

回收铜矿酸性废水中的铜离子的可行性，并与铁屑法进行对比。研究表明，相对于铁屑法，铁碳微电解法具有去除效果好、反应速度快、所需时间短和节省铁屑用量的优点，反应时间比铁屑法节省2/3以上，去除率提高20%左右。

电解法应用于废水处理具有设备简单、占地小、操作方便、有效回收有价金属等优点。但耗电量大、废水处理量小等缺点制约了它的应用范围。

3.2.4 蒸发法

蒸发法是利用热能加热重金属离子废水，使水分子汽化逸出，以达到如下的目的：(1) 制备纯水；(2) 浓缩重金属加以回收或进一步处理。

该法需要消耗大量的热能，从这一点来看，用以处理矿山废水是很不现实的。但在干燥地区也可建造深度浅而面积大的废水池蒸发废水，这对排水量大的矿山是减少废水处理量的合理方法。

3.2.5 离子交换法

离子交换法是重金属与离子交换树脂发生离子交换过程以达到富集重金属离子，消除或降低废水中重金属离子的目的。

废水中重金属离子基本上是以离子状态存在，用离子交换法处理能有效地除去和回收废水中的重金属离子，具有处理容量大，出水水质好，能回收水等特点而得以应用，此法用于含锌、铜、镍、铬等重金属阳离子废水的治理，获得了一定的效果，在处理含铜锌等的矿山废水中，获得一定的效果，在处理含放射性的碱性物质中取得了较好的效果。南非一金矿的酸性废水用重金属沉淀和离子交换法联合处理，首先用石灰氧化和沉淀，并且用载体磁性物料分离出固体，随后进行离子交换：可以用阳离子交换树脂 IR120 降低钙、镁、钾和钠等阳离子的浓度。低价硫酸可以用作阳离子树脂再生剂。强、中、弱碱性这三种阴离子交换树脂显示出相同的吸附特性。阴离子交换树脂可使沉淀重金属之后的矿山废水中的阴离子（硫酸盐、氯化物、溴化物和氟化物）降低到可以接受低水平。但离子交换中所用的交换树脂要频繁的再生，使操作费用很高。因此，在选择此法时要充分考虑经济指标。

3.2.6 溶剂萃取法

溶剂萃取是利用重金属离子在有机相和水相中溶解度的不同，使重金属浓缩于有机相的分离方法，从而达到除去或降低水中重金属的含量，同时回收有价金属的目标。

紫金矿业股份有限公司铜试验厂采用萃取法处理含铜废水，能达到预期目的，但在生产过程中要求废水中的有价金属含量保持在一个较高的水平，否则就没有经济效益，此外采用这种方法处理后的废水不能达到工业废水排放标准，需要进一步处理。

3.2.7 生物法

由于其自身同化作用和生长的结果，许多微生物都具有吸收或沉积各种离子于其表面的亲和力。因此，这将使它们能够大量地从外界富集各种离子而被用于有色金属的浸出提取及矿山废水的处理中。在AMD影响环境中，其地理化学性状通常差异很大，这种差异往往导致其微生物组成具有很大的异质性。在酸性矿山废水样品中常被检测到的细菌被划分为6类，即*Nitrospira*纲，*Firmicutes*纲，*Actinobacteria*纲，*Alphaproteobacteria*纲，*Betaproteobacteria*纲和*Gammaproteobacteria*纲。目前，在有色金属矿山废水治理过程中研究较多的有氧化亚铁硫杆菌（*Thiobacillus ferrooxidans*，简称T. f）和硫酸盐还原菌（Sulfate-Reducing Bacteria，简称SRB）。

氧化亚铁硫杆菌是一种化能自养细菌，它以CO_2为碳源，铵盐为氮源，好氧呼吸，属革兰氏阴性，并以自身细胞分裂进行繁殖，其基本情况见表3-3。由于Fe^{2+}在pH=8时也不能完全去除，而Fe^{3+}在pH=4时便能形成氢氧化物沉淀，所以利用氧化亚铁硫杆菌对Fe^{2+}的强烈氧化作用来处理矿山酸性废水是一种常用的方法，把Fe^{2+}氧化成Fe^{3+}后加入石灰或碳酸钙进行中和处理，可以大大减少中和剂和沉淀物的量，节约处理成本。这种方法在德兴铜矿和武山铜矿有过半工业应用。

表3-3 氧化亚铁硫杆菌的基本情况

条　件	氧化亚铁硫杆菌	条　件	氧化亚铁硫杆菌
最佳pH值	1.3~4.5	代谢物	硫酸盐，Fe^{3+}
温度生长范围/℃	10~37	形　状	杆状，0.5~1.0μm
最佳温度/℃	30~35	能量来源	Fe^{2+}，还原硫化物
运动情况	无或有鞭毛	氧气需求	兼性厌氧
营养类型	自　养		

硫酸盐还原菌是一组进行硫酸盐还原代谢反应的有关细菌的通称，其基本情况见表3-4。根据SRB生长对温度的要求，可将其分为中温菌和嗜热菌两类。虽然这两种菌属不能完全相互转化，但有机体对温度和盐度具有较高的适应力。一般来说，氧气抑制SRB生长，与普通的土壤或水体中的微生物如假单胞菌相比，SRB生长速率相当缓慢，但是它们也有极强的生存能力，且分布广泛。根据不同的生理生化特性，它们可以分为异化硫酸盐还原细菌和异化硫还原细菌（“异化”的意思是指还原的硫酸盐组分并未同化为细菌的细胞组分，而是作为产物释

放）。前者可以利用乳酸盐、丙酮酸盐、乙醇等作为碳源和能源，还原硫酸盐生成硫化物；后者则不能还原硫酸盐，只能还原元素硫或其他含硫化合物（如亚硫酸盐、硫代硫酸盐）。一般的研究多限于异化硫酸盐还原菌。利用硫酸盐还原菌处理矿山酸性废水的原理是，把废水中的 SO_4^{2-} 还原为 H_2S 和 S^{2-}，再通过生物氧化作用把 H_2S 氧化为单质硫，而 S^{2-} 与废水中的重金属离子发生反应生成硫化沉淀。

表 3-4　硫酸盐还原菌的基本情况

条　件	硫酸盐还原菌	条　件	硫酸盐还原菌
最佳 pH 值	6～8	代谢物	金属硫化物沉淀
最佳温度/℃	中温菌 35℃，嗜热菌 54～70℃	能量来源	氮源，磷源，一些微量元素
营养类型	自　养	氧气需求	兼性厌氧

SRB 还原硫酸盐的过程中需要供应碳源的有机物，国外许多研究者曾利用乙酸、丙酸、丁酸和一些长链脂肪酸以及初沉池污泥、剩余活性污泥、糖蜜、经过气提的奶酪乳清和橡胶废水等作为碳源进行过研究。李亚新等人以生活垃圾酸性发酵产物为碳源，研究了在初级厌氧阶段 SRB 处理酸性矿山废水的性能和工艺特点。结果表明，在 35℃ 条件下 SO_4^{2-} 还原率达到 87% 以上。根据所利用底物的不同，SRB 可分为以下 4 类：

（1）氧化氢的硫酸盐还原菌（HSRB）。

$$4H_2 + SO_4^{2-} \xrightarrow{\text{HSRB}} S^{2-} + 4H_2O \qquad (3\text{-}9)$$

（2）氧化乙酸（HAc）的硫酸盐还原菌（ASRB）。

$$CH_3COOH + SO_4^{2-} \xrightarrow{\text{ASRB}} S^{2-} + 2CO_2 + 2H_2O \qquad (3\text{-}10)$$

（3）氧化较高级脂肪酸的硫酸盐还原菌（FASRB），较高级脂肪酸这里是指含 3 个或 3 个以上碳原子的脂肪酸。

$$CH_3CH_2COOH + SO_4^{2-} \xrightarrow{\text{FASRB}} 2CH_3COOH + S^{2-} + 2CO_2 \qquad (3\text{-}11)$$

$$4CH_3CH_2COOH + 7SO_4^{2-} \xrightarrow{\text{FASRB}} 7S^{2-} + 12CO_2 + 12H_2O \qquad (3\text{-}12)$$

（4）氧化芳香族化合物的硫酸盐还原菌（PSRB）。

虽然生物处理由于成本低、无二次污染、可回收有用成分等优点受到人们的青睐，但由于微生物生长和管理等方面固有的特点使得该法目前基本上处于试验室研究或半工业阶段，离真正的工业应用尚有一段距离。

3.2.8　铁氧体法

铁氧体是由铁离子、氧离子以及其他金属离子所组成的氢氧化物，是一种具有铁磁性的半导体。本法处理重金属废水是根据铁氧体制造原理，利用铁氧体反应把废水中的二价或三价金属离子充填到铁氧体尖晶石结构的晶格中去，成为其组成部分而沉淀分离。过程大致如下：

$$4Fe(OH)_2 + O_2 \longrightarrow 4FeOOH + 2H_2O \tag{3-13}$$

$$Fe(OH)_3 \longrightarrow FeOOH + H_2O \tag{3-14}$$

$$FeOOH + Fe(OH)_2 \longrightarrow FeOOH \cdot Fe(OH)_2 \tag{3-15}$$

$$FeOOH \cdot Fe(OH)_2 + FeOOH \longrightarrow FeO \cdot Fe_2O_3 + 2H_2O \tag{3-16}$$

$$3FeO \cdot Fe_2O_3 + Cu^{2+} + Zn^{2+} + Cd^{2+} \longrightarrow Fe_6(3Fe^{3+}、Cu^{2+}、Zn^{2+}、Cd^{2+})O_4 \tag{3-17}$$

故铁氧体法可以同时处理含铜、锌、镉废水，鲁栋梁等对铁氧体法处理含铜、锌、镉废水工艺中的主要技术参数进行探讨，研究 pH 值、温度、Fe^{3+} 和 Fe^{2+} 投加量及添加剂对处理效果的影响。实验表明：当温度为 70℃，Fe^{3+}/Fe^{2+} 为 1.5mg/mg、Fe^{2+}/Mn^{2+} 投加量为 11mg/mg、pH 值为 9，添加剂为 1.2ms/L 时，对含铜、锌、镉废水处理效果比较好，并达到排放标准。

该法具有净化效果好、投资省、设备简单、沉渣带磁性容易分离以及不易产生二次污染等优点。但经营费用高，不太适用于处理大水量，铁氧体沉渣的利用问题也有待于解决。

3.2.9 膜分离技术

膜分离技术是新兴的综合性技术，它是用半透膜作为选择障碍层，允许某些组分透过而保留混合物中的其他组分，从而达到分离的目的。膜分离涉及多种学科的内容，经过近 30 年的发展，已实现了工业化应用，广泛用于海水与苦咸水淡化、石油化工、电子工业、食品工业、气体分离、医学、生物工程、环境保护等领域。特别是最近 10 年来，膜技术本身以及与之配套的预处理技术的不断发展与完善，使处理工艺更为有效，更具有吸引力。据国外权威人士称，膜产业是 21 世纪新型的十大高科技产业之一，膜分离技术对国民经济的发展扮演着十分重要的角色。

膜技术在废水处理方面的应用正在兴起，在不少废水处理中它能实现闭路循环，在消除污染的同时变废为宝，取得了巨大的经济效益。越来越多的成功应用实例证明了膜技术在环保领域的应用发展潜力。

已有工业应用的膜分离包括微孔膜过滤、纳滤、超滤、反渗透、电渗析、液膜分离等技术。结合矿山酸性废水及膜分离技术的特点，选用反渗透和电渗析技术来处理矿山酸性废水，下面就这两种膜技术进行综述。

3.2.9.1 反渗透

反渗透是将溶液中的溶剂，在压力下用一种对溶剂有选择透过性的半透膜使其进入膜的低压侧，而溶液中的其他成分被阻留在膜的高压侧得到浓缩的过程。

反渗透系统由反渗透装置及其预处理和后处理三部分组成。

反渗透技术特点是：无相变，能耗低，膜选择性高，装置结构紧凑，操作简便易维修和不污染环境等。

其中，反渗透技术在水处理领域的应用已经相当的成熟，主要表现在以下方面：（1）海水、苦咸水淡化；（2）饮用水处理；（3）生活污水的深度净化处理；（4）电子工业水处理；（5）电厂锅炉供水处理；（6）医药用水处理；（7）电镀废水的处理；（8）有机污水处理；（9）矿业废水的处理。

工业电镀废水包括镀件漂洗、退镀件漂洗、工件的除油、酸洗等几种废水，其中最主要的是镀件漂洗废水。废水中不仅有重金属离子，而且还含有毒的阴离子、各种有机络合物、表面活性剂、油及酸、碱等。

由于反渗透膜对无机离子，特别是对于镀层的二价和高价金属离子的分离率一般可达95%甚至更高。因此，膜的透过水质好，可以用作镀件漂洗用水或其他工艺用水的处理。而未透过膜的无机离子等溶质，由于可采用循环分离浓缩，浓缩液成分近似于镀液成分，因此可返回镀槽重新利用。这种封闭循环处理工艺，使废水和有价值成分得到最大限度的回收和再利用。例如美国波特维尔工厂用反渗透—离子交换处理综合电镀废水，反渗透膜对重金属离子的分离率可达99%，膜透过水经进一步处理后重新用于镀件漂洗，从而使系统耗水量降低了70%，工厂废品损失费降到原来的1/3以下。

目前，用反渗透法处理电镀废水，经济与技术效益最好的是处理镀镍废水，设备投资可以在3个月至一两年内从废水中的镍的回收中得到补偿。据美国环保局统计，美国有106套反渗透装置用于镀镍废水处理。目前，我国约有100套反渗透装置应用于电镀废水的治理，组件多采用内压管式或卷式。采用内压管式组件，在操作压力为2.7MPa时，Ni^{2+}分离率在97.2%～97.7%，透水量为$0.4m^3/(m^2 \cdot d)$，镍回收率大于99%。

随着矿产资源的开发，矿业废水已经成为矿山面临的主要问题。从资源综合利用的角度看，将反渗透技术用于矿业废水处理可望带来巨大的经济效益。在国外研究的较多，但是在国内，由于膜材料和技术方面的问题，这方面的研究还未见报道。

早在20世纪80年代，英国新布伦斯威克的酸性矿山废水使用Osmonics公司的醋酸纤维膜进行反渗透试验，金属离子的分离效率达到95%以上，透过水达到排放标准。

Du Plessis G. H. 采用管式反渗透膜对矿井废水进行中试规模（膜面积达 40.25m^2）的研究，预处理包括投加量为5mg/L的次氯酸钠消毒除藻类、15mg/L的$FeCl_3$（以Fe计）的絮凝澄清去除悬浮物和胶体、双层过滤去除浊度以及5mg/L的Flocon阻垢剂。当膜面流速在1～2m/s时，水最大回收率为70%，压力4MPa时，平均透水量为700L/(m^2·d)，除盐率稳定在96%。

Pulles W. 对矿井废水进行了新颖的泥浆沉淀与再循环反渗透工艺（Slurry Precipitation And Recycle Reverse Osmosis，SPARRO）处理的中试研究。中试研究采用管状醋酸纤维薄膜，结果表明，SPARRO的投资略高于常规反渗透工艺（高5.5%），但运行费用低得多，能耗仅3～4kW·h/m^3，除盐率大于90%，水的回收率则高达95%。在该工艺中，进水中包括硫酸钙晶体泥浆，它在高压下被水泵泵进膜组件。当低盐废水通过膜时，溶解盐得到浓缩，而当溶解盐过量时，便会优先沉积在结晶体上，从而防止在膜表面和系统管网上结垢，使得结垢型水可以在较高的水回收率情况下进行脱盐，硫酸钙晶体的浓度则通过周期性外排得到控制。

总之，反渗透已渗入了各行各业，并在各行业的发展中起了十分巨大的作用，甚至是突破性的作用。它的应用，将可以大大降低产品生产成本或大大提高产品质量水平。但总体上讲，我国的反渗透技术还是落后的，一是复合膜组器产业化落后，二是应用领域较窄。主要原因有三点：（1）国产反渗透膜的原材料质量很难保证均一性和稳定性；（2）在制膜、组器工艺和环境条件方面也很难达到发达国家的水平；（3）在膜分离技术应用的工程中，通用机械、计量泵、控制仪表、高压泵、设计软件等一批配套设备的质量较国外先进产品有一定的差距，往往影响膜装置的稳定运行，直接制约了国产膜装置的推广应用。目前反渗透技术研究的焦点，应以实用化为目标，加快解决抗氧化膜、细菌对膜表面的侵蚀、改进预处理方法、增加膜的透水性、拓宽处理范围等诸方面的问题，使之向大规模工业化方向发展。

3.2.9.2　电渗析

电渗析（ED）是将阴、阳离子交换膜交替排列于正负电极之间，并用特制的隔板将其隔开，组成除盐（淡化）和浓缩两个系统，在直流电场作用下，以电位差为推动力，利用离子交换膜的选择透过性，把电解质从溶液中分离出来，从而实现溶液的浓缩、淡化、精制和提纯。

电渗析技术的优点是：（1）能量消耗低；（2）药剂耗量少，环境污染小；（3）对原水含盐量变化适应性强；（4）操作简单易于实现机械化、自动化；（5）设备紧凑耐用，预处理简单；（6）水的利用率高。电渗析也有它自身的缺点，它在运行过程中易发生浓差化极而产生结垢现象，与反渗透相比，脱盐率

较低。

电渗析技术的研究始于20世纪初的德国。1903年，Morse和Pierce把两根电极分别置于透析袋内部和外部的溶液中发现带电杂质能迅速地从凝胶中除去；1924年，Pauli采用化工设计的原理，改进了Morse的试验装置，力图减轻极化，增加传质速率，直至50年代离子交换膜的制造进入工业化生产后，电渗析技术才进入实用阶段。其中经历了三大革新：（1）具有选择性离子交换膜的应用；（2）设计出许多层电渗析组件；（3）采用倒换电极的操作式。目前电渗析技术已发展成一个大规模的化工单元过程，在膜分离领域占有重要地位。广泛用于苦咸水脱盐领域，在某些地区已成为饮用水的主要生产方法。随着具有更好的选择性、低电阻、热稳定性、化学稳定性和机械性能的新型离子交换膜的出现，电渗析在水处理、食品、医药和化工领域的应用前景将更加广阔。

工业应用中常见的几种电渗析过程包括：

（1）倒极电渗析（EDR）。EDR为电渗析的应用前景提供了一个重要方向，根据ED原理，每隔一定时间（一般为15～20min），正负电极极性相互倒换（频繁倒极），能自动清洗离子交换膜和电极表面形成的污垢、以确保离子交换膜效率的长期稳定性及淡水的水质水量。

（2）填充电渗析（EDI）。它是将电渗析与离子交换法结合起来的一种新型水处理方法，它集中了电渗析和离子交换法的优点，并克服了它们各自的缺点，提高了极限电流密度和电流效率的作用。1983年Kedem O. 及其同事们提出了填充混合离子交换树脂电渗析过程除去离子思想，1987年Millpore公司推出了这一产品。在该过程中，粒子交换树脂颗粒填充在电渗析器的淡化室内外，被离子交换树脂吸附的离子在电场作用下不断迁移入浓水室，这样离子交换树脂不需要再生，而原料液中的离子几乎可完全被除去。

（3）液膜电渗析（EDLM）。如果能将电渗析装置中的固态粒子交换膜用液膜来代替，就可以做成液膜电渗析（EDLM），它对于浓缩和提纯贵金属、重金属、稀有金属等，可能是一种高效分离方法。提高电渗析的分离效率，直接与液膜结合起来是很有发展前途的。例如，固体离子交换膜对铂族金属（锇、钌等）的盐溶液进行电渗析时，会在膜上形成金属二氧化物沉淀，这将引起膜的过早损耗，并破坏整个工艺过程，应用液膜则无此弊端。

（4）高温电渗析。用电渗析法进行海水淡化时，由于其耗电量高，处理费用大，因此很难普遍推广应用。高温电渗析的优点在于能使溶液的黏度下降，提高扩散速度，增大溶液和膜的电导，从而可以提高允许密度，提高设备的生产能力或者降低动力消耗，从而降低处理费用。通过试验，高温电渗析对提高电渗析的脱盐效率和对降低能耗的效果是显著的，尤其是对有余热可利用的工厂更为适宜。

（5）离子隔膜电解。离子隔膜电解是将电解和膜分离过程结合起来的一种新工艺，最典型的例子就使氯碱工业过程。在日本采用离子交换膜电解法代替传统的汞法制取高纯度烧碱，这种方法不仅保证烧碱的纯度，同时从根本上消除了汞对环境的污染。我国1996年首次引进日本旭化成公司粒子交换膜生产烧碱装置一套，在盐锅峡化工厂投入生产，生产能力1万吨/年，随后又引进了日本德山曹达、美国等装置和技术。

（6）双极性膜电渗析（EDMB）。双极性膜由层压在一起的阳离子交换膜、阴离子交换膜及两层膜之间的中间层构成。当在阳极和阴极间施加电压时，电荷通过离子进行传递，如果没有离子存在，则电流将由水解离出的氢离子（H^+）和氢氧根离子（OH^-）传递。目前双极性膜电渗析工艺的主要领域是从盐溶液中产酸（H_2SO_4）和碱（NaOH），但浓度（酸最大浓度为1～2mol/L，碱最大浓度为3～6mol/L）和纯度两方面都受到限制。现在开发的领域还有废气脱硫、离子交换树脂再生、钾钠的无机过程等。

电渗析技术早在20世纪50年代就广泛用于苦咸水脱盐。随着新型离子交换膜的出现和交换树脂填充床电渗析技术的推出，电渗析技术将再次呈现出广阔的应用前景。目前，电渗析技术已普遍应用于饮用水、工业废水、医药用水处理以及食品、化学工业等领域，并取得了较好的效果，具有显著的社会效益和经济效益。

A 电渗析在水处理方面的应用

电渗析在水处理方面的应用包括：

（1）造纸工业废水处理。

（2）重金属废水处理。程祥杉进行了电渗析处理铜铁废水试验，对含HNO_3和HF的废水进行的处理，试验取得了较好效果，不但回收利用了水和有用资源，而且保护了环境。通过电渗析法从酸洗废液中回收重金属和酸已在工业上应用。电渗析技术可以与离子交换法相结合，废液先进入离子交换系统，除去重金属离子。东北大学李海波等人探讨了电渗析技术处理含金贵液，在10V电压、20℃及操作时间20min条件下一段电渗析脱金率可达70%以上，三段处理可达99%，淡化液氰根浓度小于0.5μg/g。美国Tam V. Tran等人研究了用自动倒极电渗析过程回收镍盐，取得了良好的经济效益。N. F. Kizim等用电渗析从电镀废液中除去了铬盐，脱盐率达85%以上。对于化学镀铜老化液，该法也是行之有效的。波兰Dykuskikafal利用电渗析将硫酸钠废水电化学分解成硫酸和氢氧化钠，产物均可返回流程，该法已工业化。日本Kimura Ton等用电渗析回收了处理铝印刷板表面的酸性废水，并申请了专利。

（3）电镀废水处理。电镀废水中常含有锌、镉、镍、铜等重金属离子及氰化物等毒性较大的物质，既造成了浪费又严重污染环境。通过电渗析—离子交换

—电渗析组合工艺，既能实现资源的回收利用，又可以减少污染的排放。日本一家精炼钢厂的含硫酸镍-硫酸的废酸液，利用日本旭化成公司生产的特殊性能的离子交换膜电渗析装置，实现了镀镍废水的闭路循环。1981年铁道部北京二七工厂用电渗析法处理电镀含镍废水，废水电导率达1650μS/cm，处理后降至400μS/cm，可回用于漂洗工艺。徐传宁用电渗析技术处理含铬电镀废水，有效地净化了漂洗废水，使Cr^{6+}离子得到回收，废水中的Cr^{6+}达到国家废水排放标准。电渗析也可将化学镀老化液中逐渐富集的有害副产物有选择地移走而不影响镀液的浓度，从而显著延长镀液的使用寿命。对于化学镀镍老化液，通过电渗析可使原镀液的使用寿命由10个周期延长到27个周期。

（4）放射性废水处理。

（5）医药废水处理。

B 电渗析在饮用及过程水的应用

电渗析在饮用及过程水的应用包括：

（1）苦咸水及海水淡化。

（2）海水浓缩制盐。

（3）纯水的制备。

C 电渗析在食品和化学工业的应用

电渗析在食品和化学工业的应用包括：

（1）提取乳酸新技术。

（2）在食品精制方面的应用。

（3）金属元素的分离。利用电渗析分离金属元素的方法有两种，一种是采用电渗析与配位化学结合的方法分离金属离子，如加入EDTA分离Co-Ni离子，现处于试验研究阶段；另一种是利用离子的迁移速度的不同来进行分离，如采用Nafion417阳极膜对Na-Cs进行分离，分离系数为2～3，该研究也处于试验探索阶段。

（4）无机酸、碱、盐的提纯。Tanaka等采用电渗析法对NaOH进行提纯：先将粗制品通入阳极室，Na^+通入阴极室，与阴极水电解产生的OH^-生成NaOH得到纯品。还有甘油等特殊液体的脱盐等。

在膜分离技术领域，电渗析技术是比较古老的技术，大多数人认为已经很成熟，所以这方面的投入较少。近年来，反渗透技术生机勃勃，发展迅速，向电渗析技术发起了严重的挑战，与反渗透相比，电渗析脱盐与水的利用率不高，电耗较大，运行不够稳定。上述各项成果大部分还处在试用中，特别在我国有的还处在试验室研究阶段，还需要做很多艰苦的工作。

但由于电渗析技术不是过滤型技术，具有较强的抗污染能力，对原水的水质要求相对较低，其独特的分离特点是反渗透无法替代的，在废液处理、食品、医药、化工分离等领域中仍具有极大的应用市场和发展前途。因此，当前在解决前述存在问题的同时，人们认为电渗析技术应在工业废液处理、化工分离、高性能膜、双极膜水解离技术和电渗析组合结构等方面大力发展，使这一技术重新焕发光彩。

除此之外，膜分离技术的另一个问题就是成本较常规的物理化学方法要高，可以通过回收有用元素的方法节省成本。因此，通过合理的手段减少膜分离的处理成本也是一个重要的研究方向。

3.2.10　其他方法

除了上述处理方法外，处理矿山酸性废水的技术方法还包括有湿地法、磷灰石处理系统等。

（1）人工湿地处理矿山废水。湿地是陆地与水体之间的过渡地带，是一种高功能的生态系统，具有独特的生态结构和功能，对于保护生物多样性，改善自然环境具有重要作用。由于人类的不合理开发，湿地资源受到很大破坏。研究和建造人工湿地生态系统是对自然湿地生态系统的适度补充，也是对其功能退化的恢复性建设。人工湿地是利用人为手段建立起来的具有湿地性质的生态系统，是一种由人工监督控制的、与沼泽地类似的地面，它充分利用了基质—微生物—植物这个复合生态系统的物理、化学和生物的三重协调作用来实现对污水的高度净化。人工湿地应用于矿山废水处理始于 20 世纪 80 年代初，最早是由 Huntsman 在美国俄亥俄和西弗吉尼亚州两个地方采用天然的泥炭藓沼泽地处理矿山酸性废水。湿地处理技术具有投资少、运行费用低、易于管理等优点。

人工湿地处理矿山废水也存在弊端，它占地面积大，受环境影响很大。加上对 H_2S 处理不是很彻底，残余 H_2S 从土壤中逸出，污染环境。因此湿地处理的应用受到一定限制。

（2）磷灰石处理法。磷灰石是一系列磷酸盐矿物的总称，其化学通式可表示为 $A_{10}[XO_4]_6Z_2$，A 以二价阳离子为主，主要有 Ca^{2+}、Mn^{2+}、Pb^{2+}、Cd^{2+} 等，$[XO_4]$ 包括 $[PO_4]^{3-}$、$[SiO_4]^{4-}$、$[SO_4]^{2-}$ 等，Z 为 F^-、OH、Cl^- 等。磷灰石具有特殊的化学组成和晶体结构，使其具有独特的性质，如选择吸附性、化学稳定性和热稳定性等。故可用于重金属离子的吸附。磷灰石处理法则是利用磷灰石在较低 pH 值条件下将铁、铝等金属离子以磷酸盐的形式除去，作为新兴的 AMD 处理技术，还有许多地方需要进一步研究。

3.3　工程实例

3.3.1　小岭硫铁矿酸性废水处理工程实例

安徽中远英特尔肥业有限公司小岭硫铁矿矿坑涌水及废石场淋溶水均为酸性

废水，如不处理直接排放会对周围环境造成污染，故工程采用石灰石 + 石灰的两段中和法对井下涌水和废石场淋溶水进行治理，实现达标后外排。本项目为酸性废水治理的一个工程实例，可作为硫铁矿矿山类酸性废水治理的借鉴。

3.3.1.1 工程概况

安徽中远英特尔肥业有限公司小岭硫铁矿矿区位于安徽省庐江县城东南32km，行政区划隶属庐江县龙桥镇，地理坐标东经117°27′21″，北纬31°04′50″。采选规模为50万吨/年。年产含硫48.0%的硫精矿15.85万吨，含铁34.82%的铁原矿3万吨。

3.3.1.2 废水来源及水质

A 矿井涌水

根据水文地质资料，开采范围内，日平均涌水量约为2230m³/d，矿井涌水呈酸性，矿井涌水的水质监测结果见表3-5。

表3-5 矿井涌水水质监测结果

项目	pH值	SS值	Cu /mg·L⁻¹	Pb /mg·L⁻¹	Mn /mg·L⁻¹	Cd /mg·L⁻¹	Cr^{6+} /mg·L⁻¹	As /mg·L⁻¹	S^{2-} /mg·L⁻¹	F^- /mg·L⁻¹
监测值	2.44	512	29.5	<0.02	6.44	<0.05	<0.004	0.153	<0.02	63
标准值	6~9	150	1.0	1.0	2.0	0.1	0.5	0.5	1.0	20

矿井涌水中的pH值、SS值、Cu、Mn、F^-均不能满足《污水综合排放标准》(GB 8978—2002) 中二级标准要求，需处理后方可用于采选矿生产或者排出。

B 废石场淋溶水

废石场储水面积7.5万平方米，晴天不产生淋溶废水；当在一定的降雨强度和降雨历时的条件下将形成废石淋溶水（非正常工况）。4h最大洪水量为1800m³。废石场淋溶水的水质监测结果见表3-6。

表3-6 废石场淋溶水的水质监测结果

项目	pH值	SS值	Cu /mg·L⁻¹	Pb /mg·L⁻¹	Mn /mg·L⁻¹	Cd /mg·L⁻¹	Cr^{6+} /mg·L⁻¹	As /mg·L⁻¹	S^{2-} /mg·L⁻¹	F^- /mg·L⁻¹
监测值	2.61	330	24.1	<0.02	5.10	0.251	<0.004	0.015	<0.02	52
标准值	6~9	150	1.0	1.0	2.0	0.1	0.5	0.5	1.0	20

淋溶废水中的pH值、SS值、Cu、Mn、Cd、F^-均不能满足《污水综合排放标准》(GB 8978—2002) 中二级标准要求，需收集处理后方可用于采选矿生产或

者排出。

3.3.1.3　酸性废水处理方案

A　处理工艺

采用石灰石＋石灰两段中和法对上述酸性废水进行治理，并建设有一座酸性废水处理站，工艺流程见图3-1。井下酸性水和废石场酸性水经塑料管自流至调节池，井下水进入调节池之前，采用三通将足量的废水引入中和过滤滚筒加石灰石处理，多余部分废水进入调节池，废石场酸性水直接进入调节池，当自流至中和滚筒的废水量不足时启动自吸泵对调节池里的水进行处理。经石灰石处理后废水的pH值提高到5～6后进入曝气池，使CO_2气体逸出；经曝气后的废水进入斜管沉淀池沉淀，上清液泵入中和反应池里加石灰乳进一步调pH值至达标水平并于沉淀池中除去金属离子等沉淀物，沉淀池上清液再泵入重力式无阀滤池进一步除去悬浮物后部分回用于采选工程。沉淀污泥进入浓缩池并加入PAM使其浓缩12h后，经压滤机压滤脱水后送往废石场堆存，滤液返回调节池。

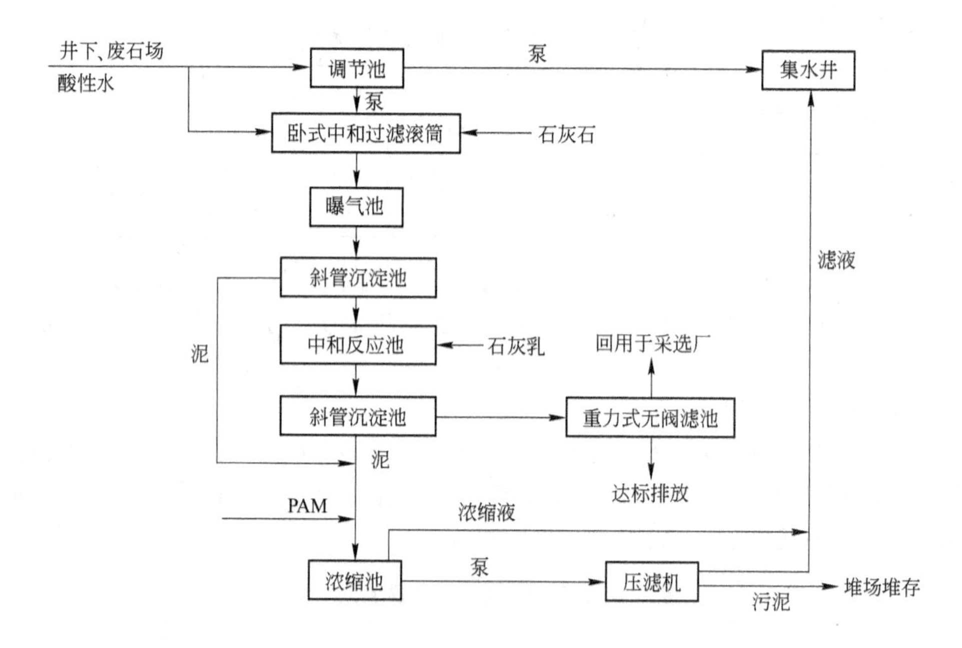

图3-1　酸性废水处理工艺流程

小岭硫铁矿正常运行时井下涌水排放量平均约2230m^3/d，降雨季节废石场淋溶水按最大24h降雨量计算为1800m^3/d，总废水量为4030m^3/d。废水处理站处理时间按每日处理24h进行设计，考虑到废水场淋溶水受降水条件影响较大，处理设施设计处理规模为200m^3/h，可满足酸性废水量的处理要求。工程总投资

约450万元，其中基建360万元，管道、泵、搅拌器、曝气设施等90万元。

B 酸性废水处理站主要构（建）筑物及设备

该项目主要采用中和沉淀法对井下及废石场酸性废水进行处理。酸性废水处理站的主要构筑物见表3-7。

表3-7 酸性废水处理站主要构筑物一览表

序号	名 称	尺寸/m	数 量	结 构	备 注
1	调节池	24×24×5.5	1	钢混凝土	防 酸
2	曝气池	5×5×5.5	2	钢混凝土	
3	斜管沉淀池	6×6×7	2	钢混凝土	防 腐
4	中和反应池	5×5×5.5		钢混凝土	防 腐
5	斜管沉淀池	6×6×7	2	钢混凝土	防 腐
6	集水井	63×2×5	1	钢混凝土	
7	浓缩池	7×7×5	2	钢混凝土	
8	石灰乳液池	3.25×3.25×4.0	2	钢混凝土	防 碱
9	操作间	6×6	1	砖混	
10	鼓风机房	6×9	1	砖混	
11	配电室	6×9	1	砖混	
12	压滤机棚	15×12	1	框 架	
13	石灰棚	9×13	1	框 架	

酸性废水处理站主要设备见表3-8。

表3-8 酸性废水处理站设备一览表

设备名称	型 号	数量/台	备 注
自吸式排污泵	150ZWl80-14	3	二用一备
鼓风机	3L42WD	3	二用一备
单螺杆泵	G60-1	2	一用一备
搅拌机	LFJ-287	2	
卧式中和过滤滚筒池	ZC-1	5	
压滤机	XMZ710/2000-UK	2	
重力式无阀滤池	ZW-Y-240	2	
埋地式生活污水处理设备	WSZF-3	1	
加药溶药设备	JY	2	
耐腐蚀泵	80FB-24	2	一用一备

C 处理效果

该项目采用聚丙烯酰胺（PAM）作为絮凝剂，在采用单一石灰乳中和的条件下 Cu、Pb、Mn、Zn、Cd 和 As 的去除率均大于 90%，F 的去除率大于 88%。本项目井下涌水及废石场淋溶水采用石灰石 + 石灰的两段中和法，处理效果将优于单一石灰乳中和。根据上述酸水处理工艺，井下涌水及废石场淋溶水经治理后水质见表 3-9。

表 3-9 酸性废水处理站排出水水质

项目	pH 值	SS 值	Cu /mg · L^{-1}	Pb /mg · L^{-1}	Mn /mg · L^{-1}	Cd /mg · L^{-1}	Cr^{6+} /mg · L^{-1}	As /mg · L^{-1}	S^{2-} /mg · L^{-1}	F^{-} /mg · L^{-1}
排出值	约 7.0	约 50	约 0.88	<0.02	0.19	约 0.025	<0.004	0.015	<0.02	约 8
标准值	6～9	150	1.0	1.0	2.0	0.1	0.5	0.5	1.0	20

3.3.1.4 结语

采用石灰石 + 石灰串联工艺，是处理含重金属离子硫化矿山的酸性废水最经济的方法，比单纯的石灰乳中和法能降低 30% 左右的处理成本。本工程对井下涌水及废石场产生的酸性废水，采用石灰石滚筒 + 石灰串联中和絮凝沉淀的联合处理方法，无论在经济上还是技术上都是可行的。

3.3.2 凡口铅锌矿人工湿地处理系统工程实例

3.3.2.1 工程概况

凡口铅锌矿位于广东韶关市仁化县境内。该区域属于潮湿多雨的亚热带气候，海拔高度为 100～150m，年平均气温约 20℃，最低为 −5℃，最高为 40℃，年降雨量平均 1457mm 左右，地下水资源丰富，土壤为红壤。凡口铅锌矿是中国乃至亚洲最大的同类型矿之一，原矿品位高，开采量大，日排放废水量多达 6 万吨，未经处理的废水中含有大量的废矿砂以及 Pb、Zn、Cu、Cd 和 As 等重金属。20 世纪 80 年代中期，在尾矿填充坝上种植宽叶香蒲，经自然生长和人工扩种，逐步形成了以宽叶香蒲为主体的人工湿地。废水经湿地系统处理，停留时间为 5 天，流入一个稳定塘，再经出水口排入周围的水体。

3.3.2.2 入水水质

进入人工湿地系统废水水质情况见表 3-10。

表 3-10 人工湿地系统入水水质

项 目	pH 值	Pb /mg · L^{-1}	Zn /mg · L^{-1}	Cd /mg · L^{-1}	Hg /mg · L^{-1}	As /mg · L^{-1}
废水	8.225	11.4900	14.4673	0.04875	0.00034	0.0765
标准值	6～9	1.0	1.0	0.01	0.05	0.5

3.3.2.3 出水水质

在出水口，自 1991 年 1 月至 2000 年 12 月逐月取水样。水样经快速定量滤纸过滤后，用原子吸收分光光度法测定水中 Pb、Zn、Cd、Hg 和 As 等重金属的质量分数。图 3-2 和图 3-3 给出了出水口各重金属的年动态变化和月动态变化，表 3-11 给出了经过人工湿地处理后出水水质。

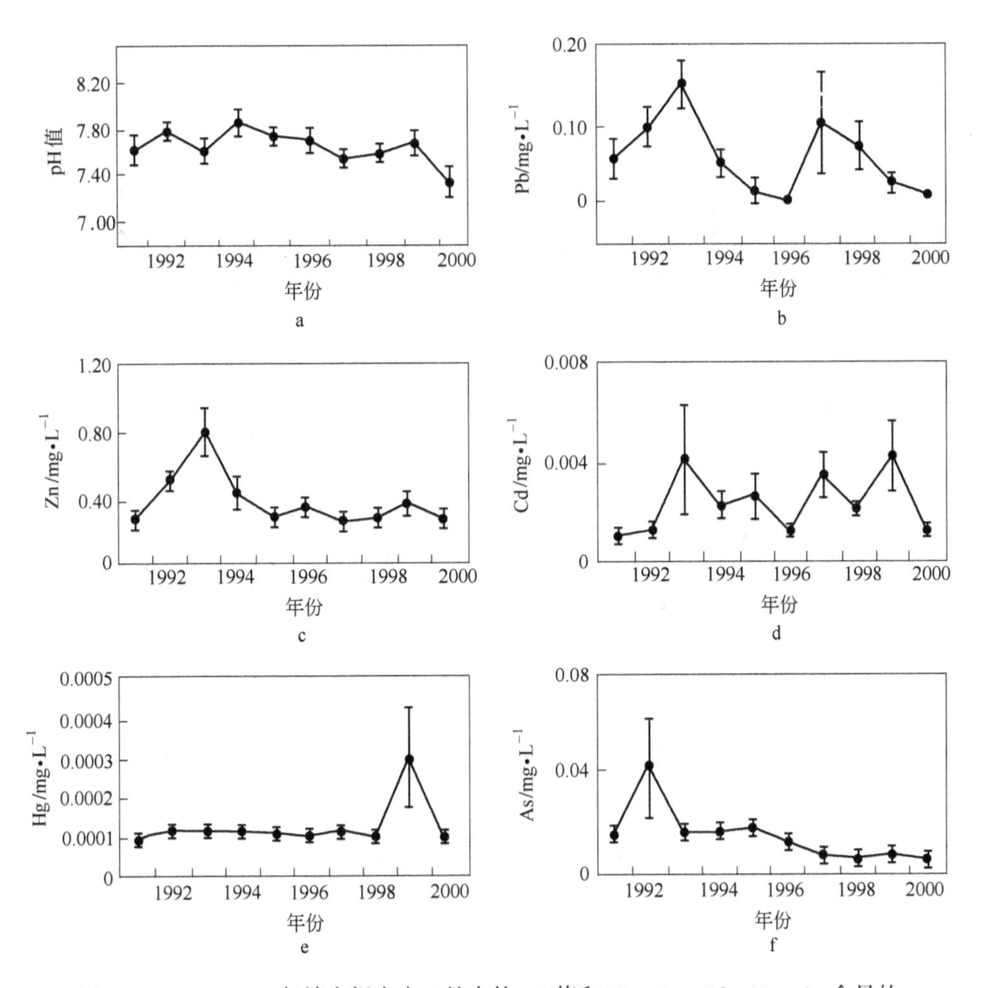

图 3-2 1991～2000 年填充坝出水口处水的 pH 值和 Pb、Zn、Cd、Hg、As 含量的年动态变化（年平均值：全年各月测定值的平均值）

表 3-11 人工湿地系统出水水质

项 目	pH 值	Pb /mg·L⁻¹	Zn /mg·L⁻¹	Cd /mg·L⁻¹	Hg /mg·L⁻¹	As /mg·L⁻¹
出水	7.674	0.1110	0.3855	0.00247	0.00014	0.01589
标准值	6～9	1.0	1.0	0.01	0.05	0.5

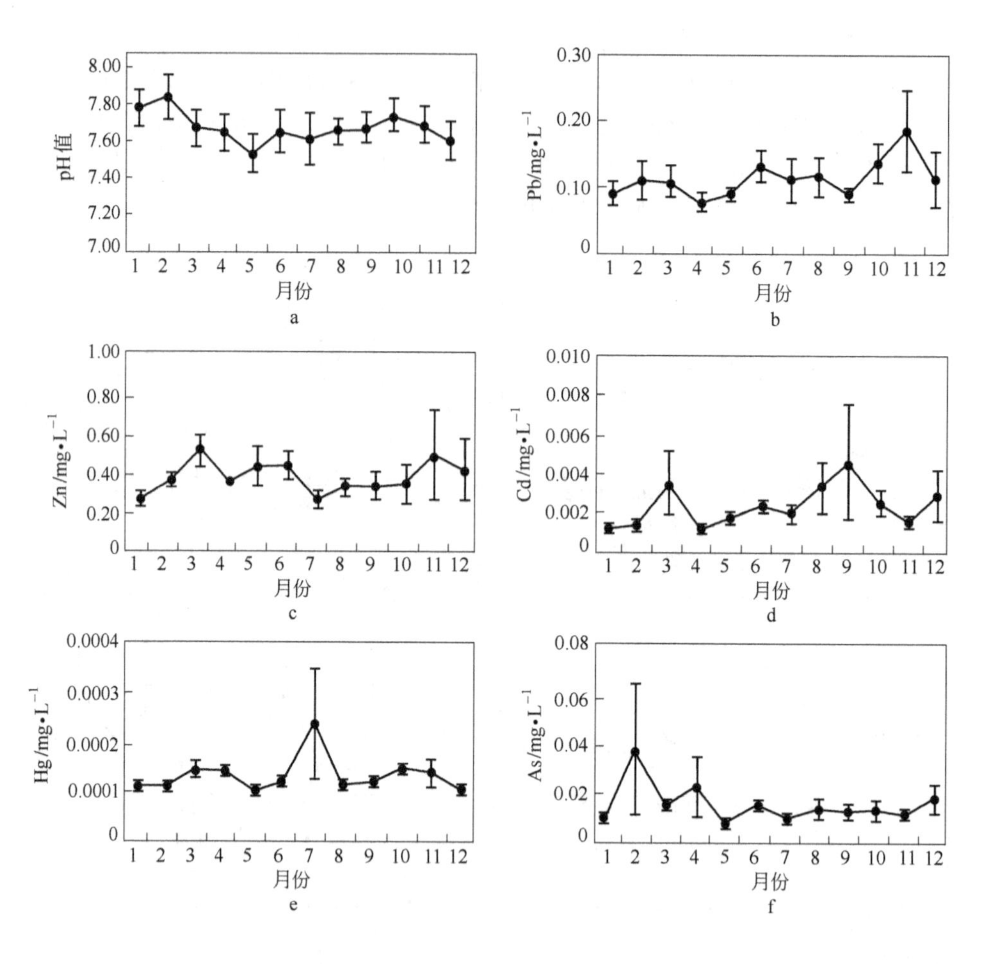

图3-3 1991～2000年填充坝出水口处水的pH值和Pb、Zn、Cd、Hg、As含量的月动态变化（月平均值：连续10年同月份测定值的平均值）

经人工湿地处理后，废水中所含Pb、Zn、Cd、Hg、As等以及pH值均达到排放要求，而且经过10年的跟踪监测，出水水质稳定。

3.3.2.4 结语

综合上述可知，凡口铅锌矿选矿废水经填充坝净化处理后，出水口水样主要指标（pH值、Pb、Zn、Cd、Hg、As）大大降低，已达到国家工业废水排放标准，且水质的年变化和月变化较小，最大变幅都在国家工业废水排放标准之内，证明宽叶香蒲湿地处理金属矿废水的稳定性很高，对铅锌矿废水具有明显的净化能力。

参 考 文 献

[1] 任小鸿．江西铜资源开发与污染防治研究[J]．环境与开发，1998，13：29-32.
[2] 蒋展鹏．水化学[M]．北京：中国建筑工业出版社，1990.
[3] 张世雄．矿物资源开采工程[M]．武汉：武汉工业大学出版社，2000.
[4] 祝玉学．矿山酸性水的预防与预测[J]．国外金属矿山，1998(4)：62-68.
[5] 魏德洲．资源微生物技术[M]．北京：冶金工业出版社，1996.
[6] 佟玉衡．实用废水处理手册[M]．北京：化学工业出版社，2000.
[7] 邹知华．加强矿山环境保护促进矿山可持续发展[J]．中国矿业，1994(2)：9-13.
[8] 韦冠俊．矿山环境工程[M]．北京：冶金工业出版社，2001.
[9] 汪大羽，徐新华．工艺废水中专项污染物处理手册[M]．北京：冶金工业出版社，2000.
[10] 赵玲，王荣锌，李官，陈明．矿山酸性废水处理及源头控制技术进展[J]．金属矿山，2009(7)：131-135.
[11] 李亚新，苏冰琴．硫酸盐还原菌和酸性矿山废水的生物处理[J]．环境污染治理技术与设备，2000，1(5)：1-11.
[12] 刘羽，彭明生．磷灰石在废水治理中的应用[J]．安全与环境学报，2001，1 (1)：9-12.
[13] 谢辉，谢光炎，杜青平，罗丽丽．湿地植物对矿山废水重金属去除的影响[J]．环境科学与技术，2010，33(12F)：477-480.
[14] 杜平，刘书贤，谭广柱，刘魁星．SBR 法处理酸性矿山废水的实验研究[J]．水资源与水工程学报，2012，23(3)：23-24，29.
[15] 张子间，刘家弟，卢杰，董凤芝，刘玉荣．微电解-生物法处理酸性重金属矿山地下水[J]．金属矿山，2006(4)：69-72.
[16] 许超，夏北成，吴海宁，林小方，仇荣亮．酸性矿山废水污灌区水稻土重金属的形态分布及生物有效性[J]．环境科学，2009，30(3)：900-906.
[17] 贾兴焕，蒋万祥，李凤清，唐涛，段树桂，蔡庆华．酸性矿山废水对底栖藻类的影响[J]．生态学报，2009，29(9)：4621-4629.
[18] 赵筱青，李丽娇，杨红辉，谈树成．云南沘江流域农田土壤重金属 Pb、Zn、Cd、As 的地球化学特性[J]．地球学报，2012，33(3)：331-340.
[19] 张武刚．德兴铜矿 4 号尾矿库水质特性研究及水质实时监控系统开发[D]．上海：东华大学，2012.
[20] 任万古．德兴铜矿酸性废水处理实践[J]．采矿技术，2002，2(2)：57-59.
[21] 宋博宇，何连生，席北斗，管伟雄，洪梅，孟睿．中和-硫化-混凝工艺处理含重金属酸性废水的试验研究[J]．工业水处理，2013，33(6)：29-32.
[22] 王英刚，孙丽娜，张富韬．水热法改性粉煤灰去除矿山酸性废水中金属离子[J]．生态学杂志，2009，28(8)：1584-1588.
[23] 黄万抚，王淑君．硫化沉淀法处理矿山酸性废水研究[J]．环境污染治理技术与设备，2004，5(8)：60-62，87.
[24] 陈炳辉，韦慧晓，周永章．粤北大宝山多金属矿山的生态环境污染原因及治理途径[J]．中国矿业，2006，15(6)：40-42.

[25] 朱竹年，唐锦涛．有色金属工业废水治理[M]．北京：中国环境科学出版社，1991.
[26] 汪大翚，徐新华，宋爽．工业废水中专项污染物处理手册[M]．北京：化学工业出版社，2000.
[27] 张自杰．环境工程手册（水污染防治卷）[M]．北京：高等教育出版社，1996.
[28] 李争流，曾光明，李倩．有色金属矿山坑道酸性废水的处理及综合利用研究[J]．湖南大学学报（自然科学版），2003，30(6)：78-81.
[29] 汤国新．南山铁矿酸性水的污染与治理[J]．金属矿山，1999(8)：57-58.
[30] 熊报国，占幼鸿．利用二段中和技术处理矿山酸碱废水[J]．有色金属，1998，50(4)：123-125.
[31] 李亚新，苏冰琴．利用硫酸盐还原菌处理酸性矿山废水研究[J]．中国给水排水，2000，16(2)：13-17.
[32] 陈翼孙．气浮净水技术[M]．北京：中国环境科学出版社，1991.
[33] 许振良．膜法水处理技术[M]．北京：化学工业出版社，2001.
[34] 文瑞海，王在忠．高纯水的制备及检测技术[M]．北京：科学出版社，1997.
[35] 张慧，朱淑飞，鲁学仁．技术在水处理中的应用与发展[J]．水处理技术，2002，8(5)：256-259.
[36] 冯敏．工业水处理技术[M]．北京：海洋出版社，1992.
[37] 文瑞海，王在忠．高纯水的制备及检测技术[M]．北京：科学出版社，1997.
[38] 高以烜，王黎霓．膜分离技术用于电镀废水处理的发展与问题[J]．北京工业大学学报，1990，16(3)：86-93.
[39] 张自杰．环境工程手册（水污染防治卷）[M]．北京：高等教育出版社，1996.
[40] 黄继萍．小岭硫铁矿酸性废水处理工程实例[J]．中国化工贸易，2012(1)：173-174.
[41] Singer P C，Sturnm W. Acidic mine drainage：the rate-determining step[J]. Science，1970(167)：1121-1123.
[42] Loeffelman P H. Aquatic Toxicology and Hazard Assessment[J]. Eighth Symposium ASTM STP，1985(891)：281.
[43] Leblanc M，Achard B，Ben Othman D，Luck J M. Accumulation of arsenic from acidic mine wasters by ferruginous bacterial accretion（stromatolites）[J]. Applied Geochemistry，1996，11(4)：541-554.
[44] Mcanatly S，Benefiede L. Nickel removal from a synthetic nickel-plating wastewater using sulfide and carbonate for precipitation and coprecipitation[J]. Separation Science and Technology，1984，19(23)：191-217.
[45] C P Beitelshes. Precipitation flotation of copper as the sulfide using recyclable amphoteric surfactants[J]. International Journal of Mineral Processing，1981(8)：97-110.
[46] Perez J W，Aplan F F. Constant surface charge model in flocfoam flotation[J]. The Flotation of Copper，1975(71)：34-39.
[47] Hohl H，Sigg L，Stumm W. Characterization of surface Chemical Properties of Oxides in Natural Water. The symposium on Particulates in Water 175th ACS Natl. Mtg.，1978，Anaheim，California.

[48] Suzuki Y. Technological Development of a Wastewater Reclamation Process for Recreational Process for Recreational Reuse: an Approach to Advanced Wastewater Treatment Featuring Reverse Osmosis Membrane[J]. Water Science & Technology, 1991(23): 1629-1638.

[49] Slim J A. The Feasibility of Tubular Reverse Osmosis for Water Reclamation on a Large Scale [J]. Water Science & Technology, 1992, 25(10): 299-318.

[50] Raymund Hoffert J. Acid Mine Drainage[J]. Industrial & Engineering Chemistry, 1947, 39 (5): 642-646.

[51] Alexis P, Luis R, Nicholas B. Comparative genomics in acid mine drainage biofilm communities reveals metabolic and structural differentiation of co-occurring archaea[J]. BMC genomics, 2013, 14(1): 485.

[52] Giloteaux L, Duran R, Casiot C. Three-year survey of sulfate-reducing bacteria community structure in Carnoulès acid mine drainage (France) highly contaminated by arsenic[J]. FEMS microbiology ecology, 2013, 83(3): 724-737.

[53] Dimitrijević M. Acid mine drainage[J]. Bakar, 2012, 37(1): 33-44.

[54] Sánchez-Andrea I, Knittel K, Amann R. Quantification of Tinto River sediment microbial communities: Importance of sulfate-reducing bacteria and their role in attenuating acid mine drainage [J]. Applied and environmental microbiology, 2012, 78(13): 4638-4645.

[55] Gibert O, Cortina J L, de Pablo J. Performance of a field-scale permeable reactive barrier based on organic substrate and zero-valent iron for in situ remediation of acid mine drainage [J]. Environmental Science and Pollution Research, 2013: 1-9.

[56] Jiao Y, D'haeseleer P, Dill B D. Identification of biofilm matrix-associated proteins from an acid mine drainage microbial community[J]. Applied and environmental microbiology, 2011, 77(15): 5230-5237.

[57] Motsi T, Rowson N, Simmons M. Adsorption of heavy metals from acid mine drainage by natural zeolite[J]. International Journal of Mineral Processing, 2009, 92(1): 42-48.

4 有色金属矿区固体废弃物污染与控制

4.1 矿山固体废弃物处理处置现状

环境保护和治理中一个急需解决的重要问题是对固体废物的处置，而固体废物的主要来源是采掘工业所排弃的废石和尾矿，即矿山的固体废物。

矿山固体废物概括起来主要分为两类：一类是尾矿，即在选矿加工过程中排放的固体废物，其储存场地称之为尾矿库；另一类是剥离废石，即在开采矿石过程中剥离出的岩土物料，堆放废石地称之为排土场。

据统计，全球采掘工业每年排放的工业固体废物总量达数百亿吨，在我国，黑色金属矿山每年排放的废石尾矿约6.2亿吨，有色金属矿山每年排出的废石尾矿量达1.1亿吨，煤矸石约1.3亿吨。排放量巨大的矿山废石和尾矿，污染了矿区周边环境；废石的堆积和尾矿坝的构筑侵占了大面积农田和土地，污染了水源和土壤，严重破坏了土地资源的自然生态；若堆放的废石尾矿管理不善，还有可能发生重大事故，如废石堆自燃、尾矿坝或排土场滑坡等。因此，要高度认识矿山固体废物的危害和面临的严峻形势，进一步加强对矿山固体废物的管理，开展对矿山固体废物应用研究及综合治理。

4.1.1 矿山固废概述

4.1.1.1 矿山固废的来源

A 矿山固废的产生与现状

矿山一般指采矿、选矿以及对所生产的矿石进行破碎、切割等粗加工的生产单位，即进行采矿作业的场所，包括开采形式的开挖体、运营通道和辅助设备等。矿山固体废物则是包括矿山开采过程中所产生的废石及矿石经选冶生产后产生的尾矿或矿渣，其以量大、处理工艺复杂而成为环境保护的一大难题。

基于矿山固体废物所含的种类与产生环节，基本上，在矿山各种生产活动包括矿产资源开采、运输、加工，以及矿山辅助设施开挖、使用、维修等过程中均会产生大量的固体废弃物。主要包括矿山开采后产生的废石和矿山选矿过程中产生的尾矿。

矿山废石的堆积与尾矿坝的构筑，一方面侵占大量土地和农田；另一方面，

这些废石、尾矿的大量排放，严重破坏了土地资源的自然生态环境，不仅侵占大量的土地破坏了自然景观，而且尾矿的成分十分复杂，含有多种有害成分甚至放射性物质，可污染矿区和周围环境，构成严重的社会公害。目前，我国对矿山固体废物的利用率比较低。鉴于利用率比较低这个问题，如何针对各类型矿山固体废物的特点，对其进行合理的处理与处置，同时实现高效资源化与综合利用，既可以起到改善矿山生态环境的作用，同时又可以充分利用矿山固体废弃物中的有用成分，变废为宝，起到缓解我国矿产资源供需相对紧张的矛盾，已成为资源、环境、生态等多学科、领域共同面临的重要课题。

B　矿山固体废物来源分类

矿山固体废物较一般的固体废物组成相对固定，按其来源和产生环节的不同，可以分为两大类：

(1) 采矿废石。采矿废石是开采过程中剥离出的岩土物料，堆放废石之地称为排石场。

在矿山开采过程中，无论是漏天剥离地表土层和覆盖层，还是地下开采开掘大量的井巷，必然产生大量废石。如在我国大部分露天开采矿石中，冶金矿山的采剥比为1∶2～1∶4；有色矿山采剥比大多在1∶2～1∶8，最高达1∶14；黄金矿山的采剥比最高达到1∶10～1∶14。矿山每年废石排放量超过6亿吨，另外，矿山采出的矿石中也夹有大量的废石。金属矿每采1t矿石将产出0.2～0.3t废石。

(2) 选矿尾矿。选矿尾矿是在选矿加工过程中排放的固体废物，其堆放场称为尾矿库。大多数金属矿石经过选矿后才能被工业利用，选矿也会排出大量的尾矿。大量的尾矿堆积大面积占用土地，而且治理比较困难，引发诸多的环境环境与生态问题，因此治理矿山固体废物与资源化利用越来越受关注。

4.1.1.2　矿山固废的组成

矿山固体废物中的矿物组成与原矿大致相同。原矿通常由多种矿物组成，主要有自然元素矿物、硫化物及其类似化合物矿物、含氧盐矿物、氧化物和氢氧化物矿物、卤化物矿物等。对于矿山固体废物而言，量大面广的组成矿物为含氧盐矿物、氧化物和氢氧化物矿物等。认识和掌握矿山固体废物中的各种矿物组成及其特性，对于制定合理的处理和资源化工艺具有重要的指导意义。

A　含氧盐矿物

含氧盐矿物占已知矿物总量的2/3左右，在地壳里的分布极为广泛。含氧盐矿物可分为硅酸盐矿物、碳酸盐矿物、硫酸盐矿物和其他含氧盐矿物4类。

硅酸盐是组成岩石的最主要成分，已知的硅酸盐矿物约有800种之多，约占矿物种类总数的1/4，占地壳总质量的80%。它们是许多非金属矿产和稀有金属矿产的来源，如云母、石棉、长石、滑石、高岭石以及 Be、Li、Zr、Rb、Cs 等。硅酸盐矿物的性质随其结构的不同变化较大。

碳酸盐矿物在自然界中分布较广，已知的矿物约有 80 种之多，占地壳总质量的 1.7%。这其中以 Ca、Mg 碳酸盐矿物最多，其次为 Fe、Mn 等碳酸盐矿物。碳酸盐矿物有的是非金属矿产的原料，如白云石、菱镁矿等，有的则是金属矿产的重要原料，如菱铁矿、菱锰矿等，在金属矿石中，碳酸盐矿物是常见的脉石矿物。碳酸盐矿物多为无色或者浅色（含色素离子 Fe、Mn 者颜色较深），玻璃光泽，透明至半透明，硬度大多为中等（3 ~ 4），相对密度随阳离子变化而异(2.7 ~5 左右)，无磁性，电热的不良导体。矿物表面亲水，化学稳定性较差，在水中溶解度较大。

硫酸盐矿物在自然界中产出约有 260 种，但其仅占地壳总质量的 0.1%。其中常见和具有工业意义的矿物不多，主要是作为非金属矿物的原料（如石膏）。此类矿物一般颜色较浅，透明至半透明，多数玻璃光泽，硬度较低（1.5 ~3.5），除 Pb、Ba 的硫酸盐外，相对密度均较小，不具磁性、电热的非导体，易溶于水且化学性质不稳定，含水的硫酸盐溶液具有导电性。

其他常见的含氧盐矿物有磷酸盐、钨酸盐和钼酸盐，其他不常见的有硼酸盐、砷酸盐、矾酸盐、硝酸盐矿物等。

B 氧化物和氢氧化物矿物

氧化物和氢氧化物是地壳的重要组成矿物，是由金属和非金属的阳离子与阴离子 O^{2-} 和 OH^- 相结合得到的化合物，如石英、氢氧镁石等。氧化物和氢氧化物矿物有 200 种左右，约为地壳总质量的 17%。其中以 SiO_2 分布最广，约占 12.60%，Fe 的氧化物和氢氧化物占 3.9%，其次是 Al、Mn、Ti、Cr 的氧化物和氢氧化物。氧化物和氢氧化物是许多金属（Fe、Mn、Cr、Al、Sn 等）、稀有金属和放射性金属（Ti、Nb、Ta、TR、U、Th 等）矿石的重要来源。此外，它们还是许多非金属原料（如耐火材料）和许多宝石（如玛瑙、宝石）的矿物来源。

C 硫化物及其类似化合物矿物

此类矿物主要为金属硫化物，也包括金属与硒、碲、砷、锑等的化合物，其总数约为 350 种左右，约占地壳总质量的 0.15%，其中以铁的硫化物为主，有色金属铜、铅、锌、锑、汞、镍、钴等也以硫化物为主要来源，因此该类矿物在工业上具有重大意义。

D 其他矿物

矿山固体废物中除了含以上三类矿物外，还有的含卤化物和单质矿物，但是数量较小。自然界中最常见和最重要的卤化物矿物为萤石、石盐和钾盐，常见的自然元素矿物是自然金、铂族矿物、金刚石和石墨等。

4.1.2 矿山固废的性质

矿山固体废物的组成和性质是其资源化的重要依据。由于废石是围绕在矿体周围的无价值的岩石，而尾矿是与有用矿物伴生的脉石矿物，因此矿山固体废物除了粒度不同于天然矿产资源外，其他性质与天然矿产资源相似，认识和掌握它们的性质对矿山固体废物的综合利用具有重要的指导意义。

4.1.2.1 物理性质

A 光学性质

矿物的光学性质是矿物对光线的吸收、折射和反射所表现出来的各种性质，包括颜色、光泽、透明度等，这些性质是相互关联的。矿物颜色与色调的浓淡，决定着这些矿物的价值，提取矿山固体废物中的有价矿物，可借助于它与脉石矿物光泽、颜色的差异进行光电分选；而透明度则是鉴定矿山固体废物能否作为光学材料使用的特征之一，也是能否作为填料使用的特征之一，如石英、$CaCO_3$ 就常作为无色透明的填料使用。

B 力学性质

力学性质指的是矿山固体废物在外力作用下所表现的物理力学性能，包括了废物的硬度、韧性、相对密度等性能。硬度不同的废物，其应用价值不同，硬度大的可作为磨料使用，硬度小的则可作为填料；另外硬度也与废物的粉碎关系密切，韧性不同的矿山废物，所采用的粉碎流程不同，所选用的粉碎设备也不同；另外相对密度在选择资源化方法时具有重要的指导意义。

C 电学性质

矿物的电学性质是指矿物导电的能力及在外界能量作用下矿物带电的性质，即导电性及电荷性。在矿山固体废物的资源化过程中，可根据废物中矿物导电率的不同采用静电分离法来提纯有用的矿物；根据荷电性的不同，不同的矿物可用作不同的材料。

D 磁性和润湿性

矿物的磁性是指矿物能被永久磁铁或电磁铁吸引或矿物本身能够吸引铁物体的性质。根据矿物的磁性差异，在矿山固体废物资源化过程中可利用磁选来分离各种有用的矿物。矿物表面能否被液滴所润湿的性质，称为润湿性。矿物的润湿性是浮选的理论基础。

4.1.2.2 化学性质

A 可溶性

矿物的溶解度是衡量其可溶性的指标，矿物的可溶性是矿物中有价成分浸出的重要依据。决定矿物水溶性的内在因素有晶格类型及化学键、电价和离子半径大小、阴、阳离子半径之比以及 OH^- 和 H_2O 的影响。

B 氧化性

矿山固体废物中的矿物，在暴露或处于地表的条件下，由于空气中氧和水的长期作用，其中的矿物发生变化，形成了一系列的金属氧化物、氢氧化物以及含氧盐等次生矿物。矿物被氧化后，其成分、结构及矿物表面性质均发生变化，这对矿山废物的资源化利用有较大影响。

4.1.3 矿山固废的危害

矿产固体废弃物是工业固体废弃物的重要组成部分，从总体上来看，其主要集中堆存于尾矿库，废石场，以及部分粉煤灰库。这些堆场的存在，国内外的大量实践证明这些污染物导致了矿区周围环境的污染和破坏。这些环境问题可以归结为以下几个方面：

（1）浪费资源。我国大量有价值的资源都存留于尾矿之中，为什么呢？因为我国矿产资源80%为共（伴）生矿，而且我国矿业起步晚，技术发展不平衡，不同时期的选冶技术差距很大。例如我国铁尾矿的全铁品位平均为8%～12%，有的甚至高达27%。在尾矿中的非金属矿物存量巨大，有些已经具备附加值应用的潜在特性。这些潜在价值在技术进步的前提下甚至会超越金属元素价值。因此，尾矿资源不能合理的回收利用是我国处理矿山固废的一个现状，这将导致资源的巨大浪费。

（2）环境污染。

1）扬尘导致空气污染。矿区内丢弃堆存的物料，或剥离废石，尾矿，粉煤灰都长期经受风吹日晒和水蚀，发生表面风化是必然的。尤其尾矿库的尾砂，因为经过分选的矿物一般颗粒较细。例如一般含铁矿物的单体分离细度200目的占80%以上，有色金属矿山有的更细。这些细物料大量聚集堆场表面，一旦出现适宜的风速，随风飘移是肯定的。首钢矿业公司所属的一座矿山，其尾砂较细（平均粒径0.07mm），该地区平均风速大于3m/s的频率为8.94%，其相应的年输砂量可达20354.38t，尤其冬春季节大风频吹对生活区和厂区的空气污染较为严重。西北地区某矿，由于风速较大，某尾矿库风力搬运的尘粒高达80t/d，其中还包含一定量的粗颗粒。

扬尘的污染，尤其近年得到较为普遍重视。马钢姑山铁矿依山傍水，地处鱼米之乡。该矿区的粉尘污染较严重，对附近农田、村庄都造成了一定的危害，因此引起了当地民众的不满，提上了政府部门的议事日程。

2）酸性水的有害影响。据目前已经掌握的资料，多数金属矿床都包含了可能产生酸性水的矿物，于是矿山生产排放的废弃物也不可避免地包含了酸性物

质。这些酸性物质，在其堆存条件下与水、氧气或细菌发生作用，会生成酸性水。这种情况在相当一些有色金属矿山、黑色金属矿山和化工矿山都程度不同地普遍存在着。

酸性水的形成可以通过对矿区地表水和地下水的污染，从而导致对周围环境的污染和破坏。况且，酸性水的形成，还可能增加其对某些物质的溶解度，有时甚至包括放射性元素，可见，在有些情况下由酸性水引发的环境污染会非常严重。

酸性水对环境的污染，至少还有这样两个明显的特点：一是影响范围广，二是持续时间长。国外的有关资料报道，由于酸性水可能造成对水系的污染，因此其影响范围也有可能扩展到几十乃至几百千米。含酸性废物的堆场，停止使用后仍具备生成酸性水的条件，这种情况持续几十年，甚至上百年，在实际工程中也是可以找到的。

3）重金属危害。金属矿山固体废物中含有多种有毒有害物质，如重金属元素及一些放射性元素等。这些有毒有害物质随着雨水流失，与废石中的含硫矿物引发的酸性废水一起污染水体（包括地表水和地下水）和土壤，并被植物的根部所吸收，影响农作物生长，造成农业减产。如江苏某硫铁矿，由于废石堆中含有硫化物，在空气、水以及细菌的综合作用下生成硫酸，每逢降雨，酸性废水便流入附近的农田和太湖中，致使农业减产，湖鱼死亡。更可怕的是，这些有毒有害物质可能会通过食物链进入人体，从而危及人体健康。

此外，金属矿山固体废物中的重金属元素，由于各种作用渗入到土壤中，会导致土壤毒化，造成土壤中大量微生物死亡，土壤逐渐失去腐解能力，最终砂化变成“死土”。不少金属矿山的固体废物中，还含有放射性物质。据实测资料统计，在非铀金属矿山当中，有30%以上矿山的矿岩中含有放射性物质。含放射性物质的金属矿山固体废物，不但不宜作建筑材料使用，而且还必须进行严格的处理，否则会使矿区及周围环境的污染范围扩大，引起严重后果。

（3）安全隐患。金属矿山固体废物长期堆放，不仅在经济上造成巨大的损失，还会诱发重大的地质与工程灾害，如排土场滑坡、泥石流、尾矿库溃坝等，给国家及社会带来极大的损害。据统计，目前掌握全国共有尾矿库12655座，其中危库613座、险库1265座、病库3032座、正常库7745座。

我国非煤矿山每年产出尾矿约3亿吨，基本上堆存在大约1500座尾矿库中，其中80%属于黑色、有色冶金矿山，其他行业占20%。这些库中，最大设计坝高260m，超过100m的有26座，库容大于1亿立方米的有10座。坝高小于30m的小库占80%左右。但20%的大、中型库的库容占总设计库容的80%。同时，非煤矿山中，有许多尾矿库的地理位置十分重要，有的位于大江、大湖、重要水源地上游，有的位于重要公交设施上游，有的在密集的居民区上游。由于尾矿库的建设标准低，筑坝、维护、管理技术水平较低，大量的尾矿库带病运行，又得不到有效的治理，其安全状况不容乐观。在这些尾矿库中，正常运行的不足70%，相当数量的尾矿库处于险、病、超期服务状态，这是一个巨大的潜在隐患。

4.1.4 矿山固废的处置技术

随着我国人口的增加和经济的发展，对金属矿物原料的需求量增加，矿产资源消耗加剧，环保压力越来越大，人们不得不转向依靠科技进步来开展矿山固体废物的综合回收和利用，从工业的源头控制重金属污染，化害为利，变废为宝。因此，从开采的源头控制固体废物（特别是含有铅、汞、铬、砷、镉等有害元素）的资源化利用，是金属矿山清洁生产亟待解决的首要技术问题，从而改变长期以来金属矿山（特别是重金属矿山）开采过程中矿山环境保护末端治理、治标不治本的现状。

矿山固体废物处理是指采用合理、有效的工艺对矿山固体废物进行加工利用或直接利用。主要包括：作为二次资源，对含有的有价元素进行综合回收；将其作为一种复合的矿物材料，用以制取建筑材料、土壤改良剂、微量元素肥料；作为地下充填开采方法中采空区的充填料等。

矿山固体废物的处置是指采用安全、可靠的方法堆存金属矿山固体废物。主要包括：矿山固体废物合理的堆排工艺，堆场（库）的灾害预警与灾害控制，引发环境污染的防治等。

4.1.4.1 提升尾矿再选技术

提高矿山资源综合利用效率尾矿综合利用是世界性的难题，最大着眼点是提取尾矿中的有价金属元素、非金属元素，以提高资源的回收率、提高资源综合利用价值。早在20世纪90年代“矿山固废”中心就对本钢歪头山铁矿、南芬铁矿、马钢南山铁矿的尾矿提供了再选技术，使之每年从铁矿尾矿中选取全铁65.5%～67.0%的铁精矿7000t以上，年创经济效益1700余万元。鞍钢弓长岭矿业公司，采用大块矿石预先抛废工艺，既增加了矿石生产能力，降低了能耗，又减少了细粒尾矿的产生量，年实现经济效益5000万元。近年来，山东、陕西等金矿，在回收尾矿中金、银、硫等资源的工作中取得了突破性进展，如山东大柳行金矿2002年建成了尾矿回收有价金属元素生产线，每年可处理含金品位0.81g/t的堆存尾矿16.5万吨，回收率达80.94%，年产黄金166.3kg，白银509.9kg，硫精矿4500t，年经济效益615万元。

4.1.4.2 无废或者少废的采选技术和地下采矿空区处理技术

采选无废技术是处理与处置矿山固体废物的重要途径和发展方向，利用矿山

废弃空间（采空区、塌陷区等）处置尾矿、废石，也是“减量化、资源化和无害化”的重要发展方向之一。“矿山固废”中心以铜都铜业股份有限公司冬瓜山铜矿为工程依托，联合铜陵有色矿山工程设计院，在冬瓜山、狮子山铜矿建立示范矿山，实现废石不出坑、尾矿不入库。该矿是我国“十五”期间建设的大型地下有色矿山，已开采多年，形成了东、西狮子山采空区，东山采空区总容积101.8万立方米，西山采空区由大空区与零星小空区组成，大空区容积236.2万立方米，小空区容积16.0万立方米。为了消除大采空区对环境及矿山可持续生产带来的重大安全隐患和缓解尾砂堆存场地两个目的，公司决定对东、西狮子山采空区，进行全尾砂充填处理和利用，鉴于对数百万立方米的特大型地下采空区全尾砂处理与利用，在国内尚无工程实例。为稳妥起见，先在东山采空区进行全尾砂排放工业试验研究以便取得经验，再推广到西山采空区和其他采空区。在东山采空区全尾砂处理与利用工程取得经验的基础上，又开展了西山采空区全尾砂处理与利用工程方案设计。通过了由铜陵有色金属（集团）公司组织的专家审查。目前，东山采空区已填满，西山采空区全尾砂处理与利用工程即将开工，该工程不仅充填方法、充填率上有成功的经验，而且在技术上有新的突破。

通过试验研究，确定了合适的尾砂输送浓度（40%～50%）、建立高浓度尾浆制备与输送系统、解决了全尾砂充填工艺中封闭墙跑砂、破碎带泄漏处理、尾砂排放方式、排放周期确定和排放量控制等技术难题。通过研究可获以下成果：

（1）可以使东西狮子山80%的尾砂充入约350.912万立方米的采空区，减少了向尾矿库的排放量，延长尾矿库的生产服务年限；

（2）减少大量尾砂在地表堆置，节约耕地和山坡地的占用；

（3）消除因采空区带来的安全隐患；

（4）本技术可向冶金、煤炭、化工、有色等多种具有地下采空区的同类矿山推广应用。

4.1.4.3 *尾矿用作建材*

尾矿用作建材技术有所进展。尾矿含有大量可以利用的非金属矿物，对尾矿中的非金属组分进行回收利用，可生产地砖、空心砖块、免烧建筑装饰材料，微晶玻璃等建材产品。科研院所在条件极其艰难的情况下，做了大量研究工作，但距离真正实施工程化、产业化生产还很远。提高研究成果的成熟性、配套性和工程化水平，节能降耗，降低生产成本，被用户接受，被市场接受都非常不容易。

南钢冶山矿业公司对该技术运用较好。原来的矿山尾矿库库满为患，大量占用农田，污染了环境，同时产生了滑坡、扬尘等潜在危害，严重制约了矿山发展。南钢冶山矿业有限公司地处南京市六合区，选矿后年排放约25万吨（干基料）的铁尾矿，目前尾矿库存近1000万吨。冶山铁矿尾矿库库容108万立方米，可继续多堆积尾矿162万吨，预计加高扩容工程费用为400万~500万元，按目前的排放量每年的尾矿排放运行费用达90万元，实现零排放后可降至6万元。利用目前所排放的铁尾矿作为主原料，掺入当地部分非耕地黏土（当地无其他更好的替代配料如页岩等），生产铁尾矿多孔砖是可行的。其年生产能力为6000万块（折标）铁尾矿模数砖，可消化铁尾矿12.6万吨，按现行市场销售价格，年创产值2217.6万元，获得利润127.9304万元（含税），安排就业168人，而且减少了铁尾矿排放占地，减轻了铁尾矿库区压力，保证其安全生产，保护了生态环境。该项目投产后将减少排放尾矿的运行费用，随着砖厂生产能力的扩大和产品延伸，选矿生产将逐步实现尾矿零排放，不仅有效地治理环境而且更好地提高了企业整体的经济效益。

4.1.4.4 矿山工程灾害研究和防治技术

矿山工程灾害研究和防治日益受到重视。矿山开采废石会加速水土流失，引发地表塌陷，山体滑坡；矿山抽排水会造成地下水位下降，矿区周围地下水资源枯竭；地下开采会诱发地震、岩爆、冒顶片帮、突水突泥、瓦斯爆炸、地面开裂及沉陷等；矿山剥离堆土、尾矿废渣堆集会引起地表环境污染、尾矿库溃坝、排土场失稳等，造成严重的泥石流。凡此种种，大都是矿山固体废物处理与处置不当所引发的。马鞍山矿山研究院、北京科技大学等国内为数不多的研究院所、高校一直坚持贴近现场、贴近生产、贴近矿山，从事尾矿坝、排土场安全稳定性研究，成功地处理了东北、西北、华东地区大中型矿山多次重大安全事故隐患，取得一大批重大科技成果。

4.1.4.5 矿山环境保护和生态恢复技术

矿产资源的开发应贯彻“污染防治与生态环境保护并重，生态环境保护与生态环境建设并举”，以及“预防为主，防治结合，过程控制，综合治理”的指导方针。为了加快矿山生态环境建设，“矿山固废”中心在马钢集团姑山矿业有限责任公司建立生态环境综合整治技术示范点（区），通过历时三年的编制矿山生态环境综合整治示范区的建设规划、开展矿山无尾排放工艺技术研究，全面推进加大尾矿利用力度、新老排土场、尾矿库废弃地生态重建、植被恢复技术研究，使矿区矿产资源得到持续有序利用，区域内经济产业的效率和效益趋于稳定，经济结构基本健康，投入产出比例协调，税后利润逐年增长，生态趋于平衡，将有效遏制矿山开发产生的生态破坏，并有利于矿山走可持续发展道路。

该项目已经中国冶金矿山协会鉴定，得到专家普遍肯定。该成果提出的探索矿山生态环境综合整治技术的示范模式，充分显示了模式的综合性、针对性和有效性，为老矿山的生态环境指明了道路。该项目已获得2005年中国钢铁工业协

会、中国金属学会科学技术二等奖，马鞍山市2006年二等奖。该项目的实施，成功解决了马鞍山市政府多年因尾矿库粉尘污染而引发的群体性上访事件，为稳定一方起到了至关重要的作用。

4.1.5 我国在金属矿山开发中存在的主要问题

（1）尾矿废石综合利用法律法规不健全：

1）对尾矿、废石属性的界定适用法律范围概念模糊；

2）尾矿权属不明，尾矿责任主体有待明确规范；

3）尾矿矿种的界定模糊。

（2）尾矿废石管理基础薄弱，投入不足，而且缺乏市场准入。矿山尾矿、废石的利用、治理涉及面广，需要进行大量的探索研究工作，尤其是老矿山累积的问题较多，经费困难，没能力解决长期遗留下的这许多方面的问题。搞综合利用、环境治理需要科技攻关，研究新工艺、新技术和新设备，许多矿山企业也同样缺乏这方面的能力。

同时，由于尾矿废石管理环节薄弱，目前在尾矿回收资源市场放开的形势下，有些社会闲散资金和一些不具备条件的企业，也加入了争夺尾矿资源的行列中。由于缺乏开采经验和选矿技术，不熟悉工艺流程，又无先进的设备，再加上监管不力，造成安全隐患和环境的二次污染，而且在一些地区有愈演愈烈的趋势。

（3）优惠政策不完善，执行力度不到位。我国政府一直鼓励二次资源的综合开发利用并制定了一系列鼓励政策和优惠经济政策，但缺乏针对矿业的特殊规定。如在立法中，把可享受经济优惠政策的综合利用产品界定为“设计规定外产品”，而且，还必须是“以废弃物为主要原料”的生产产品。因此，按照这种规定，许多矿山企业如铁矿选厂从尾矿中再回收铁、铅锌矿选厂从尾矿中再回收铅锌，以及利用部分尾矿作掺和料生产水泥等，均享受不到经济上的优惠。另外在实际操作中，存在对现有的优惠政策执行不到位的现象。如相当多的地方没有严格按国家规定的时间要求，禁止销售、禁止使用黏土砖，使尾矿、废石建材利用优惠政策难以真正落到实处。

（4）科学技术手段落后。多年来，综合利用领域由于产、学、研之间的脱节，未形成合力，再加上政府组织科技攻关力度不够，财政支持少，仅靠企业自有资金投入明显不够。大规模回收利用矿山废石和尾矿资源的新工艺、新技术，没有实质性的突破，不够成熟，同时缺少与之相配套的高效分选设备。

（5）资金短缺，融资渠道不畅。目前，国家没有专项资金扶助，原有的矸石综合利用专项资金已被取消，而新的融资渠道还没有形成，特别是商业银行对废石资源利用贷款条件苛刻，企业筹集资金困难，严重影响了尾矿废石资源的利用。

4.2 矿山固体废弃物引发的重金属污染与治理技术

金属矿山的废石、尾矿等固体废物，是造成矿山水体污染酸化，使水体含大量金属和重金属离子的主要一次污染源及二次污染源。金属矿山固体废物中含有多种有毒有害物质，如重金属元素及一些放射性元素等。这些有毒有害物质随着雨水流失，与废石中的含硫矿物引发的酸性废水一起污染水体（包括地表水和地下水）和土壤，并被植物的根部所吸收，影响农作物生长，造成农业减产。

金属矿山固体废物中的重金属元素，由于各种作用渗入到土壤中，会导致土壤毒化，造成土壤中大量微生物死亡，土壤逐渐失去腐解能力，最终变成“死土”。不少金属矿山的固体废物中还含有放射性物质，必须进行严格的处理，否则会使矿区及周围环境的污染范围扩大，引起严重后果。因此，对于矿山固废引起的金属污染必须采取积极的措施进行治理。

4.2.1 化学法

化学法主要包括化学沉淀法和氧化还原法。该法主要适用于处理重金属离子浓度含量较高的废水。

4.2.1.1 化学沉淀法

化学沉淀法在去除废水中重金属的应用最为广泛，其原理是通过化学反应使废水中呈溶解状态的重金属转变为不溶于水的重金属化合物，通过过滤和沉淀等方法使沉淀物从水溶液中去除。该法包括中和沉淀法、中和凝聚沉淀法、硫化物沉淀法、钡盐沉淀法、铁氧体共沉淀法。由于受沉淀剂和环境条件的影响，采用沉淀法处理后的出水浓度往往达不到要求，需作进一步处理。另外，产生的沉淀物必须很好地处理与处置，否则会造成二次污染。国内有人总结并改进了淀粉黄原酸酯—丙烯酰胺接枝共聚物高分子重金属絮凝剂，用新型的交联淀粉黄原酸酯—丙烯酰胺接枝共聚物（CSAX）高分子重金属絮凝剂进行除铜、除浊性能研究，研究表明，高分子重金属絮凝剂 CSAX 能有效地去除水中的 Cu^{2+}。钱功明等将天然磷灰石改性得到性能优良的颗粒水处理剂去除废水中铅离子，该水处理剂去除 Pb^{2+} 能力可达 100mg/L 以上，且不产生二次污染。

4.2.1.2 氧化还原方法

氧化还原法一般作为重金属废水的预处理方法使用。氧化还原法根据重金属离子的性质，分为两个方向。一是利用重金属的多种价态，在废水中加入氧化剂或还原剂，通过氧化、还原反应使重金属离子向更易生成沉淀或毒性较小的价态

转换然后再沉淀去除。常用的还原剂有铁屑、铜屑、硫酸亚铁、亚硫酸氢钠、硼氢化钠等，常用的氧化剂有液氯、空气、臭氧等。彭荣华等用绿矾作还原剂，电石渣作中和剂，对还原—絮凝沉淀法处理含铬电镀废水进行了研究，处理后的水样中各重金属离子浓度及总铬含量均低于国家排放标准。二是利用金属的电化学性质，在阴极得电子被还原，使金属离子从相对高浓度的溶液中分离出来。该方法有利于重金属回收，但消耗能量大。Armstrong 等研究表明：三十多种金属离子可从水溶液中电沉积到阴极上，包括贵金属和重金属。李峥等人采用微电解法处理含 Cr^{6+} 电镀废水，利用低电位的 Fe 与高电位的 C 在废水中产生电位差，形成无数微小原电池，在阳极生成 Fe^{2+}，Fe^{2+} 将 Cr^{6+} 还原成 Cr^{3+}，然后进行氧化絮凝沉淀，收到良好的处理效果并降低了成本。

4.2.2 物理化学法

物理化学法主要包括离子交换法、吸附法和膜分离技术。该法主要适用于处理重金属离子浓度含量较低的废水。

4.2.2.1 离子交换法

离子交换法是交换剂上的离子同水中的重金属离子进行交换，达到去除水中重金属离子的目的。离子交换法是一种重要的电镀废水治理方法。随着新型大孔型离子交换树脂和离子交换连续化工艺的不断涌现，在镀镍废水深度处理、高价镍盐的回收等方面，离子交换法越来越展现出其优势。天津经济技术开发区电镀废水处理中心采用离子交换车载移动处理装置对电镀废水进行处理，取得了不错的效果。

4.2.2.2 吸附法

吸附法是应用多孔吸附材料通过离子螯合、络合等作用吸附废水中重金属的一种方法。活性炭是传统常用的吸附剂，对重金属的吸附能力强，去除率高，但价格贵，应用受到限制。近年来，人们寻找了许多天然吸附剂，如膨润土、矿物材料、果胶等并研制了很多新型吸附剂。吸附法不但对重金属的吸附效果好而且操作简单，吸附剂可循环利用。郑怀礼等探讨了自制有机高分子重金属捕集絮凝剂 Cu3 号对铜离子、铅离子的捕集机理，研究了其处理含铜离子、铅离子废水的处理条件，处理后的废水可达国家一级排放标准。田忠等以 $NaHSO_3$ 作还原剂，重金属捕集沉淀剂 DTCR 作螯合剂，处理含有重金属离子的电镀废水，处理后的废水达国家排放标准，且沉淀溶出率低，化学性质稳定，不会造成二次污染，是一种有效的电镀废水处理方法。

4.2.2.3 膜分离技术

膜分离法具有节能、无相变、设备简单、操作方便等优点，已被用于电镀废水处理及有效物质回收等方面。膜分离技术在重金属水处理中的应用包括电渗析法、液膜法、纳滤法、超低压反渗透法、胶束增强超滤法等。电极极化、结垢和腐蚀等是膜分离法在运行中遇到的问题。黄万抚等利用反渗透法处理矿山含 Cu^{2+} 废水，试验研究表明该技术能实现废水净化并可回收其中的重金属。陈桂娥等用纳滤膜处理镀铬废水，在低压和废水浓度较低的情况下，CrO_4^{2-} 的截留率可达 99% 以上，达到了回用目的。任源等制备 γ-Al_2O_3 微孔陶瓷膜处理电镀废水，经处理后水中 Ni、Cu、Cr 的浓度满足处理要求。

4.2.3 生物法

生物法包括生物絮凝法、生物吸附法、植物修复法等。微生物处理含重金属废水，成本低、效益高、不造成二次污染、有利于生态环境的改善，在污水解毒方面有特殊的竞争优势。

4.2.3.1 生物絮凝法

生物絮凝法是利用微生物或微生物产生的代谢物，进行絮凝沉淀的一种除污方法。微生物絮凝剂是由微生物自身构成的，具有高效絮凝作用的天然高分子物。目前开发出具有絮凝作用的微生物有细菌、霉菌、放线菌、酵母菌和藻类等共 17 种，其中对重金属有絮凝作用的有 12 种。淀粉黄原酸酯，特别是对不溶性淀粉黄原酸酯能从水溶液中吸附和解吸重金属、氰化物等，是性能优良的天然高分子有机改性絮凝剂，处理废水时因无残余硫化物存在，在处理污水中重金属研究已成为国内外研究热点。张娜等以天然高分子壳聚糖复配而成新型高效复合絮凝剂，在不同的工业污水处理中的应用表明，该絮凝剂对重金属离子的去除率可提高 10% ~20%，且成本也大幅度下降。

4.2.3.2 生物吸附法

生物吸附是经过一系列生物化学作用使重金属离子被微生物细胞吸附的过程，这些作用包括络合、螯合、离子交换、吸附等。S. Kiliôarslan 等利用 *Bacillus* sp. 对 Cr^{6+}、Pb^{2+} 和 Cu^{2+} 进行吸附研究，确定了适宜的吸附条件，Pb^{2+} 的吸附效果明显。张玉玲等利用牛肉膏蛋白胨培养基培养 ZYL 霉菌对吸附水体中 Cr^{6+}、Cd^{2+} 研究表明，ZYL 霉菌可用于低温水体中 Cr^{6+}、Cd^{2+} 的去除。藻类对重金属离子具有很强的吸附力。在一定条件下绿藻对 Cu、Pb、Cd、Hg 等重金属离子的去除率达 80% ~90%。苏海佳等将菌丝体作为核心材料，表面包覆壳聚糖薄膜作为吸附介质制备了新型菌丝体包覆吸附剂，不但提高了吸附能力而且降低了水处理剂的生产成本。

4.2.3.3 *植物修复法*

植物修复是一种利用自然生长的植物或者遗传工程培育植物修复重金属污染环境的技术总称。植物去除重金属污染的修复方式有三种：植物固定、植物挥发和植物吸收。通过植物提取、吸收、分解、转化或固定土壤、沉积物、污泥或地表、地下水中有的重金属。相对于其他技术，植物修复更适合应用于大面积已污染的水体治理方面，该法实施较简便、成本较低和对环境扰动少。目前，植物修复法在治理土壤中重金属污染方面应用比较广泛。

4.3 矿山固体废物综合利用

有色金属工业固体废物的综合利用，主要是指在开发自然资源的过程中，各种共生或伴生资源的综合利用；在冶炼或加工过程中废弃物的回收利用，以及产品使用过程中废弃物的再生利用等。

4.3.1 有色金属矿山废石、尾矿综合利用

4.3.1.1 *尾矿废石综合利用的必要性*

尾矿资源是金属矿山废弃物中数量最大，综合利用价值最高的一种资源，将尾矿丢弃不仅需要占用大量土地，给周围的生态环境造成很大的伤害，而且要投入各自处理和维护费用。而进行尾矿资源的综合回收与利用，不仅可以充分利用矿产资源，扩大矿产资源利用范围，延长矿山服务年限；也是治理污染、保护生态的重要手段；还可以节省大量的土地和资金，解决就业问题，造福于人类社会，实现资源效益、经济效益、社会效益和环境效益的有效统一。

尾矿废石能带来经济效益，同时也能对环境造成较大的负面影响，主要体现在矿山尾矿会直接造成环境污染，如：原矿直接携带超标污染物质，如放射性元素及其他有害组分；选矿过程中使用的化学药剂残存于尾矿并与其中某些组分发生反应，产生新的污染源；在地表堆放条件下，尾矿发生氧化、水解和风化等变化，使原本无污染的组分转变为污染组分，如有色金属矿山普遍存在的某些重硫化物；流经尾矿堆放场所的地表水，通过与尾矿相互作用，溶解某些有害组分并携带转移，造成大范围污染；由于金属矿山尾矿颗粒极细，排出的尾矿干涸后经风力携带极易扬尘造成污染；某些矿山尾矿直接排泄于湖泊、河流，污染水体，堵塞河道，引发大灾害。

矿山尾矿废石会占用大量土地，目前，除了少部分尾矿得到应用外，多数尾矿只有堆存而未被利用，从而占用了大量土地资源。随着数量的增加，占用土地面积必将会继续扩大。尾矿废石易产生安全隐患，由于尾矿库堆料超过库容、超龄服役，或遇山洪暴雨，或设计不合理，或安全措施不到位等原因，可引起塌

陷、滑坡，造成尾矿库溃坝，带来泥石流灾害。尤其是坝高超过100m的大型尾矿库，一旦发生事故，造成的破坏将相当严重。

尾矿如果不能得到及时的解决会存在一系列的问题，同时堆存的过程中还需要有妥善的措施去维护和管理，这都需要一定的经费，据有关专家估算，我国冶金矿山尾矿堆放的基建费1~3元/吨、经营管理费为3~5元/吨，每年堆放尾矿需花费10亿~15亿元，给国家和企业造成严重的经济负担。

因此，在全球矿产资源供应紧张的局势下，开发利用好长期累积的大量尾矿是我国矿业可持续发展的必然选择。

4.3.1.2 *尾矿废石综合利用途径*

A 回收尾矿中有用价值

尾矿中大多含有各种有色、黑色、稀贵、稀土和非金属矿物等，是宝贵的二次矿产资源，有待进一步的开发，回收。例如，从铜尾矿中可选出铜、金、银、铁、硫、萤石、硅灰石、重晶石等多种有用成分；从锡尾矿中也能回收铅、锌、锑、银等金属元素。仅就从铁尾矿中回收精铁矿而言，全国铁尾矿品位平均11%，最高达27%，如以回收品位达61%的铁精矿，产率2%~3%计算，每年从铁尾矿中就可增产300万~400万吨铁精矿，相当于投资几十亿元建设的一个大型联合企业。

据1988年有关资料报道，云南锡业公司已累计堆存尾矿1.28亿吨。据估算此尾矿中含锡19.2万吨，并伴有铅90万吨，铜、锌各10万吨，钨、铋8000吨，铁近10万吨，这是云锡重要的后备资源。该公司有一个50t/d的试验车间专门对老尾矿进行半工业试验，两个选矿工段处理老尾矿。1971年至1985年底，共处理老尾矿1123623t，共回收精矿及富中矿、贫中矿含锡1286.407t，铜精矿含铜443t。

白银有色金属公司1979年2月建成了日处理3000t的选矿系统，处理浸染铜尾矿。经5年实践，能产出品位40%的优质硫精砂，硫的回收率80%以上，使原来未被利用的硫回收利用，1980~1984年累计获利360万元。铜陵有色金属公司主要利用老选厂原有设施，增建回采、运输及选矿系统。建成了年处理尾矿能力30万吨，产硫精矿（35%）3万吨，铁精矿（60%）4万吨的从老尾矿再选回收硫铁的设施。自1975年投产至1986年，已完成尾矿处理量424.3万吨，生产硫精矿56.3万吨、铁精矿77.1万吨，创利润2281万元。

大冶有色金属公司铜绿山铜矿、赤马山铜矿从尾砂中回收铁；丰山铜矿从尾砂中回收金；新冶铜矿从尾砂中回收白钨等。其中铜绿山铜矿的尾砂强磁选铁工程，铁的回收率达71%，投产5年，已累计生产铁精矿50多万吨，创利2000万元。中条山有色金属公司从选矿厂废渣中回收金。在铜的选矿过程中，常有部分

伴生金积存并富集在浮选作业各部位的废渣中，尤其在废旧浮选机底部的沉砂、精矿泡沫输送管的结垢及浮选泡沫槽的结垢中含金最多。这种固体废物每年约5～6t，每吨含金平均为1200g。采用酸浸除杂—重选富集—火法熔炼的回收工艺，最后可得85%以上的合质金，回收率85%～90%，每年可回收黄金5kg，盈利20万元。

宜春钽铌矿从生产钽铌精矿的重选尾矿中回收锂云母、长石粉，于1976年建成了一座日处理100t重选尾砂的锂云母浮选综合回收车间，到1990年销售锂云母精矿达18986t，长石粉61844t。“七五”期间锂云母精矿累计8.83万吨、长石粉36.24万吨，综合回收创产值占工业总产值的31.85%。石铜矿用重磁选铁精矿工艺从离析浮选产生的尾矿中回收铁精矿，获得含铁55%以上的铁精矿，产率10%，回收率20%。

水口山矿务局由选矿过程的铅中砂尾矿中提取成品金。瑶岗仙钨矿从尾矿中回收铜和银。江西德安锑矿用废石浮选有价金属，选出锑精矿品位为40%，回收率达83.1%。

B 尾矿、废石用于井下充填

尾矿、废石作充填料用于井下充填或回填采空区，矿山采空区的回填是直接利用尾矿最行之有效的途径之一。一般每采1t矿石需要回填0.25～0.4m^3废石并用尾矿做充填料，其充填费仅为碎石水力充填费用的1/4～1/10。不仅解决了尾矿排放问题，减轻了企业的经济负担，还取得了良好的社会效益。有的矿山由于地形的原因，不可能设置尾矿库，将尾矿填入采空区就更有意义。

金川龙首矿在细砂胶结充填中，采用粒径3mm以下棒磨尾矿作充填料，效果很好，自1972～1981年已充填56.2万立方米。凡口铅锌矿1985～1986年两年共产出尾砂62万吨，用于充填的有24.8万吨，利用率40%。采矿废石产出14.3万吨，用于充填1.79万吨，利用率13%。

云南锡业公司利用地面、井下产出的废石，经磨细加工成合格细砂，作为井下充填骨料。该工艺自1989年投入运行至1990年底，已利用废石91205t（折合32573m^3废石），减少了地面废石堆积面积和对环境的污染，比到外地运细砂作充填骨料节省成本约60万元。

大冶有色金属公司铜绿山铜矿利用尾矿作井下胶结充填的原料。自1980年5月胶结充填系统建成投产以来运转一直正常，每天可处理尾矿320t左右（全年约10万吨）。

近10多年来，随着在充填料制备、输送技术、充填材料开发和充填回采工艺技术等方面均取得了长足的发展，加之井下无轨自行设备的广泛应用，我国充填技术达到了世界先进水平，充填采矿法现已成为我国一种高效的开采方法。目前，我国应用充填采矿法的有色金属矿山占1/4左右。

C 尾矿库、废石场复垦植被及建立生态区

矿山土地复垦已经成为矿山环境综合治理的一项重要技术，国外对矿山环境治理中土地复垦技术的研究主要是基于生态恢复技术手段的研究与实践，多涉及植被恢复、土地复垦中矿山排放物中有毒物质处理、土地复垦后植物生长机理等方面，侧重矿山生态系统恢复的研究。

中条山有色金属公司在篦子沟铜矿的莫家洼和韩家沟两个服役期满的矿山已开始闭库造田，运土约14万立方米，覆盖土层平均厚度约400～600mm，共造田286681多平方米。经多年耕作，种植的蔬菜、瓜果、粮食都获得了好收成，收获的小麦、玉米等经化验含重金属毒物都未超过国家食品卫生标准，且尾矿库被绿色植物覆盖后，提高了当地空气湿度，空气中粉尘浓度大大降低。这两个尾矿库已列为北京矿冶研究总院与澳大利亚合作创办的中澳矿山废弃物管理研究中心的试验研究基地。

辽宁芙蓉铜矿、桓仁铅锌矿利用尾矿库造田86671m^2，在尾矿库上铺盖150～250mm厚的土层，种植高粱、玉米、大豆、土豆等农作物，一般长势很好。高粱、玉米平均亩产100～150kg，白薯、土豆500多千克，且很少有病虫害。

盘古山钨矿在停用的尾矿库进行复垦，建起了一座旱冰场，矿区公园也有一部分坐落在此尾矿库上。对坝坡进行了多年种植试验，完成了6000m^{2}以上的坝坡种植绿化。

西华山钨矿发动职工义务劳动将已封闭的尾矿库进行复垦种植，复垦面积1万平方米以上。

郑州铝厂小关铝土矿，1964～1977年在废石场复田480024m^2，做到了当年复田，当年播种，当年收获。经3年种植后恢复到原来同类耕地的产量。

山西铝厂孝义铝矿从1988年开展复垦研究工作。被国家土地局列为国家土地复垦点，中国有色金属工业总公司决定该矿为总公司重点复垦企业之一。北京矿冶研究总院、孝义铝矿和中国科学院生态环境中心三个单位团结协作，在孝义铝矿开展了复垦的科学试验研究，应用生态学原理和系统工程方法，多学科交叉、相互配合，将工程复垦与生物复垦相结合，实验室研究与现场试验相结合，建立了剥采、排土与复垦联合新工艺系统。复垦材料就地使用非常贫瘠的采矿剥离岩土，在国内首先应用了当代国际最新的内生真菌根技术，使土壤活性增加，很快达到熟化，首次使我国有色矿山复垦周期缩短到3～5年。短短4年孝义铝矿共复垦土地786706m^2，由于土壤中化学营养素有利于植物吸收，并增强了植物抗逆能力，复垦地的生产能力比一般农田提高10%～40%，取得了显著的经济和生态效益。该课题1996年通过了国家科委组织的验收鉴定。专家们认为：该课题在有色金属矿山复垦方面达到国内领先水平，在采用生物措施进行有色金属矿山复垦方面达到国际同类研究工作的先进水平。

D 尾矿用于制砖

由于实心黏土砖需要使用大量的黏土，不仅破坏了环境，也减少了有限的耕地，国家开始制定法规来限制生产使用实心黏土砖。我国在尾矿制砖方面进行了积极有效的探索，取得了可喜成果，既可生产建筑用砖，也可生产路面、墙面装饰用砖。

马鞍山矿山研究院采用齐大山、歪头山的尾矿成功地制成了免烧砖。焦家金矿于 1996 年投资 2000 万元引进国家“双免”砖生产技术，每年消耗尾矿 6 万吨。同济大学与马钢孤山铁矿合作，研制出装饰面砖，更适合作外墙贴面砖，还可调入不同色彩颜料做成彩色光滑面砖，代替普通瓷砖、人造大理石等作室内装饰用。

4.3.2 赤泥综合利用

4.3.2.1 赤泥的基本情况

赤泥是制铝工业从铝土矿中提取氧化铝后的弃渣，因含有氧化铁，表面呈赤色泥状故称“赤泥”。赤泥为强碱性残渣，属有害渣，赤泥中放射性物质按可比性放射强度计，总 α 值在 $3.7\times10^{10}\sim1.1\times10^{11}$ Bq/kg，不属于放射性废渣。我国生产氧化铝有烧结法、拜耳法和联合法三种方法。由于生产氧化铝方法的不同，产出的赤泥性质及被综合利用的状况也不相同，目前我国能被综合利用的一般是烧结法产出的赤泥。每生产 1t 氧化铝，大约产生赤泥 0.8 ~ 2.0t，随着我国铝土矿品位越来越低，生产每吨氧化铝所产生的赤泥量也越来越多。预计到 2015 年，累计堆存量将达 3.5 亿吨。

目前，我国赤泥的综合利用率只有约 4%。开展赤泥综合利用，是落实科学发展观，转变经济发展方式，发展循环经济，建设资源节约型和环境友好型社会的重要体现，是解决赤泥堆存造成环境污染和安全隐患的治本之策，也是我国氧化铝工业可持续发展的必由之路。

赤泥的颗粒直径 0.088 ~ 0.25mm，密度 2.7 ~ $2.9t/m^3$，容重 0.8 ~ $1.0t/m^3$，熔点 1200 ~ 1250℃。赤泥主要组分是 SiO_2、CaO、Fe_2O_3、Al_2O_3、Na_2O、TiO_2、K_2O 等，此外还含灼减成分和微量有色金属等。由于铝土矿成分和生产工艺的不同，赤泥中成分变化很大。赤泥中还含有丰富的稀土元素和微量放射性元素，如铼、镓、钇、钪、钽、铌、铀、钍和镧系元素等。赤泥主要成分不属对环境有特别危害的物质，赤泥对环境的危害因素主要是其含 Na_2O 的附液。附液含碱 2 ~ 3g/L，pH 值可达 13 ~ 14。赤泥附液主要成分是 K、Na、Ca、Mg、Al、OH^-、F^-、Cl^-、SO_4^{2-} 等多种成分，pH 值在 13 ~ 14 之间，赤泥对环境的污染以碱污染为主。

长期以来，赤泥因含碱量高等原因，其综合利用已成为世界性难题。我国一直重视赤泥综合利用工作，开展了多学科、多领域的综合利用技术研究工作。赤泥的成分、性质的差异，决定了不同的赤泥利用方法。赤泥及其附液具有强碱性，同时含有可再生利用的氧化物和多种有用金属元素，成为赤泥再生利用的基础。赤泥中含有较高的 CaO、SiO_2，可用来生产硅酸盐水泥及其他建材；利用其 SiO_2、Al_2O_3、CaO、MgO 的含量特征及少量的 TiO_2、MnO_2、Cr_2O_3 可以生产特种玻璃；同时，赤泥中含有丰富的铁、钪、钛等有价金属离子；赤泥具有强碱性及铁矿物含量较高、颗粒分散性好、比表面积大、在溶液中稳定性好等特点，在环境修复领域具有广阔的应用前景。

4.3.2.2 赤泥综合利用途径

对于赤泥的综合利用有以下几种途径：

（1）用赤泥生产硅酸盐水泥、油井水泥及抗硫酸水泥。山东铝厂从 1957 年开始进行赤泥综合利用研究，1988 年以前就已形成了年产 110 万吨大型水泥厂生产能力，并在生产普通硅酸盐泥中赤泥的配量为 25% ~35%；同时还能生产抗硫酸水泥，主要用于盐化工业防腐蚀设施和水下工程，尤其适应沿堤坝工程，这种水泥赤泥配入量可达 60%。此外还能生产油井水泥，用于油井工程。山东铝厂 1987 年共产出赤泥 62.82 万吨，已被利用的有 32.37 万吨，利用率约 52%。

郑州轻金属研究院等单位把联合脱碱赤泥用作活性混合材料生产水泥的工业试验获得成功，克服了其他混合材料水泥凝结时间长、早期强度低等缺点。赤泥配比达 35%，可生产 425 号以上高标号水泥，且能回收碱和水，经济效益显著。

（2）用赤泥生产流态自硬砂硬化剂。山东铝厂与原一机部铸锻研究所合作研究利用赤泥试验成功铸造用流态自硬砂硬化剂，这种赤泥硬化剂造型强度较其他硬化剂大，一般 8h 的强度达 $8kg/cm^2$。赤泥在自硬砂硬化剂中配入 4% ~6%。

（3）生产赤泥硅钙肥。赤泥中除含有较高的硅钙成分外，还含有农作物生长必需的多种元素，用赤泥生产的碱性复合硅钙肥料，可以促进农作物生长，增强农作物的抗病能力，降低土壤酸性，提高农作物产量，改善粮食品质，在酸性、中性、微碱性土壤中均可用作基肥，特别是对南方酸性土壤更为合适。在江西景德镇试验表明：水稻增产 12% ~16%，在山东济宁等地试验也表明：对水稻、玉米、地瓜、花生等农作物均有增产效果，一般为 8% ~10%。

（4）生产赤泥塑料。用赤泥作塑料填充剂，能改善 PVC 的加工性能，提高 PVC 的抗冲击强度尺寸稳定性、黏合性、绝缘性、耐碱性和阻燃性。此外，这种塑料有良好的抗老化性能，比普通 PVC 制品寿命提高 3 ~4 倍，生产成本低 2% 左右。根据山东淄博市罗村塑料厂试制和生产赤泥聚乙烯塑料证明：山东铝厂烧结法产出的赤泥对 PVC 树脂有良好的兼容性，是一种优质塑料填充剂，可取代轻质碳酸钙且可起部分稳定剂作用。郑州轻金属研究院用郑州铝厂混联法生产的

赤泥、山东铝厂烧结法赤泥及该院氧化铝厂拜耳法赤泥均可作 PVC 复合材料填充剂。研究结果认为：赤泥作为普通 PVC 复合材料的填充剂有实际意义。突出优点是成本低，在提高材料的抗低温和光热老化性、耐磨性等方面均有明显效果，抗张强度也有较大幅度提高。用拜耳法赤泥作 PVC 复合材料填充剂更优于混联法及烧结法赤泥。

(5) 生产炼钢用的赤泥保护渣。山东铝厂生产的赤泥保护渣在首钢应用获得理想效果，其主要技术指标可达到或超过国内外现有保护渣的水平。

(6) 用赤泥生产釉面砖。山东淄博市新村材料研究所和淄川建材厂联合研制釉面砖，于 1982 年 12 月进行评议，认为配料中掺入 10% ~20% 赤泥烧制的釉面砖，各项技术指标均达到了部颁标准（JC200—1975）和企业标准，并能节约能源、降低成本。

北京矿冶研究总院用贵州铝厂拜耳法产出的赤泥试制了釉面砖，赤泥掺入量接近 40%，产品的物化性能指标均达到了部颁（GB 4100—2006）釉面砖标准。

(7) 新时期赤泥利用的方向。赤泥的综合利用是一项世界性的难题，必须由政府、企业、科研机构等多方的力量共同进行解决。主要措施有：加强政策引导和资金支持；加强赤泥综合利用的基础研究与科技攻关，建立赤泥综合利用标准体系；加强组织协调，扎实推进工作；加强国内外交流与合作。我国氧化铝生产因采用不同的生产技术而导致赤泥性质有很大差别，加大了综合利用的难度。而且对赤泥的某种用途有无开发价值，很大程度上取决于其产品附加值的高低，若开发的产品与被替代的同类产品相比无价格上的优势，则难于产生较好的经济效益。

赤泥开发利用前必须系统分析其对环境的影响，尤其对人体的危害，建立环境评价分析标准，积极开发赤泥“整体利用”技术，避免赤泥利用过程的二次污染。赤泥的综合利用是实现赤泥零排放的基本原则，在今后的研究中需要进一步探索新途径和提高新产品的附加值。

目前我国对赤泥的综合利用十分重视，加强赤泥综合利用交流与合作，引进和吸收国外先进经验和适用技术，建立赤泥综合利用技术和经验交流推广机制，促进赤泥综合利用产业良性循环，提升赤泥综合利用水平势在必行，力争到2015年我国赤泥综合利用率达到 20%。

4.3.3 冶炼渣综合利用

4.3.3.1 冶炼渣基本情况

有色冶金废渣指有色冶金提取铜、铅、锌、锑、锡、镍等目的金属后排出的固体废弃物。按照冶炼过程可以将有色冶金废渣分为湿法冶炼废渣和火法冶炼废渣。湿法冶炼废渣就是指从含金属矿物中浸出了目的金属后的固体剩余物，火法冶炼废渣指含金属矿物在熔融状态下分离出有用组分后的产物。按照金属矿物的性质可以将有色冶金废渣分为重金属渣、轻金属渣和稀有金属渣。有色冶金废渣的成分，随矿石性质和冶炼方法不同而异，一般主要为含铁和含硅的炉渣。同时还含有不同数量的铜、铅、锌、镍、镉、砷、汞等，有时还含有少量金、银等贵金属。

我国是有色金属生产大国，据国家环保局的统计，2004 年我国的有色冶炼废渣为 1136 万吨（其中有色金属采矿业为 78 万吨；有色金属冶炼及延压加工业为 1058 万吨），有色冶炼尾矿 11987 万吨（有色金属采矿业为 9870 万吨；有色金属冶炼及延压加工业为 2117 万吨）。总体来说，冶金废渣的数量巨大，成分相对复杂。国有色冶金废渣的处理主要以露天堆放为主，综合利用率较低，平均利用率约为 45%，如此多的有色冶金废渣的堆放给我国带来了占用土地、污染土壤、污染水体等一系列的社会问题。而且所谓的废渣并不是完全没用的物质，而是在一定时间和地点被丢弃的物质，是放错地方的资源。如果我们能很好地把这些有色冶金废渣加以利用，使其资源化、无害化，变废为宝，那么对减少废渣占地和改善环境、节约资源及对企业可持续发展都具有现实意义。

4.3.3.2　冶炼渣综合利用途径

对于冶炼渣的综合利用有以下途径：

（1）从冶炼渣中回收有用金属。大多数冶金企业在冶炼中提取出目的金属以后，其他的有价金属一般都进入渣中。目前，有色冶金废渣中金属回收主要采用选冶、火法冶炼和湿法冶炼等技术。据统计，世界上已利用的 64 种有色金属中有 35 种是作为副产品回收的。有色金属冶炼企业通过综合回收创造的产值占总产值的比重为：铜系统约 25%，铅系统约 12%，锌系统约 20%～25%。通过综合利用使有色金属产量增长 20%～30%。但是这些回收技术还存在一定的局限性，如还没有很好地解决污染问题、能耗问题等。

江西贵溪冶炼厂每年产出转炉渣约 8.9 万吨，于 1986 年 6 月建成转炉渣选矿车间正式投产，采用浮选工艺从转炉渣中回收铜，同时还能富集渣中的金和银。采用选择性碱浸—酸中和—电积法从铜冶炼中和渣中提炼精碲，在浸出阶段抑制铅的溶出，通过净化除砷、硅和其他重金属，TeO_2 煅烧脱硒。在浸出工序选择性溶浸碲，浸出率达 96%～97%，铅、硅，砷很少溶出，大部分抑制在浸出渣中，浸出渣通过酸性浸出生产碲粉，酸性渣含碲小于等于 1%，碲的回收率大于等于 95%，全流程碲的直收率大于等于 80%。

北京冶炼厂先从炉渣中浮选出铜精矿，再将铜精矿置于阳极区进行电解，阴极产出铜粉，电解液中和除杂质后用 P204 萃取分离铜、锌，生产硫酸锌，铜总回收率为 90%，锌总回收率为 81%～83%。

白银有色金属公司从冶炼炉废镁砖中回收铜和氧化镁。西北矿冶研究院将白银公司原处理铅浮渣的苏打—硫精砂熔炼法改为苏打—铅精矿熔炼法后，使粗铅、金和银的直收率分别由原来的76.5%、44.2%和82.95%提高到87.76%、63.98%和95.77%。每年多回收粗铅500余吨及金和银若干。

成都电冶厂利用密闭鼓风炉处理该厂各种废渣，1961~1987年已处理各种废渣12065t，生产出含镍50%的高冰镍6854t，回收SO_2生产亚硫酸铵2570t，获利约66万元。

葫芦岛锌厂利用旋涡炉处理蒸馏残渣，自1992年开始建热电厂，1994年8月竣工投入试生产后，该厂的蒸馏残渣已全部处理回收利用。

沈阳冶炼厂湿法炼锌车间产出的回转窑渣送铜冶炼及铅冶炼车间回收铜、银、金。该厂每年产出锌窑渣约为1.1万~1.2万吨，每年平均能从此渣中回收金15kg、银8t、铜26t，获经济效益400万元以上。

水口山矿务局第三冶炼厂在生产电铅过程中，每年产出铅鼓风炉电热前床水淬渣3.7万吨，用5.1m^3的烟化炉处理，可回收铅791t、锌3148t，创经济效益约400万元。

锡矿山矿务局从锑砷碱渣中回收金属锑，1988年5月至1989年底，共处理锑砷碱渣1470t，回收金属锑565t，获利税约500万元，此外还得到副产品砷酸钠混合盐100t，它可以代替白砒用作玻璃工业的澄清剂。

云南锡业公司第二冶炼厂将第一冶炼厂在锡冶炼过程中产出的有毒砷、锑、铝、锡渣，经焙烧、水浸、熔炼、中频坩埚炉熔铸等工艺处理后得到锡铅焊料、锡锑铜轴承合金，砷渣用作生产白砷原料。该厂1989年处理砷、锑、铝、锡渣658.5t，产出巴氏轴承合金403t，锡铅焊料17t，按1990年价格计算，产值1250万元，年利税125.9万元。第三冶炼厂锡铅阳极泥采用联合流程处理，产出的硝酸渣金银含量低，根据物料特性，先经氧化焙烧，焙砂再经硫酸化焙烧，浸出，从浸出液中提取银。浸出渣在硫酸及盐酸组成的低酸度混酸溶液中，加入氯化钠，使金优先浸出，得到的金粉、银粉都能达到99.99%。金的回收率达98%以上，银的回收率超过95%。

株洲硬质合金厂主要生产硬质合金、钨、钼、钽、铌及其加工产品。该厂钨冶炼系统采用碱压煮工艺生产仲钨酸铵及蓝钨时产出钨渣，钨渣用火法—湿法联合流程处理，即钨渣还原熔炼得到含铁、锰、钨、铌、钽等元素的多元铁合金（简称钨铁合金）和含铀、钍、钪等元素的熔炼渣。钨铁合金用于铸铁件，熔炼渣采用湿法处理，分别回收氧化钪、重铀酸和硝酸钍等产品。

株洲硬质合金厂在钨湿法冶炼工艺中，采用镁盐法除去钨酸钠溶液中的磷、砷等杂质时会产出磷砷渣。将此渣经过酸溶、萃取、反萃、沉砷等综合利用工艺，可回收钨的氧化物及硫酸镁。最后产出砷铁渣为原磷砷渣的1/11，且其渣型稳定，不溶于强碱、弱酸，容易处理。平桂矿务局在生产锡过程中，由粗锡精炼加硫酸除铜时产出高铜渣。将高铜渣采用焙烧—过滤浸出，浸出液经电积回收铜，浸出渣返回熔炼回收锡的工艺流程。每年能回收铜 20t，精锡 108t。

赣州冶炼厂从含钪炉渣中提取氧化钪。此厂以生产钨、钴系列产品为主，并生产工业氧化钪。在生产钨系列产品工艺中将黑钨精矿球磨、碱煮、压滤后会产出含铁、锰、钪的碱煮渣，此渣经反射炉焙烧，再经电炉还原熔炼后，得到钨铁锰合金和含钪炉渣。含钪炉渣经硫酸浸出，浸出渣作水泥原料，浸出液经萃取、反萃取、酸溶解、沉淀等一系列工艺后，可得到工业级氧化钪，再经一系列精炼后可得高纯氧化钪。赣州冶炼厂是我国氧化钪产量最大的生产厂。

（2）有色冶金废渣作井下填充材料。矿山在开采出矿石以后，必须对开采完的坑井进行回填。要做到既经济又实惠，如何选用充填材料就成了必须关注的问题。广西柳州华锡集团所属的铜坑矿已在应用有色冶炼炉渣代替部分水泥作胶结材料用于井下充填的试验研究，并获得成功。此外，铜渣在充填中既可以代替黄沙作骨料，也可以经过细磨后代替硅酸盐水泥作为活性材料。在湖北大冶铜绿山矿和安徽铜陵金口岭等矿山都有应用。利用有色冶金废渣作井下充填材料，不仅解决了有色冶金废渣的利用问题，而且还能解决填充的成本问题。但是，目前的有些回填技术达不到无害化的要求和标准，可能存在对环境和地下水的污染，而且有些废渣中的有价金属未被回收，造成资源的浪费。

（3）有色金属废渣在玻璃工业中的运用。有色冶金废渣的主要成分有 SiO_2、CaO、Al_2O_3、MgO 等，和玻璃同属于硅酸盐材料体系，具有共同的多相平衡的热力学相图基础。将有色冶金废渣作为引入玻璃配合料中 Al_2O_3 的主要原料，可以制造平板玻璃、器皿玻璃、矿渣微晶玻璃、琥珀色玻璃、玻璃纤维、玻璃马赛克等，在玻璃工业中具有相当广泛的应用前景。国内外对用冶金废渣生产玻璃材料进行了大量研究。研究表明，用有色冶金废渣制成的玻璃材料具有优良的机械力学性能、耐磨性能和耐腐蚀性能，有良好的应用前景。但是，有色冶金废渣的化学成分稳定性较差，使用废渣做玻璃原料时，应做预均化处理。同时在利用有毒废渣制备玻璃时，应采取无毒化措施，以消除对环境的二次污染。

炼锑反射炉渣用于生产蒸汽养护砖。沈阳冶炼厂将砷钙渣经处理后用于玻璃工业，代替白砒作澄清脱色剂，生产出质量合格的玻璃。

（4）有色金属废渣在墙体材料方面的应用。有色冶金废渣含 Fe_2O_3、CaO、SiO_2 等化合物，可作为生产砖、砌块等建材的原料。国内研究人员主要通过高温烧结和常温压制成型两种方法生产多种墙体材料。研究表明，利用镁渣制成的标准砖强度等级达到 MU10 ~ MU15 黏土砖的标准要求。其体积密度、吸水率均较小，经多年观察未发现强度降低和胀裂、掉角、粉化等现象，完全可以代替黏土砖使用。以镁渣为胶集料配制的空心砌块与同类砌块相比密度小而强度高，符合

优等品的要求，同时，其吸水率小，软化系数较高，抗冻性也符合要求。

（5）有色冶金金属废渣在水泥业中的应用。利用冶金废渣生产水泥是目前研究较多、较深入的一种废渣利用方法。很多冶金废渣的主要成分为 SiO_2、CaO、Al_2O_3、MgO 及 Fe_2O_3 等，虽然还含有其他一些杂质，但是只要控制加入量就适宜于水泥的生产。我国对有色冶金废渣用于生产水泥进行了大量研究并取得了丰硕成果。研究表明，可以利用有色冶金废渣作水泥生产中的石灰质原料、校正原料及矿化剂等来制备各种水泥。有色冶金废渣应用于水泥生产中，可以改善熟料的各项性能，大幅提高熟料各龄期的强度及降低熟料烧成热耗，从而能较大幅度降低水泥的生产成本。

有色冶金废渣在水泥行业中除了作原料生产水泥外，还可以作为水泥的混合材使用。研究表明，水淬急冷的镍渣，由于其玻璃相中含有少量的 CaO、Al_2O_3，因而在碱性介质的激发下具有潜在的水硬性，可以作为水泥的混合材。黄从运等做了利用镁渣作混合材生产复合硅酸盐水泥试验研究。研究表明，在有水泥外加剂的情况下，混合材用量大于 40%，其中 50% 用镁渣替代水渣仍能生产高标号复合硅酸盐水泥。铅渣也可以在水泥生产中代替部分混合材使用。在磨制水泥时，掺入部分水淬铅渣代替矿渣作混合材，可以提高水泥的耐磨性，减少干缩，使颜色较深。

中条山有色金属公司、白银公司、铜陵公司、沈阳冶炼厂等单位用其产出的铜水淬渣代替铁矿粉生产硅酸盐水泥。

北京矿冶研究总院与新疆锂盐厂合作试验研究用生产碳酸锂时产出的锂渣生产硅酸盐水泥。小型试验和工业试验都获得成功，已正式投入生产。用强度 47MPa 的熟料掺入 40% 的锂盐渣生产的 525 号锂渣硅酸盐水泥，各项技术指标均达到或超过 GB 1344—1999 矿渣硅酸盐标准。

（6）有色冶金废渣在路基方面的应用。目前已经有多种有色冶金废渣应用于建造道路路基。孟庆余等做了钒渣道路基层材料的试验研究。结果表明，水泥石灰土稳定钒渣可用作道路基层材料。其中水泥的加入明显提高了钒渣基层材料的早期强度，当钒渣用量为 60% 时，掺入 3% 的水泥即可达到基层材料的强度标准。由于赤泥具有一定的固化性质和价格优势，常用来做路基材料。以赤泥做道路基层材料的研究，利用山东铝业公司生产氧化铝产出的工业废渣——赤泥为主要原材料，配以少量的石灰和山东铝业公司自备电厂的干排粉煤灰，成功配制了性能优良的新型赤泥道路基层。同时据相关资料显示，用铜渣作路基时，必须掺入一定量的胶结材料，这种路基不但具有较强的力学强度，较好的水稳定性，而且施工操作方便，受雨水浸蚀不会翻浆，板体性强，特别适用于多雨潮湿的南方地区。但是由于有色冶金废渣材质不稳定，使用前应进行抽样检测，视其质量不同应用于不同层位。

北京矿冶研究总院与云锡公司合作，研究用该公司冶炼厂水淬渣作筑路材料获得成功。

（7）有色冶金废渣在陶瓷行业的应用。国内外许多学者对有色冶金废渣在陶瓷行业的应用做了大量的研究，并成功利用有色冶金废渣制成多种陶瓷材料及制品。赤泥在陶瓷行业应用较广泛，用赤泥制备的建筑陶瓷主要有墙、地砖和琉璃瓦。研究表明：利用赤泥制备的建筑陶瓷和玻璃瓦等陶瓷材料结构致密、孔隙率低，吸水率、抗冻性、热稳定性、抗压抗折强度等指标都达到国家标准，有些达到良好指标。陈冀渝引用锰渣替代软锰矿原料，制备供建筑陶瓷用的光泽银黑釉，这为锰渣的利用寻求到一条有效途径。

（8）有色冶金废渣在农业领域中的应用。很多有色冶金废渣中都含有 P、Ca、Si 等农作物生长所需的微量元素，因此，这些废渣经过适当处理可以用作为农业肥料或添加剂。赤泥中含有植物生长所必需的微量元素，因而可用来制备效果良好的碱性复合肥料。其生产方法是先将赤泥经过脱水，经 120 ~ 300℃进行烘干活化，再磨细后即可成为农业肥料，对水稻、小麦等农作物具有良好的增产作用。镍渣中含有 Si、Mg、Cu 等元素，因而可以对镍渣作适当处理后用于中微量元素肥料，以提高农作物的产量和抗病虫害能力。但在将镍渣应用于农业前，要充分研究镍渣是否会造成重金属污染。锰渣中含有 Mn、Si、K、P、S 等多种元素，国内某科研单位经过几年的试验研究，已成功地将锰渣加工为一种新型的锰硅复合肥料，施用于水稻、小麦、油菜、大豆、花生、棉花、蔬菜、茶叶等农作物，普遍收到了节肥、抗病、增产的效果。

（9）有色冶金废渣制备盐类化合物。不同种类的冶金废渣可以制备不同的盐类化合物，国内对利用冶金废渣制备化合物已做了许多研究，制备了相应的盐类化合物。陈世民等采用碱渣碱熔—水淬法用锡渣直接生产锡酸钠，直收率大于96%。所需试剂只有烧碱，每吨产品消耗 0.6t 烧碱，其他试剂消耗极少，生产成本低。生产在碱性溶液中循环进行，对设备要求不高，所得产品符合部颁标准。赵萍等进行了利用锌渣生产七水硫酸锌的实验，产品各项指标均能达到 HG/T 2326—2005 的标准。

（10）有色冶金废渣生产矿渣棉。矿物棉具有绝热、吸声、耐腐蚀、不燃烧等优点，作为绝热、吸声材料被大量应用。熔融状态的铜炉渣可用喷吹法或离心法制成絮状渣棉，它具有绝热、吸声、耐腐蚀、不燃以及价廉等优点。

（11）用冶炼渣作除锈剂。云南冶炼厂、沈阳冶炼厂的冶炼铜水淬渣硬度较高，可用作钢铁表面除锈剂，供造船厂作除锈喷砂，其中一部分出口国外。

4.3.3.3 冶金废渣综合利用的不足及发展趋势

20 世纪下半叶以来，工业发达国家广泛开展了冶金废渣的开发利用研究，我国在冶金废渣综合利用方面起步较晚，与国外发达国家相比仍比较落后。

A 有色冶金废渣存在的问题

传统的冶金废渣利用技术含量不高，无害化、资源化水平较低，一些技术所应用的设备成本较高，工艺繁琐。此外，冶金废渣资源化过程中有些有害物质不能彻底清除，易产生二次污染。

由于有色冶金废渣综合利用过程中可能产生二次污染，容易出现以废生废的不良循环现象，为此，应该开发综合利用的新技术、新工艺，同时就国外的现有专利技术尽可能引为我用，做到使二次污染问题降至最低程度。

B 有色冶金废渣综合利用的发展趋势

降低废渣回收利用成本。主要着眼于开发一些流程简单、成本较低、再利用产品的社会需求量大的新工艺，以使一些研究能很快转化为普遍性应用，缩短技术应用周期。进一步加强对冶金废渣物性的深入了解，对冶金废渣的利用应有系统地科学地工程研究规划，为多途径利用冶金废渣、提高综合利用水平奠定基础。还应改革管理体制，促进废渣管理商业化。制定完善、可行的政策法规，鼓励组建专业化公司、使用专业设备设施、配备专业人员承接有关废渣的管理工作。鼓励国内外大公司及其资本介入这一市场，促进合理的商业机制的尽早建立。

参 考 文 献

[1] 郭轶琼，宋丽．重金属废水污染及其治理技术进展[J]．广州化工，2010，38(4)：18-20.

[2] 孙光闻，朱祝军，方学智，等．我国蔬菜重金属污染现状及治理措施[J]．北方园艺，2006(2)：66-67.

[3] 李光辉．重金属污染对畜禽健康的危害[J]．中国兽医杂志，2006，42(4)：54-55.

[4] 王宏镔，束文圣，蓝崇钰．重金属污染生态学研究现状与展望[J]．生态学报，2005，25(3)：1-4.

[5] 胡海洋．重金属废水治理技术概况及发展方向[J]．中国资源综合利用，2008，26(2)：22-25.

[6] 段丽丽，常青，郝学奎，等．高分子重金属絮凝CSAX除铜、除浊性能研究[J]．环境化学，2008，27(1)：60-63.

[7] 刁静茹，常青，王娟．高分子重金属絮凝剂SSXA对Cu^{2+}的捕集性能研究[J]．环境科学学报，2006，26(11)：184-185.

[8] 钱功明，钟康年，刘涛．新型改性磷灰石水处理剂去除废水中铅离子的研究[J]．环境科学与技术，2009，32(10)：153-157.

[9] 张建梅．重金属废水处理技术研究进展（综述）[J]．西安联合大学学报，2003，6(2)：55-59.

[10] 中国金属学冶金安全学会．生产安全与劳动卫生知识问答[M]．北京：冶金工业出版社，1992.
[11] 王青，史维祥．采矿学[M]．北京：冶金工业出版社，2001.
[12] 曾绍金．矿产·土地与环境[M]．北京：地震出版社，2001.
[13] 张锦瑞，王伟之，李富平，等．金属矿山尾矿综合利用与资源化[M]．北京：冶金工业出版社，2002.
[14] 李惕川．工业污染源控制[M]．北京：化学工业出版社，1987.
[15] 姜建军．矿山环境管理实用指南[M]．北京：地震出版社，2003.
[16] 聂永丰．三废处理工程技术手册——固体废物卷[M]．北京：化学工业出版社，2003：210-218.
[17] 罗仙平，严群，卢凌，等．江西有色金属矿山固体废物处理与处置存在的问题与对策[J]．中国矿业，2005，14(2)：24-269.
[18] 蒋承菘．矿产资源管理导论[M]．北京：地质出版社，2001：194-203.
[19] 李艳，王恩德，沈丽霞．矿山环境影响评价内容和程序探讨[J]．环境保护科学，2005(31)：67-70.
[20] 陈永贵，张可能．中国矿山固体废物综合治理现状与对策[J]．资源环境与工程，2005，19(4)：311-313.
[21] 陈绳武．矿山环境保护[M]．成都：成都科技大学出版社，1987.
[22] 蒋家超，招国栋，赵由才．矿山固体废物处理与资源化[M]．北京：冶金工业出版社，2007.
[23] 常前发．矿山固体废物的处理与处置[J]．矿产保护与利用，2003(5)：38-42.
[24] 徐慧，徐凯．加快我国有色金属矿山尾矿开发利用[J]．中国有色金属，2006(10)：49-51.
[25] 朱维根．矿产资源开发与可持续发展[J]．中国矿业，2004(9)：44-46.
[26] 常前发．我国尾矿综合利用的现状及对策[J]．中国矿业，1999(2)：20-23.
[27] 张锦瑞．循环经济与金属矿山尾矿的资源化研究[J]．矿产综合利用，2005(3)：29-32.
[28] 王儒，张锦瑞，等．我国有色金属尾矿的利用现状与发展方向[J]．现代矿业，2010(6)：6-9.
[29] 章庆和，苏蓉晖．有色金属矿尾矿的资源化[J]．矿产综合利用，1996(4)：27-30.
[30] 徐惠忠．尾矿建材开发[M]．北京：冶金工业出版社，2000.
[31] 刘广龙．选矿尾矿在井下充填工艺中的应用[J]．金属矿山，2000(5)：339-342.
[32] 周连碧，敖宁．我国有色金属矿山复垦现状[J]．有色金属，2000(11)：175-176.
[33] 朱军，兰建凯．赤泥的综合回收与利用[J]．矿产保护与利用，2008(2)：52-54.
[34] 何伯泉，周国华，薛玉兰．赤泥在环境保护中的应用[J]．轻金属，2001(2)：24-26.
[35] 董凤芝，刘心中，姚德，等．粉煤灰和赤泥的综合利用[J]．矿产综合利用，2004(6)：37-39.
[36] 王鑫书，黄德修．赤泥利用的研究[J]．轻金属，1999(5)：13-15.
[37] 任冬梅，毛亚南．赤泥的综合利用[J]．有色金属工业，2002(5)：57-58.
[38] 丁忠浩，翁达．固体和气体废弃物再生与利用[M]．北京：国防工业出版社，2006.

[39] 玉子庆，姜凡均．有色冶炼炉渣在矿山充填中的应用研究[J]．矿业研究与开发，2002，22(5)：22-23.

[40] 宁模功．我国炼铜渣的现状及其综合利用[J]．有色金属（冶炼）部分，1994(6)：32-35.

[41] 周端倪．冶炼铅渣在水泥工业中的应用[J]．广西冶金，1992(2)：46-50.

[42] 蒋佳超，等主编．矿山固体废物处理与资源化[M]．北京：冶金工业出版社，2007.

[43] 竹涛，舒新前，贾建丽，等．矿山固体废物综合利用技术[M]．北京：化学工业出版社，2012.

5 有色金属矿区土壤重金属污染及修复技术

金属矿床的开采、选冶，使地下一定深度的矿物暴露于地表环境，致使矿物的化学组成和物理状态改变，加大了金属元素向环境的释放量，影响地球物质循环，导致环境污染。尤其是有色金属矿产的开采会导致大量尾矿的产生，废石、尾矿的堆放不仅占用土地，而且由于暴露在环境中，风吹雨淋使包含其中的有害元素转移到土壤中，对生长在该区的绝大多数生物的生长发育都将产生严重抑制和毒害作用，引起土壤重金属污染。

土壤是人类赖以生存的最基本的物质基础之一，又是各种污染物的最终归宿，世界上90%的污染物最终滞留在土壤内。由于重金属污染物在土壤中移动性差、滞留时间长、不能被微生物降解，并可经水、植物等介质最终影响人类健康，所以采取措施对重金属污染土壤进行修复是必要的。矿业废弃地的生态恢复已成为我国当前所面临的紧迫任务之一，也是我国实施可持续发展战略应优先关注的问题之一。

5.1 矿区土壤重金属污染概述

土壤是自然环境要素的重要组成之一，是人类赖以生存的必要条件。它是处在岩石圈最外面一层的疏松部分，具有支持植物和微生物生长繁殖的能力，是联结自然环境中无机界和有机界、生物界、非生物界的中心环节。土壤是一个十分复杂的多相体系和动态的开放体系，其固相中所含的大量黏土矿物、有机质和金属氧化物等能吸持进入其内部的各种污染物，特别是重金属元素，进而在土壤中发生累积，当累积量超过土壤自身的承受能力和允许容量时，就会造成土壤污染。

土壤重金属污染是指由于人类活动将重金属引入到土壤中，致使土壤中的重金属含量明显高于原有含量，并造成生态恶化的现象。污染土壤的重金属主要包括汞、镉、铅、铬和类金属砷等生物毒性显著的元素，以及有一定毒性的锌、铜、镍等元素。

5.1.1 矿区土壤重金属污染的现状

我国金属矿产资源丰富，矿山废弃物的排放和堆存不仅破坏和占用了大量宝

贵的土地资源，而且所造成的土壤污染量大面广，是我国矿区污染土壤治理不可忽视的问题。我国现有国有矿山企业8000多个，个体矿山达到23万多个。如此数量众多的矿山开采对环境的破坏是相当惊人的。

据有关部门调查：我国因采矿直接破坏的森林面积累计达10600km^2，破坏草地面积达2430km^2；与此同时，采矿还占用了大量的土地，全国每年由采矿产生的各类固体废物直接破坏和侵占的土地面积多达140万~200万公顷，并以2万公顷/年的速度增加，而且每年的增长速度还在加快，2000年的增加速度达到3.4万公顷/年。因受上游矿山开采的影响，在矿山开采和冶炼过程中，由于采矿废水和选矿废液的直接排放，废石和尾矿等固体废弃物的堆放和淋滤，使矿区土壤中富集大量的重金属。

随着人们对矿产资源需求的不断扩大，在矿山开发过程中，导致的环境问题也逐渐增多。如在广西刁江沿岸存在严重的As、Pb、Cd、Zn复合污染，研究发现污染区与洪水淹没区高度一致；并且周边农田也受到了严重的As、Pb、Cd、Zn复合污染。在对福建尤溪铅锌矿、连城锰矿、连城铅锌矿矿区进行调查后，研究者发现，所研究的重金属矿区土壤中Mn、Zn、Pb、Cd的含量都高出对照土壤的几倍甚至几十倍，综合污染指数平均值分别高于重度污染临界标准的16.54倍、10.63倍和53.57倍，达到重度污染。在对兖州矿业集团鲍店矿区土壤重金属Cu、Cd、Pb、Zn的污染综合评价中，运用单因子指数法的结果表明，该矿区土壤中四种元素的平均含量都高于土壤背景值，土壤已受到Cd的重污染，土壤Zn为警戒级，运用综合污染指数法的结果表明综合污染指数顺序为Cd > Zn > Cu > Pb。

在墨西哥一座被持续开发约200年的矿山中，有100km^{2}土地被严重污染，受污染土壤表层中Zn、As和Pb的含量分别高达5000μg/g、6600μg/g和2700μg/g，而且周边土壤所种植的蔬菜中Cd和Pb含量分别超出正常水平的20倍和50倍。美国蒙大拿州西部Clark Fork河盆地，由于进行了100多年的铜及其他金属的采选冶，被污染的土地达1600km^{2}以上，成为世界上最大的有害废物聚集地之一，其尾矿所含的As、Cd、Cu、Pb、Zn等金属元素院正常岩石高出几百倍，甚至上千倍，甚至560km以外的下游地区也受有害金属的影响。在英国，由于过去和目前的采矿活动达到相当大的规模，使局部地区金属浓度逐渐升高，伊斯特威河、莱达尔河及图米河河水中Zn、Pb和Cu含量均很高；在德国，莱茵河是地球上污染最严重的河流之一，被称为“欧洲最大的下水道”。

而且，矿山开发过程对环境的影响是长期的和不断扩大的过程。矿山闭矿后也常出现更为严峻的问题。英国威尔士某Pb-Zn矿床在闭矿100多年后，仍有大量重金属不断地从矿区废弃堆中释放出来。事实上，由于矿山开发诱发的环境问题远不止这些。在中国乃至世界范围内，由重金属污染引起的疾病、重金属中毒和环境公害事件相当普遍。1996 年玻利维亚波托西的波尔科矿山的一座铅、锌尾矿坝倒塌，致使大约 23.5 万吨有毒尾矿泥浆（包括砷、氰化物、铅和锌）排入皮科马约河中的一条支流阿瓜斯蒂利亚河中，其毒性影响到 800km 外的巴拉圭及阿根廷的查科。皮科马约河砷污染还导致饮用该河水和食用该河水中鱼的 3 名儿童死亡。波兰西里西亚某地居民 100 多年来一直饮用被金矿冶炼厂排放的含砷废水所污染的河水，许多居民除有一般砷中毒表现外，皮肤黑变病，手指与手部以及皮肤癌的发病率都较高。日本的骨痛病就是因为人们长期食用被矿山和冶炼厂污染的稻米和大豆引起的。

我国是世界上的矿业大国，矿业开发是社会发展重要的经济增长点，但是由矿业开发造成的环境问题也日益突出。在国土资源部的统一部署和中国地质调查局的组织下，由中国地质环境监测院牵头，联合全国 31 个省级地质环境监测总站，于 2008 年 5 月完成全国矿山地质环境调查。这项调查涉及各类非油气矿山 113149 个、开采矿种 193 种，估算年采掘矿石总量 82.05 亿吨。由于长时间、高强度的矿山开采，造成大量土地荒废，生态环境恶化，有的地方发生大范围的地面塌陷等地质灾害。全国矿山开采共引发地质灾害 12379 起，造成 4251 人死亡，直接经济损失 161.6 亿元。其中，因矿山开采引发地面塌陷 4500 多处、地裂缝 3000 多处、崩塌 1000 多处。全国因采矿活动形成采空区面积约 80.96 万公顷，引发地面塌陷面积 35.22 万公顷，占压和破坏土地面积 143.9 万公顷。在建矿、采矿过程中强制性抽排地下水以及采空区上部塌陷使地下水、地表水渗漏，严重破坏了水资源的均衡和补径排条件，导致矿区及周围地下水水位下降，引起植被枯死等一系列生态环境问题。采矿形成的矿坑水、选矿废水以及采矿废石、煤矸石、尾矿渣等堆放不当，构成了矿区水体和土壤的污染源。调查数据显示，全国采矿活动平均每年产生废水、废液约 60.89 亿吨，排放量约 47.9 亿吨，采矿活动每年产生尾矿或固体废弃物量约 16.73 亿吨，排放量 14.54 亿吨。到 2005 年底，全国尾矿或固体废弃物累计积存量约为 219.62 亿吨。通过对所调查的矿山进行综合研究与分析评估，发现所有矿业活动都对矿区地质环境造成影响，而以严重影响和较严重影响为主。其中，严重影响的矿山多达 8457 个，影响区域面积约 5.3 万平方千米。在划分出的 86 个矿产资源主要开发区域中，对地质环境造成严重影响的区域就有 14 个，面积约 5.2 万平方千米。矿产资源开发对城区及周边地质环境造成一定影响的矿业城市有 231 个，其中严重影响的有 30 个。根据我国矿山地质环境评估结果，结合矿山环境保护与治理工作需求，划分出矿山地质环境重点治理区 73 个，面积 28.61 万平方千米；一般治理区 92 个，面积 81.34 万平方千米。针对我国矿山地质环境面临的严峻形势，全国需要部署矿山地质环境治理工程 212 个，治理矿山总数 15678 个，其中近期应开展治理矿山 7080 个。

因此，我国面临日趋严峻的土壤和水体环境安全问题，并由此严重影响到人民的生命健康。矿山开采、选冶废料是造成土壤和水体重金属污染的主要原因。由于污染，土壤和水体的净化功能、缓冲功能和有机体的支持功能正在逐渐丧失，农牧渔等产品的质量受到了影响。据统计，全国直接被尾矿侵占和污染的土壤达6.67万公顷以上，被间接污染的土壤更多，达66.7万公顷以上。重金属污染的土壤面积占总耕地面积的1/6，沿海地区尤为严重，重金属元素超标面积占污染总面积的45.5%。湖南某锰矿周围发生矿毒田60多亩，土壤铜含量为383.33μg/g；江西下龙塘钨矿区土壤钼含量超标，赣南大余钨矿周围土壤砷超标，黔西南地区土壤铊超标和大冶铜绿山铜矿周围土壤铜超标，均与矿业开发活动有关。卢新卫等对湘西金矿区表生环境中的砷进行了研究，结果表明土壤、水体砷的高异常已影响到居民的身体健康。在江西西华山钨矿区附近的土壤中，镉的污染严重，长期生活在那里的人癌症发病率较高，特别是肝癌。有300多年开采历史的我国湖南石门雄黄矿，发生了严重的砷污染，河水砷含量达0.5~14.5mg/L，居民头发砷含量为0.972~2.459mg/L。以河水为饮用水源的居民的砷暴露水平达到甚至超过国内外重大慢性砷中毒案例的暴露水平。

由此可见，矿业本身的特点和矿业开发已对环境产生的危害以及正在产生的危害，决定了矿业与环境可持续发展的艰巨性、必要性和迫切性。资源的匮乏和环境的恶化，以及由采矿活动引起的潜在环境危害，使全世界的人们都十分重视资源与环境的可持续发展。随着环境问题越来越受到全社会的广泛关注，尽量地减少采矿对环境造成的负面影响已是当务之急。然而，我国以往的矿业开发工作大多只注重经济效益，对矿业开发的环境效应未予重视，相应的研究也较落后。随着社会的进步和经济的发展，人们对生活质量和人身健康日益关注，因此，矿业开发对环境的影响以及环境污染治理等方面的研究正被逐步提到议事日程上来。一个必不可少的任务就是对矿山及其周边地区的环境进行现状调查，并对其进行质量评价、分析污染源及污染趋势，为环境治理和环境保护提供客观依据。而重金属污染元素的环境地球化学质量评价在矿山环境质量评价中的作用越来越重要，业已成为矿山环境污染评价体系中非常重要的组成部分。其中，土壤重金属污染环境质量评价可以为矿山土地复垦与合理利用、矿山环境管理与规划以及土壤污染的综合防治提供科学依据。对于流域内水系沉积物重金属污染环境质量评价，有利于了解河水携带的重金属对沉积物的影响，也有利于了解沉积物对生态环境所存在的潜在危害。通过对矿山环境地球化学过程的研究，可以揭示矿山开发影响环境的过程机理，对研究元素循环、矿山修复、环境评价以及生态效应等具有重要的科学理论意义和实用价值。

5.1.2 矿区土壤重金属污染的来源

土壤中的重金属，在自然情况下，主要来源于成土母岩和残落的生物物质。

但是近代以来，工农业的快速发展，人类活动加剧了土壤重金属的污染，污染程度越来越重，范围越来越广。在矿产资源的开发过程中产生的重金属污染问题尤为严重。

首先，采矿作业过程就是将矿物破碎、并从井下搬运到地面的过程，这就改变了矿物质的化学形态和存在形式，这是重金属污染环境的关键所在。物质破碎时，一部分重金属通过井下通风系统随污风排至地表，然后通过大气进入人体呼吸系统，或沉降到土壤和水体中；一部分通过坑道废水进入地下水或地面水环境。矿物质在井下或地面搬运过程中，也因洒落、扬尘进入附近的水体或土壤中，对环境造成危害。

然后，矿石开采出来之后要进行选矿。选矿产生的尾矿通常呈泥浆状，尾矿一般存放在尾矿库，小部分尾矿作为充填材料又回填到井下，绝大部分长期堆存尾矿库。选矿废水以及尾矿沉淀后的废液经简单处理后循环使用或用于周边农田灌溉，部分废液经尾矿坝泄水孔直接外排至周边水体。尾矿库中的重金属通过外排的废液或者通过扬尘进入周边环境，从而对周边环境产生重金属污染和危害。同时，选矿必须加入大量的选矿药剂，如捕收剂、抑制剂、萃取剂，这些药剂多为重金属的络合剂或螯合剂，它们络合 Cu、Zn、Hg、Pb、Mn、Cd 等有害重金属，形成复合污染，改变重金属的迁移过程，加大重金属迁移距离。因此，在矿产资源开采过程中，选矿废水和尾矿库的重金属是矿山环境污染的重要来源。

总结矿区土壤重金属污染来源具体有以下几方面：

(1) 通过尾矿堆积进入到土壤中的重金属。矿山尾矿、矿渣是采矿区土壤重金属污染的主要来源。这些废弃的固体经过长期的自然氧化、雨水淋滤等物理、化学和生物作用，使大量有毒有害的重金属元素释放出来进入到土壤和水体中，给采矿区及其周围环境带来严重的污染。

尾矿等废弃物的堆置，不但占用大量的土地，而且还是土壤重金属污染的重要来源。这些废弃物中重金属的含量相对较高，污染范围以尾矿库、矿渣堆为中心向四周扩散。通过对武汉市垃圾堆放场、杭州某铬渣堆存库、城市生活垃圾及车辆报废场附近土壤中的重金属污染的研究发现，这些区域的重金属 Cd、Hg、Cr、Zn、Ni、Pb、Co、Mn 的含量高于当地土壤背景值，且重金属在土壤中的含量和形态分布受其释放率的影响，随距离的加大而降低。沈阳冶炼厂冶炼锌的过程中产生的矿渣主要含 Zn 和 Cd，1971 年开始堆放在一个洼地场所，其浸出液中 Zn、Cd 含量分别达 6.6×10^3mg/L 和 7.5×10^3mg/L，目前已扩散到离堆放场 700m 以外的范围，重金属污染物浓度以同心圆状分布。各种硫化物尾矿均具有产酸能力，一旦酸化，重金属元素释放数量将显著提高。在有络合剂和螯合剂的情况下，重金属将会被络合而生成有机金属化合物，其在水溶液中的溶解度和进入生物链的可能性将加大。固体废弃物也可以通过风的传播而使污染范围扩大，

土壤中重金属的含量以污染源处最高，随后逐渐降低。如大冶冶炼厂，每年排放数千吨的粉尘，引起大冶县广大农田的污染，直径20km范围内的土壤Cr、Zn、Pb、Cd含量均大大高于背景值。全世界每年开采的金属和非金属矿物约90亿吨，而产生的尾矿（包括废石）达300亿吨。我国大多数矿石品位较低，且呈伴生、共生状态，选矿率低、尾矿产生量大，这些尾矿在堆置过程中所产生的土壤和水体污染在很长时间内都难以消除，有的尾矿库在关闭几百年后仍然产生大量的酸性废水。因此，国内外对尾矿引起的重金属污染进行了深入的研究。

（2）通过酸性废水进入到土壤中的重金属。矿山酸性废水是矿山污染主体，它包括：矿山渗水、采掘作业水、矿井排水、选矿废水、废石堆和尾矿坝渗水、溢流水及各种硫精矿堆放地的酸性废水。这些矿山废水随矿山排水和蒸发降雨循环进入水环境或直接进入土壤，直接或间接对矿区及周边地区造成重金属污染。酸性废水主要是铜矿废石和采场矿体风化作用形成，由于硫化物（黄铁矿等）暴露于氧化环境而处于非稳定状态，经化学风化和微生物作用，黄铁矿及硫化物氧化释放出大量的H^+、SO_4^{2-}及金属离子进入水体，形成酸性废水。黄铁矿是自然界中分布最广、数量最多的硫化物，它可以出现于几乎所有的地质体中，尤其煤、铜、铅和锌等矿床。矿山环境硫化物氧化作用的氧化剂主要是O_2和Fe^{3+}。黄铁矿是通过下列化学反应而被氧化：

$$FeS_2 + \frac{7}{2}O_2 + H_2O \longrightarrow Fe^{2+} + 2SO_4^{2-} + 2H^+$$

由于尾矿堆或废石场近表面O_2充足，上步反应释放的Fe^{2+}进一步氧化：

$$Fe^{2+} + \frac{1}{4}O_2 + H^+ \longrightarrow Fe^{3+} + \frac{1}{4}H_2O$$

反应形成的Fe^{3+}作为附加氧化剂，硫化物的氧化速率比O_2氧化的速率快10倍。

$$FeS_2 + 14Fe^{3+} + 8H_2O \longrightarrow 15Fe^{2+} + 2SO_4^{2-} + 16H^+$$

从上述反映可以看出，硫铁矿废石经雨水的淋溶产生酸性水是一个明显的氧化过程，硫离子溶出被氧化为硫酸根，继而形成硫酸，在酸性条件下，矿岩中以化合态存在的各种重金属元素溶于水中；三价铁是中间产物，起着氧化金属硫化物的作用。

酸性废水中重金属浓度与日平均气温、日降雨量、日废水量、累积废石量及废石堆中微生物数量等相关，与矿山产量无明显相关，这是区别于工厂废水的明显特征。酸性废水携带的重金属引起矿区生态环境严重恶化。具体表现为：1）直接污染地表水和地下水。例如：美国Cleveland选矿场废水致使选矿场附近Altos河水pH值达2.15，其下游河水重金属含量极高，Zn为5305μg/g，Cu为454μg/g，Pb为1.16μg/g，Cd为17.5μg/g。J M. Azcue等测定表明加拿大某尾矿堆积地区湖底沉积物孔隙水中 As、Pb 浓度比湖水中高 4 个数量级。王亚平等研究发现大冶铜绿山铜矿尾矿库排污口附近的湖水 Cu 的浓度，是国家环保标准的 2 倍，显著高于大冶湖其他部分水域 Cu 的浓度。2）诱发土壤酸化。酸水的渗透加速土壤酸化，陶于祥等认为 H^+ 荷载增大，强酸阴离子（SO_4^{2-}）驱动盐基阳离子大量淋溶导致土壤盐基营养贫瘠，土壤阳离子交换量（CEC）下降。3）导致土壤重金属污染。抑制和破坏土壤中微生物的生命活动，使土壤理化性质变的恶劣，土壤肥力下降，妨碍作物根系的生长。

在美国东部，有 7000km^2 的河流及其流域被矿山的酸性废水严重污染。酸性废水通常污染矿区周围的土壤和下游的河流，且自河流上游到下游，随酸性废水中重金属浓度的下降和河水自净能力的恢复，重金属的污染程度会逐渐降低。美国科罗拉多州科罗拉多河流域受采矿的影响，重金属元素 Cd、Zn、Pb、As 的浓度，以污染源所处地区最高，此后随距离的增加而逐渐降低。

矿山酸性废水的重金属污染范围一般在矿山的周围或河流的下游，且重金属污染程度在河流的不同河段有所不同，如同一污染源的河流下段，由于水体自净化能力的恢复和金属元素迁移能力的减弱，重金属污染的程度逐渐降低。此外，应用工矿业污水（如被 AMD 污染的水体）来灌溉农田，土壤重金属污染的危险性非常大。

（3）随着大气沉降进入到土壤中的重金属。大气中重金属主要来源于矿石开采、冶炼、运输等过程中产生的大量含有重金属的气体和粉尘。除汞以外，重金属基本上是以气溶胶的形态进入大气，通过自然沉降和降雨淋洗进入土壤圈的。它们主要以工矿烟囱、废物堆和公路为中心向四周及两侧扩散。据估计全世界每年约有 1600t 的汞是通过煤和其他燃料燃烧而排放到大气中的。比利时每年从大气进入到每公顷土壤的 Pb、Cd、As、Zn 分别为 250g、19g、15g、3750g。通过大气沉降和降雨淋洗对土壤造成的重金属污染，其污染程度与距采矿区的距离、城市重工业发达程度、交通发达程度有很大关系，通常离城市和工矿区越近，污染就越严重。如南京某生产铬的工厂铬污染叠加已超过当地背景值 4.4 倍，污染以车间烟囱为中心，范围达 1.5km^2。各种金属离子进入环境的难易程度不同，其强度顺序为：Cu、Pb、Co、Fe 和 Zn。在宁—杭公路南京段两侧的土壤形成 Pb、Cr、Co 污染带，且沿公路延长方向分布，自公路向两侧污染强度逐渐减弱。

总之，土壤中重金属污染物的来源途径主要有以上三种，而同一区域内的土壤重金属污染可能源自某单一途径，也可能是多途径的。矿区的土壤重金属污染高于一般地区，地表高于地下，污染时间越长重金属积累就越多。

5.1.3 矿区土壤重金属污染的特点与危害

矿区土壤重金属污染主要有以下几个特点：

(1) 隐蔽性和普遍性：重金属无色无味，很难被检测而有一定的隐蔽性，常以飘尘（降尘）、农药喷洒、污水灌溉、施肥等多方式、多渠道进入植被和土壤的耕作层。大气污染、水污染和废弃物污染一般都比较直观，通过感官就能发现。而土壤污染则不同，土壤污染从产生污染到出现问题通常会滞后较长的时间，往往是通过农作物包括粮食、蔬菜、水果或牧草等，人或动物食后的健康状况反映出来，具有隐蔽性或潜伏性。它往往要通过对土壤样品进行分析化验和对农作物的残留检测，甚至要通过研究对人畜健康状况的影响才能确定。如日本的骨痛病经过了10~20年之后才被人们所认识。1997年美国蒙大拿州的两个农业区也由于Cd污染使当地的小麦不能食用。随着工业生产的发展，重金属污染几乎威胁着每个国家。据调查，我国目前受重金属污染的耕地面积近2000万公顷，约占总耕地面积的1/6。其中，镉污染耕地33万公顷，涉及11个省25个地区；被汞污染的耕地3.2万公顷，涉及15个省21个地区。

(2) 累积性：和其他类型污染物相比，重金属的特殊性在于重金属进入土壤以后，在土壤中不易随水淋溶，不易被生物降解，具有明显的生物富集作用，它不能被土壤微生物降解而从环境中彻底消除，当其在土壤中积累到一定程度时就会对土壤—植物系统产生毒害和破坏作用。

(3) 不可逆性：重金属对土壤的污染基本上是一个不可逆转的过程，主要表现在两个方面：1）进入土壤环境后，很难通过自然过程得以从土壤环境中消失或稀释；2）对生物体的危害和对土壤生态系统结构与功能的影响不容易恢复。例如，沈阳抚顺污水灌区发生镉的污染，造成大面积的土壤毒化、水稻矮化、稻米异味等，经过10年的艰苦努力，包括采用客土、深翻、清洗、选择品种等各种措施，才逐渐恢复部分生产力。

(4) 形态多变性：重金属大多数是过渡元素。它们多有变价，有较高的化学活性，能参与多种反应和过程。随环境配位体的不同常有不同的价态化合态和结合态，而且形态不同重金属的稳定性和毒性也不同。如铝离子能穿过血脑屏障而进入人脑组织，会引起痴呆等严重后果，而铝的其他形态没有这种危害。

(5) 迁移转化形式多：重金属在环境中的迁移转化，几乎包括水体中已知的所以物理化学过程。其参与的化学反应有水合、水解、溶解、中和、沉淀、络合、解离等；胶体化学过程有离子交换、表面络合、吸附、解吸、吸收等；生物过程有生物摄取、生物富集、生物甲基化等；物理过程有分子扩散、湍流扩散、混合稀释等。

(6) 复合性和综合性：在自然界中，单个重金属污染物构成的污染虽有发生，但大多数为复合污染，即重金属之间的复合污染以及重金属—有机物之间的复合污染。如Cd、Zn是具有相同地理化学和环境特性的两种元素，由于锌矿中通常含有0.1%~5%的Cd，采矿过程及随后向环境中释放Zn通常可通过土壤—

植物系统，经由食物链进入人体，直接危及人类健康。资料表明，复合污染之间的交互作用形式很多，除主要表现为毒性增强的协同作用外，还表现为独立、加和甚至拮抗作用。

土壤重金属污染对植（作）物和地下水等多方面产生严重影响，并且通过食物链的传递和积累效应危害人类健康，影响社会经济的可持续发展，其危害主要包括以下几个方面：

（1）污染农作物。有些重金属如铜、锌、锰、铝等，在浓度较低时，对各种酶系产生催化作用进而促进植物的生长，这时它们是农作物生长的微量营养元素；然而当浓度过高时反会破坏植物正常的生长代谢功能，使植物的发育受到抑制并影响对其他元素的吸收和代谢。还有些重金属元素如镉、铅、镍、汞等，常常会使植物生长受到毒害，造成植物死亡。对辽宁省铁岭柴河某矿区的农产品质量的调查研究表明，其研究区土壤中的Cd、Pb、Zn元素含量分别是当地背景值的11倍、4.5倍、3倍，远远超过了当地背景值水平；研究矿区的玉米籽实中Pb、Cd含量分别是国家食品卫生标准的16～21倍、5.5～9.7倍，Pb元素严重超标。

（2）污染恶化水体环境。当土壤受到污染后，重金属浓度较高的污染表土又会通过径流和雨水冲刷作用进入地表水和地下水，使水文环境受到恶化，并可能通过身体接触、食物链等多种途径威胁人类的健康安全。如堆放的尾矿、废渣以及产生的酸性废水等，在地表径流和雨水的携带下污染地表水体或下渗污染地下水体，人、畜通过饮水和饮食可引起中毒。

（3）大气环境遭受次生污染。遭受污染的土壤，其表土中含重金属浓度较高，而表土又比较容易在风力的作用下成为扬尘进入到大气环境中，导致大气污染、生态退化等次生生态环境问题，并且通过呼吸作用进入人体，对人类健康造成很大危害。

重金属在自然净化循环中，只能从一种形态转化到另一种形态，从甲地迁移到乙地，从浓度高变成浓度低等，由于重金属在土壤和生物体内会积累富集，即使某种污染源的浓度较低，但排放量很大或长时间的不断排放，其对环境的危害仍然是危险的。随着矿产资源的大量开采，产生了大量的矿山固体垃圾尾矿。尾矿的大量堆积给矿山附近的生态环境带来了严重影响，特别是金属硫化物矿床的尾矿中，微量有毒重金属元素的含量较高，当它们从地下被搬运至地表后，由于物理化学条件的改变，很容易与水相互作用发生化学风化，产生酸水并释放出大量有毒重金属元素，对矿区附近的生态环境造成严重的污染和破坏。最使人不安的是，即使在矿山关闭几十年、上百年甚至更长的时间内，尾矿淋滤液对生态环境的影响仍然存在。土壤污染一旦发生，仅仅依靠切断污染源的方法往往很难恢复，有时要靠换土、淋洗土壤等方法才能解决问题，其他治理技术可能见效较

慢。因此，治理污染土壤通常成本较高、治理周期较长。

5.2 矿区土壤重金属污染评估方法

矿山尾矿、矿渣是采矿区土壤重金属污染的主要来源之一。当这些矿山固体垃圾从地下搬运到地表后，由于所处环境的改变，在自然条件下，极易发生风化作用（物理、化学和生物作用），使大量有毒有害的重金属元素释放出来进入到土壤和水体中，给采矿区及其周围环境带来严重的污染。

重金属元素在环境中活动能力的大小从根本上决定它们对生态系统的污染程度。所以，一个好的研究方法不仅能帮助我们了解矿山尾矿、矿渣中重金属元素对周围生态系统可能造成的影响外，还可提供如何正确选择污染土壤修复技术方面的信息。目前，常被采用的评估方法主要有总量法、实验模拟法、环境地球化学法、化学形态分析法和植物指示法等5种。

5.2.1 总量法

总量法是最早采用的方法。它以矿区污染土壤中重金属元素含量的高低为依据，来判断尾矿和矿渣对矿区生态环境的影响。样品中的重金属的含量越高，尾矿潜在的环境影响就越大。但是，最近的一些研究表明，重金属在环境中的行为和作用（活动性、生物可利用性、毒性等）仅用它们在环境中的总量来预测和说明是不确切的。其主要原因是在生态系统中，生物只能利用以离子形态存在的重金属元素，而重金属元素含量的高低与它们在样品中存在形式之间没有直接的相关关系。有时可能总量很高，但是生物有效态含量却较低。动植物就不能直接吸收和利用这些重金属元素，它们也不可能富集到动植物体内去。尽管如此，在进行采矿区土壤污染的研究时，土壤中重金属总量仍是一个必要的参数。

5.2.2 实验模拟法

这种方法是在水—岩相互作用的研究取得较大进展后才逐渐发展起来的。首先，根据尾矿—水相互作用的模拟结果，搞清楚重金属的释放速率和释放机理，然后预测自然风化条件下尾矿的潜在环境效应。相同种类，相同质量的工业固体废弃物，在相同的淋溶下，水体中淋溶污染物质与其总表面积（或比表面积）成正比。但在实际情况中，一方面，由于土壤体系中生物和微生物的作用对尾矿的风化产生很大的，有时甚至是决定性的影响；另一方面，实验条件（如酸度、温度、溶解氧浓度、样品颗粒大小等）的选择，也会影响到实验的结果，所以，这种方法遇到的最大挑战是实验结果到底能在多大程度上反映自然条件下的真实过程、不同实验条件下所得结果之间的可比性有多大。这些都是此方法应用范围受到明显限制的主要原因。

5.2.3 环境地球化学法

这种方法能够让我们了解尾矿中重金属迁移能力。利用扫描电镜、电子探针等仪器，分析重金属在尾矿中的赋存形态，根据矿物风化系数确定重金属元素的矿物抵抗风化能力的强弱。如果重金属赋存于较稳定的矿物里就不容易从尾矿中释放，环境危害性相对较少，如果重金属存在稳定性较差的矿物里就容易释放，从而进入到环境中。

这种方法的不足之处在于很多情况下，赋存重金属元素的矿物分解后，但由于尾矿组成的复杂性，重金属元素并未进入到环境中，而是形成了次生矿物或被其他物质（如胶体、有机质等）吸附，仍存在于尾矿的残余骨架上。这样，就无法得到可靠的结果。

5.2.4 化学形态分析法

化学形态分析法是目前最常用的方法之一。用一种或多种化学试剂萃取样品中的重金属元素，根据重金属萃取程度的难易，将样品中的重金属分为不同形态，不同形态的重金属其化学活性或生物可利用性也就各不相同。但是，用同一种或数种萃取剂替代天然环境中数目繁多的有机化合物来模拟自然条件下样品中重金属元素与周围环境可能发生的各种反应，可以肯定的是会有一些问题存在。

依据使用萃取剂种数和萃取步骤的次数，可将化学形态分析法分为连续萃取法和单一萃取法两大类。

5.2.4.1 连续萃取法

连续萃取法是一种使用萃取性能不断增强的化学试剂来逐步提取环境样品中不同活性重金属元素的方法。目前被广泛采用的一些连续萃取法基本上都是在Tessier法基础上发展起来的。此法一般将样品中重金属元素按照活性的大小分为以下5种不同的化学形态：水溶及可交换态、碳酸盐结合态、有机结合态、Fe-Mn氧化物结合态和残留态。但也有一些研究者将重金属元素划分为其他相态，或是将上述5种化学相分得更细。

可交换态的重金属是活性的，生物可直接从土壤中吸收和利用这些重金属。可交换态的重金属主要是通过扩散作用和外层络合作用非专属性地吸附在土壤或沉积物的表面上，用离子交换的方法即可将它们从样品上萃取下来。依据Kheboin等的实验结果，被萃取下来的重金属离子有可能会被样品再次吸附。Zhu等用Ca^{2+}、Mg^{2+}、K^+3种阳离子的盐为萃取剂研究它们对土壤样品中Cu和Zn的萃取效果时，发现Ca^{2+}可有效地避免Cu和Zn再吸附，而K^+则不能阻止这些重金属元素重新回到土壤颗粒表面。就阴离子而言，Cl^-有可能与某些重金属离子

形成沉淀而不利于萃取。这样，$Ca(NO_3)_2$ 就成了一个比较理想的用于萃取样品中可交换态部分的重金属的萃取剂。另外，样品的酸碱度和萃取液的离子强度都会极大地影响重金属的萃取。Tu 等用 10 组不同的萃取液（7 组钾盐、$Ca(NO_3)_2$、Ca-DPTA、和 $Cu(NO_3)_2$）从 4 种土壤样品进行可交换态 Mn 的萃取实验时发现，萃取液的离子强度越大、萃取液的 pH 值越小、萃取时间越长，萃取出来的 Mn 的量也就越多。

碳酸盐相中的重金属是由于沉淀或共沉淀赋存于其中的，用弱酸即可将它们溶解出来。蒋廷惠等认为在不含碳酸盐的土壤中应没有以碳酸盐结合态形式存在的重金属元素。但其他一些研究者对非石灰性土壤进行碳酸盐结合态萃取分析时，却萃取出相当数量的重金属。造成这种现象可能与：（1）样品本身的酸度大小有关，因为只有在 $pH<5$ 的条件下，土壤或沉积物中的碳酸盐才能全部溶解；（2）可交换态重金属没能完全从样品中萃取出来。在 $pH=5$ 的条件下，HOAc-NaOAc 是最常用的萃取剂，它不会破坏样品中的铁—锰氧化物和硅酸盐矿物。

重金属以很强的结合能力吸附在土壤或沉积物中的铁—锰氧化物上。依据氧化物的不同，可将其分为以下三个部分：锰的氧化物、无定形铁的氧化物和晶形铁的氧化物。只有在还原条件下，它们才有可能释放出来。

Fe 与 Mn 的氧化物中的重金属的分离通常是根据它们在 NH_2OH-HCl 中的不同溶解度来完成的。不同晶形的铁的氧化物中的重金属的分离则常用 $(NH_4)_2C_2O_4$。Gasser 等先用 0.2mol/L 的（$NH_4)_2C_2O_4$ 萃取出无定形铁的氧化物中的重金属，然后再用 CBD 萃取出晶形铁氧化物中的重金属。但蒋廷惠等认为 CBD 会与重金属形成硫化物沉淀，不利于萃取，建议先萃取出无定形铁氧化物中的重金属，然后，再在 0.2mol/L 的（$NH_4)_2C_2O_4$ 中加入抗坏血酸则可以萃取出晶形铁氧化物中的重金属。

重金属在有机相中是以配合和吸附的方式存在的。萃取剂的作用一方面是将样品中的有机物氧化，另一方面则是将有机物从样品中萃取出来，从而释放出与有机物结合的重金属元素。

在用氧化剂（如 H_2O_2、NaClO 等）萃取还原性土壤中的有机物时，Chao 发现这些氧化剂不仅可以氧化样品中的有机物，而且还可氧化其中的硫化物，因此他把这一部分又称为有机物和硫化物结合态。蒋廷惠等指出，当萃取剂（如 NaClO）为碱性时，氧化过程中释放出的重金属离子容易形成氢氧化物沉淀。这些沉淀不仅会在土壤颗粒表面形成保护膜阻止有机质的进一步氧化，而且还可能生成新的相态。这些相会强烈地吸附释放出重金属元素。H_2O_2 是一种普遍使用的氧化萃取剂，但其缺点是：（1）它不能完全氧化样品中的有机物；（2）能大量溶解样品中锰的氧化物，而且锰的存在会使它的氧化能力减弱。因此，进行化学形态分析时，H_2O_2 的使用一定要放在铁—锰氧化物结合态的萃取之后进行。

残留态的重金属是土壤重金属最重要的组成部分，它们一般赋存在样品的原生、次生硅酸盐和其他一些稳定矿物中。萃取土壤中残留态的重金属一般用强酸或强碱。

近年来，针对萃取过程释放出的重金属在未溶解固相上的重新吸附的问题，Rauret 等用 Tessier 法对环境样品进行了重复萃取，发现在一次萃取的条件下某种赋存状态的重金属不能被完全萃取出来。他们认为这是导致残留态中重金属含量较高的原因。另外，为使重金属完全萃取，他们将影响萃取结果的一些重要因素，如萃取液的酸度、萃取体系的 Eh 值等，都进行了严格的控制，这样可有效地防止萃取过程中释放出来的重金属的再吸附。

Ramos 和 Urasa 等认为对污染严重的土壤样品的每一步萃取都需要进行两次。这肯定了 Rauret 等对 Tessier 方法的改进。但是，这样大大增加了萃取的时间。

就萃取剂的选择性问题，由于土壤中重金属的化学形态是由萃取剂定义的，因而某种萃取剂的选择性总是相对的。这意味着在用连续萃取法对环境样品进行分析之前，首先应该对所用的萃取剂进行整体评估。

5.2.4.2 单一萃取法

同连续萃取法一样，单一萃取法也可提供有关土壤中微量重金属化学形态方面的信息。与连续萃取法不同的是单一萃取法所用的萃取剂通常只有一种或者萃取的步骤只有一次，而且萃取的相态不是一个而是多个。依据样品的组成与性质以及萃取重金属元素种类等因素，在进行单一萃取时所用的试剂也会不同。常用的萃取剂有酸、螯合剂、中性盐和缓冲剂等。

酸试剂一般被用来评估酸性土壤中植物对重金属的吸收情况。常用的酸试剂有 HNO_3、HCl、HOAc 等。当 Singh 等用 HNO_3 和 HCl 作为单一萃取剂对淤泥污染的土壤进行分析时，发现土壤中元素 Cd 和 Pb 的含量与此土壤上生长的饲料油菜中 Cd 和 Pb 的含量之间存在明显的正相关关系；Haq 等也发现，用 HOAc 萃取污染土壤中 Cd 和 Ni 的量与植物中这两种元素的量相吻合。

由于能同大多数金属离子形成稳定的水溶性螯合物，因此，螯合剂可用来萃取土壤中被植物直接吸收和利用部分的重金属元素。常用的螯合剂有 EDTA 和 DTPA 两种。与酸试剂不同，螯合剂一般适用于碱性土壤。当用螯合剂萃取重金属含量较高的酸性、还原性或污染严重的土壤样品时，需要加大螯合剂的用量。

中性的盐试剂和缓冲试剂也可用做萃取剂。用中性盐做萃取剂的优点是萃取结果不受土壤酸碱性的影响，其缺点是萃取率较低。由于考虑了土壤体系的酸碱度，因而，缓冲试剂提高了测定结果的可靠性。常用的中性盐试剂有：$CaCl_2$、$Ca(NO_3)_2$、$NaNO_3$、NH_4OAc 和 NH_4NO_3 等；常用的缓冲试剂有：1mol/L 的 $NH_4OAc+HOAc$ 溶液，pH = 4.8 或 pH = 5.0、0.1mol/L 的 $NH_4OAc+HOAc$ 溶

液，pH = 5.0、$H_2C_2O_4 + (NH_4)_2C_2O_4$。

尽管上面提到的许多研究结果都表明从土壤中萃取的重金属的量与植物中重金属的含量之间有很好的可比性。但是必须注意到，这种可比性不仅和萃取剂有关，与土壤的性质有关，更与植物的种类有关。

5.2.5 植物指示法

这是一种正在迅速发展的方法，也是前景最为看好的一种方法。在矿区周围被污染的土壤中寻找一些植物作为生物指示剂，依据它们体内吸收的重金属的量来判断土壤的污染程度。

植物对土壤中微量重金属元素的吸收是这些元素进入食物链最主要途径之一。按照植物对重金属的反应性不同，人们将植物分为以下三类：富集植物、指示植物和免疫植物。其中富集植物能有效地吸收重金属而不管重金属的浓度高低；指示植物对重金属的吸收是随土壤或沉积物中重金属可利用性部分的增多而增加；免疫植物则在一定的浓度范围内不吸收重金属，对重金属没有响应。富集植物可用于重金属污染土壤的生物修复；免疫植物由于具有不吸收利用重金属的性质，可直接在重金属污染的土地上种植。依据指示植物体内重金属元素含量，可直接判断污染土壤中重金属的活动性和生物可利用性。这与前面所讲的总量法、实验模拟法、环境地球化学法以及化学形态法都不相同。

如何在矿区周围寻找或专门种植一些特殊植物来帮助我们认识矿区土壤重金属污染程度是植物指示法面对的最主要的问题。Jing 等用 3 种不同的萃取方法测定淤泥中可萃取性的 Cd 的量，然后种植 3 种不同植物在上述淤泥中，结果发现淤泥中可萃取性的 Cd 的量与植物吸收的 Cd 的量成正比；Sawidis 等分别用地衣、水生植物和树木中富集的重金属的量来衡量环境污染程度。Lewander 等用水生植物为指示植物探讨采矿区河水和沉积物中重金属的污染情况；Jonnalagadda 等对直接生长在富砷的矿山垃圾、周围地区以及较远处的三种不同植物进行了吸收重金属的实验研究，结果发现植物吸收重金属能力除了与种属有关外，还取决于土壤中可萃取态的重金属的量。另外，他们还发现植物在不同生长阶段吸收重金属的能力是不相同的，生长早期这种能力最强。

植物指示法还处于发展之中，还有很多问题，诸如指示植物的选择、适用范围以及哪一部位的组织（根、茎、叶、果实）和哪一生长阶段的植物可用来作指示植物等，都亟待解决。

5.3 矿区重金属污染土壤物理化学修复

重金属污染土壤的修复是指利用物理、化学和生物的方法将土壤中的重金属清除出土体或将其固定在土壤中降低其迁移性和生物有效性，降低重金属的健康风险和环境风险。有毒重金属在土壤污染过程中具有隐蔽性、长期性、不可降解和不可逆转性的特点，它们不仅导致土壤肥力与作物产量、品质下降，还易引发地下水污染，并通过食物链途径在植物、动物和人体内累积。因此，土壤系统中重金属的污染和防治一直是国内外研究的热点和难点。重金属污染土壤的修复主要基于两种策略：一是去除化，将重金属从土壤中去除，达到清洁土壤的目的；二是固定化，将重金属固定在土壤中限制其释放，从而降低其风险。

目前，污染土壤的修复治理技术研究及实际应用已经在全球范围内引起了人们的广泛关注，是亟待解决的全球性环境问题之一。基于重金属污染物的特点及其在土壤中的不同存在形态，研究发展了物理、化学和生物等修复方法。

5.3.1 物理修复技术

物理修复是最先发展起来的修复技术之一，主要包括客土法、热修复法、电动修复及玻璃化技术等。对于污染重、面积小的土壤修复效果明显，是一种治本措施，且适应性广，但存在二次污染问题，容易导致土壤的结构破坏和肥力下降，对污染面积较大的土壤需要消耗大量的人力与财力。因此，降低修复成本，减少二次污染的风险等是该方法亟待解决的问题，随着生物修复及复合技术的发展，物理修复中的一些技术将被逐渐取代。

5.3.1.1 客土法

客土法是指在已污染的土壤中加入大量的未污染的清洁土壤，从而达到稀释降低土壤中重金属含量的目的，减轻目标物的危害程度。这种方法能够使污染物浓度降低到临界危害浓度以下，或减少污染物与植物根系的接触，减少重金属对食物链的污染，达到很好的效果。史建君等研究发现，在受^{141}Ce污染的土壤表面覆盖客土，能降低大豆对^{141}Ce的吸收和积累，效果十分明显，当客土覆盖厚度为12cm时，豆根豆秸豆壳和豆籽中^{141}Ce比活度分别下降了83.5%、30.6%、13.7%和11.8%，大豆中吸收积累的^{141}Ce比活度随客土覆盖厚度的增加而下降。

这种方法成功地用于日本Cd污染土壤的修复，截至1997年，共有646公顷土地得到了修复。修复后，土壤中Cd污染情况基本得到解决，但修复治理的工程费高达30万美元/公顷，耗资巨大。该类修复方法效果好，去除目标物彻底，但需投入大量的资源（人力、物力、费用），且清洁土壤的来源及更换后污染土壤的去向问题难以解决。尤其是农田土壤，不同区域，土壤性质不同，随意更换后，对农作物的生长有很大影响。

此外，还有去表土法及深耕翻土法。这两种方法均是利用表层土壤污染严重，深层土壤中污染物含量明显降低的性质，去除表层土或是用深层土覆盖在表层土上。去表土就是去除表层污染土壤后，深翻土壤，使聚集在表层的污染物分

散到土壤深层，达到稀释和自处理的目的。这种方法可以降低土壤中重金属的含量，减少重金属对土壤—植物系统产生的毒害，从此方法在欧美国家早有应用，对于降低作物体内的重金属含量、治理土壤重金属污染是一种切实有效的方法。但由于此法不够经济，且被污染的土壤并未得到处理，同时在操作过程中，操作人员将接触到污染土壤，人工费用较高。因而并不是一种理想的治理方法，只适用于小面积污染严重的土壤治理。

以上这些方法均是治标不治本，污染土壤依然存在，无法继续使用，因此，该方法逐渐被现有的新型修复技术取代。

5.3.1.2 热修复法

热修复法是通过加热的方式（常用的加热方法有蒸汽、红外辐射、微波和射频），使一些具有挥发性的重金属（主要是汞、硒）从土壤中解吸出来，进行回收和集中处理。

R. Michael 等人用 Hg 污染的土壤进行热修复实验，向土壤中通入蒸汽，使 Hg 蒸发，达到净化土壤的目的。实验证实，壤土、黏土和沙壤土中 Hg 的含量分别从 200μg/g、900μg/g 和 1500μg/g 降低至 0.50μg/g、0.12μg/g 和 0.07μg/g。此方法大大降低了土壤中 Hg 的含量，且收集到的 Hg 蒸气纯度高达 99%，可进一步的回收使用。但该法也存在不足之处，土壤加热温度偏高，需达到 Hg 的沸点 356℃，易造成土壤有机质的损失和土壤结合水的流失，使得土壤板结，耕种能力严重退化。同时，采用高温加热，能耗增加，修复成本大幅度上升。且为避免 Hg 蒸气进入到大气中，造成二次污染，须严格保证 Hg 蒸气收集系统的气密性。

5.3.1.3 电动修复

重金属污染土壤的电动修复（electrokinetic remediation）是一种新兴的污染物修复技术，其基本原理是利用金属离子的电动力学和电渗析作用：在电场作用下，金属离子发生定向迁移，在电极两端进行收集处理。该技术最先由美国路易斯安那州立大学提出，目前对该方法的研究主要处于实验室的研究阶段，大规模土壤的原位修复技术研究还不够完善。

研究发现，在电场的作用下，几乎所有金属与土壤之间的结合作用都能被打破，因此，该技术处理土壤中低渗透性的 Cr、Pb、Cd、Cu、Zn 等金属时，效果良好。最近研究发现土壤 pH 值是影响电动修复的关键因素，因而电动修复过程中可以通过控制 pH 值来改善修复效果。在电动修复过程中，有时需通过施加一些增强剂来提高污染物的溶解度，尤其是高碱性和高吸附容量的污染土壤的修复，这在试验中得到了验证。有试验发现使用离子交换膜也能增加电动修复技术的效率。随着工作的深入，电动修复过程的模拟研究也已开展，通过模型来预测土壤中重金属分布状态作为时间的函数的变化情况，为更好的实际应用创造条件。

总的来说，土壤中水溶态和可交换态重金属极易被电动修复，而以有机结合态和残留态存在的重金属较难去除。电动修复具有能耗低、修复彻底、经济效益高等优点，是一门有较好发展前途的绿色修复技术，在修复重金属污染土壤方面有着良好的应用前景，但该技术对大规模污染土壤的就地修复仍不完善。

5.3.1.4 玻璃化技术

玻璃化技术是指在高温高压的条件下，污染土壤熔化，冷却后，重金属与土壤一起形成玻璃态物质，从而被固定住。在通常条件下，这种玻璃态的物质非常稳定，常用的试剂均不能使其结构发生变化。因此，该项技术对放射性重金属的处理是非常适用的，可彻底消除重金属。对于严重污染土壤的紧急性修复，也可采用此方法。此外，还可以将废玻璃（$Na_2O \cdot CaO \cdot 6SiO_2$）或是玻璃的主要成分与土壤一起在高温下熔化，以加强土壤的玻璃化作用，增加玻璃化土壤的稳定性。

此项技术虽然固定效果非常好，但对于农田土壤，玻璃化后的土壤性质严重改变，已无法再继续进行耕作，且土壤熔化所需能量很高，修复成本太高。因此，在实际应用中受到限制。

5.3.2 化学修复技术

化学修复技术是通过向土壤中加入固化剂、有机质、化学试剂、天然矿物等，改变土壤的 pH 值、Eh 等理化性质，经氧化还原、沉淀、吸附、抑制、络合、螯合和拮抗等作用来降低重金属的生物有效性。该修复在土壤原位上进行，简单易行，但并不是一种永久修复措施，因为它只改变了重金属在土壤中存在的形态，金属元素仍保留在土壤中，容易再度活化。

5.3.2.1 土壤淋洗法

土壤淋洗法是用淋洗液来淋洗污染土壤，使吸附固定在土壤颗粒上的重金属形成溶解性的离子或金属—试剂络合物，然后收集淋洗液回收重金属，并循环淋洗液。此法关键是提取剂的选择，提取剂可以是水、化学溶剂或其他能把污染物从土壤中淋洗出来的液体，甚至是气体。

根据金属性质不同，淋洗液可分为无机淋洗剂、人工螯合剂、表面活性剂及有机酸淋洗剂等。常用的有：盐酸、磷酸盐、EDTA（乙二胺四乙酸）、DTPA（二乙烯三胺五乙酸）、SDS（十二烷基硫酸钠）等。

Tampouris 等人用 HCl 和 $CaCl_2$ 混合溶液作为淋洗液，采用柱淋洗的方式，去除土壤中的重金属。结果表明，该淋洗液对 Pb、Zn、Cd 的去除率分别为 94%、78%、70%。酸性淋洗液能降低土壤 pH 值，修复效果较好。当土壤 pH <4 时，土壤中大部分重金属溶出，以离子形式存在。但同时也造成土壤基质流失及理化性质改变，不再适宜耕种，而淋洗液的后处理也产生困难。

EDTA（乙二胺四乙酸）对土壤中钯金属有很高的螯合效应，其在环境中稳定，对生物的毒性较小，因而用 EDTA 来提取土壤中的重金属是当前研究的热点，试验也发现 EDTA 对重金属的萃取效果明显高于等量的水和阳离子表面活性剂，往往大部分的重金属能被去除。DTPA（二乙烯三胺五乙酸）性质和 EDTA 相似，也是一种有效的淋洗剂。

Wasay 等已研究证明天然有机酸对土壤重金属淋洗也有很好的效果。天然有机酸主要依靠官能团同金属离子间的配位，降低土壤对金属离子的吸附，达到去除重金属的目的。柠檬酸和酒石酸对土壤中 Pb、Cd、Cu、Zn 的去除率分别达到 56%、84%、73%、72% 以上。而且采用天然有机酸进行淋洗不会对土壤基质造成破坏，因此，有很好的应用前景。可欣等在淋洗剂的研究上做了大量工作，指出淋洗剂是该技术应用的限制性因素，认为天然有机酸和生物表面活性剂是淋洗剂的发展方向，并在陈同斌等研究基础上提出了以异柠檬酸废水、味精废水等有机废水作为淋洗液的新观点，如果能付诸实施，必将推动我国重金属污染土壤的修复工作。

土壤淋洗修复技术中，淋洗液的选择是关键因素。在保证投资消耗相对较少的情况下选择适合的淋洗剂；同时，要充分考虑环境因素，不能引起二次污染及土壤性质改变。目前，对新型淋洗剂（天然有机酸、生物表面活性剂）的实际应用研究还不成熟，且该项技术花费较高，限制了实际污染土壤修复工作的开展。

淋洗法适于轻质土壤，对重金属重度污染土壤的修复效果较好，但投资大，如 EDTA 作为最有效的螯合剂，价格十分昂贵，限制其商业化操作。淋洗液的使用也易造成地下水污染，土壤养分流失，土壤变性等问题。积极开发对环境无污染、易被生物降解、对重金属具有专一性的生物表面活性剂是今后的工作重点。

5.3.2.2 有机质改良

有机质对重金属污染土壤的净化机制主要是通过腐殖酸与金属离子发生络合反应，来进而降低金属的生物有效性。作为土壤中重要的络合剂，有机质中的—COOH、—OH、—C =O 和—NH_2 等均能与重金属（Cu、Zn、Pb 等）发生络合、螯合，使土壤中重金属的水溶态和交换态明显减少，特别是胡敏酸，它能与二价、三价的重金属形成难溶性盐类。常见的有机质包括胡敏酸、氨基酸、富里酸及一些杂环化合物。有机质作为还原剂，可促进土壤中的镉形成硫化镉沉淀，还可使毒性较高的 Cr^{6+} 转为低毒的 Cr^{3+}。

腐殖质的不同组成部分与重金属的结合力差别很大。富里酸与金属离子间形成络合物的可溶性与二者的比例有关，其一价、二价、三价盐类均溶于水，从而增强了金属的迁移性。因此，通过改变富里酸含量，可改变土壤淋洗效果。而胡敏酸和胡敏素易与金属离子（尤其是二价、三价重金属）形成不溶的络合物，有效降低了土壤中金属离子浓度。

有机质胡敏酸还具有还原性，可促使 Cr^{6+} 还原为 Cr^{3+}，然后再与其结合，形成难溶复合物，充分降低了其毒性及生物活性。Kuiets 等发现，腐殖酸的加入，使得 Cu^{2+}、Zn^{2+}、Ni^{2+} 的生物有效性降低；同时，土壤肥力增加，农作物增产，增产幅度在 23.7% ~41.9%之间。

5.3.2.3 化学稳定化

土壤的化学稳定化是指利用磷酸盐、硅酸盐、石灰、石膏、泥炭、飞灰、有机物料等化学药剂对土壤中的活性重金属离子进行固化处理，使重金属从有效态变为沉淀物而处于相对稳定的形态，减少迁移性和生物可用性。

重金属在土壤中的可移动性是决定其生物有效性的一个重要因素，而移动性取决于其在土壤中的存在形态，因此向土壤中加入固化剂，通过吸附或共沉淀作用来降低重金属的生物有效性，是一种有效的方法。原位固化技术可大大降低修复成本，但该法不是一个治本的措施，重金属仍滞留在土壤中，且对土壤破坏较重，如土壤中必需的营养元素也发生沉淀，导致微量元素缺乏，土壤破坏后一般不能恢复原始状态，不宜进一步利用，而且对其长期有效性和对生态系统的影响不甚了解，也缺乏这方面的研究。

石灰（CaO）是一种成本低廉、非常常见的固定剂，加入土壤后，使土壤 pH 值迅速升高。由于石灰具有较好的水溶性，在河底淤泥或泥浆修复中，可迅速渗入土壤空隙中，因此，可在较宽范围内对修复产生作用。在 Cd 污染的土壤上施用石灰，施用量为 $750kg/hm^2$，重金属 Cd 的有效态含量降低了 15%。调节 Hg 污染土壤的 pH 值到 6.5 以上时，可有效促进 Hg 与 CO_3^{2-} 和 OH^- 形成难溶的碳酸汞、氢氧化汞等，明显降低了汞的生物有效性。

该技术的优点在于可进行土壤的原位修复，也适用于大面积范围的土壤修复，目前来看是一种比较实际、符合经济成本要求的应用技术。但是对稳定化剂的选择有较严格的要求，不能对土壤造成二次污染，也不能破坏土壤本身的性质。

5.4 矿区重金属污染土壤生物修复技术

生物修复是近 20 年发展起来的一种治理重金属污染土壤的有效技术方法，

与其他传统物化处理方法相比，具有治理效果好、运行费用低、无二次污染等特点。生物修复法一般是指利用生物对环境中的污染物进行降解，具有花费较少、对技术及设备要求不高等优点。它主要包括植物修复法、微生物修复法和植物—微生物联合修复法。

5.4.1 重金属污染土壤植物修复技术

植物修复技术就是利用植物根系吸收水分和养分的过程来吸收、转化污染体(如土壤和水)中的污染物，以期达到清除污染、修复或治理的目的。植物修复技术在20世纪80年代后期提出很快便得到了广泛的认同和应用。尽管到20世纪80年代后期才注重研究这一技术，实际上可以回溯到更早的年代，如20世纪50年代提出的污灌技术及用树木复垦矿山等废弃地。当然，那时的考虑重点不是植物修复功能，所以很难确切地说出其起源于何时何地。

用来进行植物修复的植物几乎包括所有的高等植物，如野生的草、蕨等植物以及栽培的树木、草皮、作物和蔬菜等。通常根据污染物的类型、污染位点特征(水体或土壤)、植物的生物学与生物化学特征及其降解固定吸收污染物的能力来选择合适的植物进行污染位点的植物修复。在绝大多数情况下，能用作植物修复处理的植物应在污染和非污染的土壤或水体环境下都能正常生长，并没有明显的生长抑制现象。用超积累植物来治理重金属污染的土壤，如果植物生长受到明显抑制，则其去除污染能力便受到怀疑。

5.4.1.1 植物修复的主要机理

土壤中的重金属污染是植物生长的一种逆境，大量重金属进入植物体内，参与各种生理生化反应，导致植物的吸收、运输、合成等生理活动受到阻碍，使代谢活动受到干扰，生长受到抑制，甚至导致植物的死亡，这种伤害机理是非常复杂的，可能是单一元素的伤害，也可能是几种重金属的共同伤害。但是超富集植物，不仅能生长在重金属污染的环境中，表现出极强的抗性，而且能对污染土壤进行修复，减少土壤重金属含量，降低土壤的重金属危害性。

A 植物对重金属的抗性机理

植物对重金属的抗性是指在土壤重金属含量很高的条件下，植物不受伤害或受伤害的程度小，能够生长、发育，并完成生活史。植物适应重金属胁迫的机制复杂多样，可以通过两种途径实现，即避性（avoidance）和耐性（tolerance），这两种途径往往能协同作用于同一植物体上，在不同植物、不同的环境中可能以某一途径为主。

a 限制重金属进入植物细胞体内

细胞膜是外界环境和植物有机体之间的一个界面，重金属进入根部必须进行细胞跨膜运输，需通过通道蛋白和 H^+ 偶联蛋白进入根细胞，质膜的组成是决定重金属进入细胞膜的关键因子，重金属污染时，植物膜的组成和变化能力的差异是植物对重金属抗性不同的重要原因之一，植物可通过分泌物的有机酸等物质来改变根际圈 pH 值、Eh 值，并形成络合物，降低植物周围环境中有效态的重金属离子含量，抑制重金属的跨膜运输。

b 植物对重金属的排斥

重金属被植物吸收后，被排出体外，可以达到很好的解毒目的，如植物将吸收的重金属通过排泄方式排出体外，或通过组织脱落方式将重金属排出体外。Nies 等研究了植物的重金属吸收和代谢的关系，发现植物原生质膜能主动地将重金属排出体外。蝇子草属的 *S. vulgaris* 的 Cu 耐性型比敏感型的根对 Cu 的排斥性更强。富含 Ni 土壤的 *Silene armeria* 生态型比 Ca 土生态型有更好耐性，其原因是对 Cu 具有较强的排斥性。

c 重金属络合

重金属进入细胞质后，能和细胞质的蛋白质、谷胱甘肽、草酸、苹果酸等有质物形成复杂的稳定螯合物，并在器官、细胞和亚细胞水平区域化分布，与细胞内的其他物质隔离开来，降低重金属毒性。有关螯合蛋白解毒机制已有很大的进展，主要集中在金属硫蛋白（metallothionein，MT）和植物螯合肽（phytochelatin，PC）。MT 首次是从马肾中提取出一种金属结合蛋白，然后分别在番茄、绿藻、玉米、洋白菜等植物中得到分离和纯化，是植物耐重金属的主要机制。MT 是由基因编码的低相对分子质量的富含半胱氨酸的多肽，通过 Cys 上的巯基与细胞内游离重金属离子结合，形成金属硫醇盐复合物，大大降低重金属毒性。PC 是金属结合多肽，首先是由 Grill 在 1985 年用重金属处理 *Ophiorrhiza mungos* 悬浮细胞后分离出来的，经大量的研究证明，PC 广泛存在植物界，并与植物和诱导的重金属种类有关。在重金属的胁迫下，植物能迅速合成 PC，PC 与重金属结合，形成低毒化合物，直接降低重金属对植物的伤害，同时还可以保护一些酶活性间接降低重金属对植物的伤害。Kneer 等研究表明，PC 在重金属胁迫下，能保护 *Rauwolfia* 细胞中的 RUBP 羧化酶、硝酸还原酶、尿酶等的活性，使其免受伤害。

d 加强抗氧化防卫系统的作用

重金属污染能导致植物体内产生大量的活性氧自由基，引起蛋白质和核酸等大分子变性、膜脂过氧化，从而伤害植物。植物在生物系统进化过程中，细胞形成清除活性氧的保护体系，包括酶性活性氧清除剂（SOD、POD、CAT 等）和非酶性活性氧清除剂（GSH、AsA 等），这些氧化剂在重金属诱导下产生，其活性随活性氧的增加而增强。

王正秋等研究表明，芦苇幼苗在 Pb、Zn、Cd 的胁迫下，SOD 和 POD 活性增

高，大大增强抗氧化能力，Cd 污染发生后，大豆幼苗 CAT 活性上升。许多研究表明，重金属胁迫导致组织中 POD 总活性明显升高是一些植物的共同反应，表明其清除重金属产生的自由基及提高植物耐性有十分重要的作用。

B 植物对重金属的富集机理

耐性是植物在重金属污染土壤中生存的基础条件，超富集植物除了具有普通植物耐重金属的机理外，常常能超量吸收和积累重金属，有关机理还没有完全清楚，目前对植物超富集机理取得的研究进展，主要包括植物的吸收、运输和累积等方面。

a 植物对重金属吸收

在土壤重金属总量或有效态含量较低时，超富集植物积累量常是普通植物的百倍以上，其机理是超积累植物对根际重金属进行活化。其途径为：(1) 根系分泌质子酸化根际环境，促进重金属溶解；(2) 根系分泌有机酸，促进重金属溶解，或与结合态重金属形成螯合物，增强重金属的溶解度；(3) 根系分泌植物高铁载体、植物螯合肽，促进土壤中结合态铁、锌、铜、锰的溶解；(4) 根系细胞膜上还原性酶促进高价金属离子还原，增加金属溶解度。

与其他营养物质一样，土壤有效态重金属可通过质外体和共质体进入根系，大部分离子通过专一或通道蛋白进入根细胞，是主动的耗能过程。超富集植物对重金属常表现出选择性，如 *Thlaspi caerulescens* 只对 Zn 和 Cd 有很强的富集能力，*Indianmustard* 仅对 Cd 有富集能力，其机理可能是重金属诱导产生的专一性运输蛋白或通道蛋白，调节重金属的跨膜吸收。

b 植物对重金属的运输

重金属离子进入根细胞以后，将会被运输到植物体的各部分。重金属在植物体内的运输分为三个过程，即重金属通过共质体进入木质部，重金属在木质部的运输，重金属向叶、果实等部位运输。由于植物内皮层存在凯氏带，重金属只有通过共质体才能进入木质部。在这个过程中，重金属的运输往往受到抑制，超富集植物能减少重金属在液泡中的区隔分布量，有利于将重金属装载至导管向地上部运输，但其机理有待于进一步研究。重金属在导管的运输则主要受根压和蒸腾作用的影响。阳离子在木质部的运输可通过阳离子—质子的反向运输、阳离子—ATPase 和离子通道实现，木质部细胞壁的阳离子交换量高，抑制重金属运输，超富集植物可能与有机酸结合，提高运输速率。

c 重金属在植物体内的分布

重金属进入植物体后，可分布在植物各部分，但表现出明显的区隔化分布。在组织水平上，主要分布在外表皮和皮下组织中；在细胞水平上，主要分布在液泡和质外体等非生理活性区。大量重金属如铅、锌、镉、铜等沉积在细胞壁上，阻止重金属进入原生质而产生伤害。Nishizono 发现，*Athyrium yokoscense* 细胞壁上积累大量的Zn、Cd、Cu，占整个细胞总量的70% ~90%，Molone等在电子显微镜证明了细胞壁对重金属具有沉淀作用。重金属区隔化的另一个重要途径是，重金属进入植物体内，累积在液泡中，液泡中含有的各种有机酸、蛋白质、有机碱、糖等与重金属结合而使其生物活性发生钝化。Vazquez利用电子探针和X射线微分析，发现*T. caerulescens*叶片中Zn主要以晶粒形态积累在表皮细胞和亚表皮细胞的液泡中。

5.4.1.2 重金属污染土壤的植物修复方法

重金属污染土壤的植物修复技术按其修复的机理和过程可分为植物提取、植物固定、植物挥发、根际过滤。其中以植物提取修复意义最大，常常也将植物提取修复称为植物修复。

A 植物提取（phytoextraction）

植物的提取是指通过植物吸收土壤重金属，收获部分植物体而达到减少土壤重金属的目的。普通植物吸收的量少，而超富集植物大大提高重金属的去除速度，Baker等人的研究表明，栽植超富集植物天蓝遏兰菜（*Thlaspi caerulescens*）清除土壤中的锌的速率分别是油菜和萝卜的146倍和79倍，因而植物提取修复主要指超富集植物的提取。植物对重金属的提取包括根系对重金属吸收、通过木质部和韧皮部运输以及在植物收获体富集。植物对重金属离子吸收，主要受土壤重金属有效态含量和植物根系吸收能力的影响。土壤重金属的有效态与重金属总量、土壤微生物、pH值、Eh值、有机质、含水量和其他营养元素的影响。超富集植物能对根际土壤中的重金属进行活化，根有很大表面积，吸附重金属离子，重金属离子需通过通道蛋白和H^+偶联蛋白进入根细胞，超富集植物对某种或某几种重金属具有积累能力，其原因可能是植物的选择性吸收，可能机制是根表皮细胞膜或根木质部细胞膜上有专一性的运输蛋白或通道调控蛋白，限制重金属进入根部。重金属从细胞进入木质部，通过蛋白质输导到达韧皮部，分布在植物体各部位。重金属在输导和迁移的过程中，植物螯合肽（PC）和金属硫蛋白（MT）有重要作用，它们是在植物受到重金属胁迫对诱导产生的蛋白质，能与重金属结合进入液泡，通过液泡的区室化作用进行解毒。

B 植物挥发（phytovolatization）

植物挥发是从污染土壤中吸收到体内的重金属转化为可挥发状态，通过叶片等部位挥发到大气中，从而减少土壤中的重金属，其转化和挥发的机制目前还不清楚。这一修复途径只限于汞、硒等挥发性重金属污染土壤，而且将汞、硒等挥发性重金属转移到大气中有没有环境风险仍有待于进一步研究。

汞是挥发性重金属，常以单质汞、无机汞（HgCl、HgO、$HgCl_2$）、有机汞（$HgCH_3$、HgC_2H_5）形式存在，其中以甲基汞的毒性最大。一些细菌可将甲基汞

转化为毒性小、可挥发性的单质汞，从污染土壤挥发出去，目前有关植物修复汞的研究正在开展，如Rugh将还原酶转入拟南芥（*Arabidopsis thaliana*），表现出较强挥发修复能力。

C 植物稳定（phytostabilization）

植物的稳定修复是利用重金属的超富集植物和耐性植物吸附和固持土壤中的重金属，并通过根际分泌的一些特殊物质转化土壤重金属形态，降低重金属毒性。植物稳定修复的作用体现在两个方面：一是通过植被恢复，保护污染土壤的免受风蚀和水蚀，减少重金属通过渗漏、水土流失、风沙等途径向地下水和周围环境的扩散；二是根系及其分泌物能够吸附、累积沉淀、还原重金属，降低重金属的迁移性和生物有效性。植物分泌物可将 Cr^{6+}，转化为 Cr^{3+}，降低铬的毒性。植物稳定修复只是将重金属固定，改变重金属的形态，没有从根本上去除重金属，在环境条件改变时，金属可利用性将会改变。但这一修复方式在采矿废弃地和污泥中的重金属修复有重要作用，例如，在黔西北炼锌区废弃地，河流90%重金属污染物来自于冶炼废渣和土壤的水土流失而进入河流悬浮物，通过植物的稳定修复将可明显控制重金属对河流的污染。

D 根际过滤（rhizofiltration）

根际过滤是指在重金属污染的水体中，植物利用庞大的根系和表面积过滤、吸收和富集水体中的重金属，通过收获植物后，减少水体中的重金属。适合于根际过滤技术的植物通常根系发达，对重金属吸附能力强，包括水生植物、半水生植物和陆生植物。浮萍和水葫芦可有效清除水体中的镉、铜、硒，湿地中的宽叶香蒲和芦苇对铅、镉、镍、锌有很好的去除率。

5.4.1.3 重金属超富集植物的筛选研究进展

重金属对植物生长的影响随植物种类、元素种类和土壤理化性质的不同而存在较大差异，可能使多数植物产生毒害，仅有极少的耐性植物可以正常生长。某些植物体内重金属含量远远超过其生理需求，不仅超过多数植物体内元素含量，甚至大大超过重金属土壤中生长的耐性植物元素水平。这些植物主要是一些地方性的物种，其区域分布与土壤重金属含量呈明显的相关性。Minguii 等首次测定 *Alyssum bertolonii* 植物叶片（干重）含 Ni 达7900μg/g。重金属污染土壤上大量地方性物种的发现促进了耐重金属植物的研究，某些能够富集重金属的植物也相继被发现。Jaffre 首先引用“重金属超富集植物”这一术语，Brooks 提出了超富集植物的概念，Chaney 提出了利用超富集植物清除土壤重金属污染的思想。

Brooks 对 Ni 超富集植物从地理学特性和分布方面进行大量研究。Brooks 等对葡萄牙、土耳其和亚美尼亚地区 *Alyssum* 属150种植物进行综合考察，发现48种 Ni 超富集植物，它们多数生长在蛇纹岩地区，分布区域很小。目前发现的 Ni

超富集植物有329种，隶属于Acanthaceae（6种）、Asteraceae（27种）、Brassicaceae（82种）、Busaceae（17种）、Euphorbiaeeae（83种）、Flacourtiaceae（19种）、Myrtaceae（6种）、Rubiaceae（12种）、Tiliaceae（6种）、Violaceae（5种）等38个科，在世界各大洲均有分布。如此众多Ni超富集植物的发现，得益于富Ni超基性土壤在全球的广泛分布。可能还有许多Ni超富集植物还有待发现，包括尚未分析的或尚未报道的植物样品，特别是对西非、印度尼西亚的几个岛屿和中美洲的超基性土壤地区还没进行充分研究，那里可能也生长着大量超富集植物。

Zn超富集植物的研究起源于*Thlaspi*属植物的研究。Rascio等发现，生长在意大利和奥地利边界Zn污染土壤上的*Thlaspi rotundifolium* ssp. cepae是Zn超富集植物。Reeves等发现，生长在蛇纹岩地区的许多*Thlaspi*属的Ni超富集植物中Zn含量都在1000μg/g以上，而且不一定分布在Zn污染区域。通过对美国西北部、土耳其、塞浦路斯和日本的*Thlaspi*属植物进行研究，也筛选出了一批新的Zn超富集植物。目前发现的Zn超富集植物有21种，分布在Brassicaceae、Caryophyllaceae、Lamiaceae和Violaceae等4个科。*Thdaspi caerulescens*、*Arabidopsis haileri*和*Viola calaminaria*等Zn超富集植物Zn含量都超过10000μg/g，其中*Thlaspi eaerulescen*是目前研究较多的植物，已经成为研究超富集植物的模式植物。自从Reeves正式确定*Thlaspi caerulescens*为Zn的超富集植物以来，国内外学者对其吸收、富集机制、解毒机制、根系分布和实际修复能力等方面进行了广泛研究，取得许多有价值的成果，对理解超富集植物独特富集能力和提高富集植物的效能等方面具有重要意义。

目前发现的Pb超富集植物有16种，分布在Brassicaceae、Caryophyllaceae、Poaceae和Polygonaceae等4科。其中*Minuartia verna*、*Agrosas tenuis*和*Festuca ovin*野外植物样品的最高Pb含量均超过1000μg/g，但这些植物都未经过验证实验，还需进一步确认其富集能力。Baker等发现，*Thlaspi caerulescen*在Pb含量20mg/L的水培条件下，地上部分Pb含量高达7000μg/g，表明*Thlaspi caerulescens*也具有超富集Pb的能力。*Brassica juncea*生物量大，虽然不是Pb超富集植物，但是在EDTA螯合条件下，地上部分Pb含量高达15000μg/g，而且对Cd、Ni、Cu和Zn都有一定的富集能力，目前是植物修复领域研究较为广泛的一种材料，在修复重金属污染土壤方面取得较好的效果。

国内在超富集植物筛选方面的研究起步较晚，但近年来的研究逐渐增多，取得了一些研究成果。目前我国对Cd富集植物的研究较多。黄会一等报道了一种旱柳品系可富集大量的Cd，最高富集量可达47. 19μg/g。魏树和等对铅锌矿各主要坑口的杂草植物进行富集特性研究发现，全叶马兰、蒲公英和鬼针草地上部分对Cd的富集系数均大于1，且地上部分Cd含量大于根部含量；他们还首次发现

龙葵是 Cd 超富集植物，在 Cd 浓度为 25μg/g 条件下龙葵茎和叶中 Cd 含量分别达到了 103.8μg/g 和 124.6μg/g，其地上部分 Cd 富集系数为 2.68。苏德纯等对多个芥菜品种进行了耐 Cd 毒和富集 Cd 能力的试验，初步筛选出两个具有较高吸收能力的品种，在相同的土壤 Cd 浓度和生长条件下，芥菜型油菜溪口花籽的地上部分生物量、地上部分吸收 Cd 量和对污染物的净化率均明显高于目前公认的参比植物印度芥菜。刘威等发现，宝山堇菜是一种新的 Cd 超富集植物，在自然条件下地上部分 Cd 平均含量可达 1168μg/g，最大可达 2310μg/g，而在温室条件下平均可达 4825μg/g。

陈同斌等发现 As 超富集植物蜈蚣草。蜈蚣草对 As 具有很强的富集作用，其叶片含 As 高达 5070μg/g，在含 As9μg/g 的正常土壤中，蜈蚣草地下部和地上部分对 As 的生物富集系数分别达 71 和 80。韦朝阳等发现了另一种 As 的超富集植物大叶井口边草，其地上部分平均 As 含量为 418μg/g，最大 As 含量可达 694μg/g，其富集系数为 1.3 ~4.8。

唐世荣等相继报道了鸭跖草是 Cu 的超富集植物。李华等研究了 Cu 对耐性植物海洲香薷的生长、Cu 富集、叶绿素含量和根系活力的影响，指出虽然地上部分 Cu 富集水平未达到超富集植物的要求，但由于其生物量大，植株 Cu 总富集量较高，仍可用于 Cu 污染土壤的修复。加拿大白杨幼苗对汞的富集浓度达到 233.77μg/g，植物体内的耐受阈值为 90 ~ 100μg/g。红树能将大量的汞吸收并储藏在植物体内，汞浓度达到 1μg/g 时仍能正常生长。

杨肖娥等通过野外调查和温室栽培发现了一种新的 Zn 超富集植物东南景天，天然条件下东南景天的地上部分 Zn 的平均含量为 4515μg/g，营养液培养试验表明其地上部分最高 Zn 含量可达 19674μg/g。叶海波等继续研究东南景天发现它对 Cd 同样具有超富集能力，而且东南景天是无性繁殖，繁殖速度快，在较短的生长期内即可形成良好的地面覆盖率。李文学等通过研究认为遏蓝菜属植物具有非常强的富集 Zn 的能力，能够在地上部分富集高达 3%（干重）的 Zn，同时植物正常生长，没有表现出任何中毒症状，已经成为研究重金属富集机理的模式植物之一。魏树和等发现狼拔草能够同时超量富集 Cd 和 Zn，是少有的能同时超量富集两种及两种以上的重金属超富集植物。薛生国等通过野外调查和室内分析发现，商陆对 Mn 具有明显的富集特性，叶片 Mn 含量最高可达 19299μg/g，填补了我国 Mn 超富集植物的空白。但目前国内还没有发现 Pb 超富集植物的报道。

5.4.1.4 植物修复技术的特点及优缺点

A 植物修复技术的特点

从世界范围来看，植物资源相当丰富，筛选修复植物潜力巨大，这就使植物修复技术有了较坚实的基础；人类在长期的农业生产中，积累了丰富的作物栽培与耕作、品种选育与改良以及病虫害防治等经验，再加上日益成熟的生物技术的应用和微生物研究的不断深入，使得植物修复在时间应用中有了技术保障。与物理化学修复方法相比，植物修复有如下特点：

(1) 植物修复以太阳能作为驱动力，能耗较低。

(2) 植物修复实际上是修复植物与土壤及土壤中微生物共同作用的结果，因而具有土壤—植物—微生物系统所具有的一般特征。

(3) 植物修复利用修复植物的新陈代谢活动来提取、挥发、降解、固定污染物质，使土壤中十分复杂的修复情形简化成以植物为载体的处理过程，从形式上看修复工艺比较简单。

(4) 修复植物的正常生长需要光、温、水、气等适宜的环境因素，同时也会受病虫草害的影响，也就决定植物修复的影响因素很多，具有极大的不确定性。

(5) 植物修复必须通过修复植物的正常生长来实现修复目的，因而，传统的农作经验以及现代化的栽培措施可能会发挥重要作用，从而也就具有了作物栽培学与耕作学的特点。

(6) 植物以及微生物的生命活动十分复杂，要使植物修复达到比较理想的效果，就要运用植物学、微生物学、植物生理学、植物病理学、植物毒理学等方方面面的科学技术不断地强化和改进，因而也有多学科交叉的特点。

B 植物修复技术的优缺点

a 植物修复技术的优点

植物修复技术较其他物理化学和生物的方法具有更多的优点，表现在：

(1) 植物修复的成本低。它仅需要传统修复技术 1/3 ~ 1/10 的成本，投资和运作成本均较低，对环境扰动少，清理土壤中重金属的同时，可清除污染土壤周围的大气或水体中的污染物。

(2) 有较高的环境美化价值。生活在污染地附近的居民总是期望有一种治理方案既能保护他们身心的健康，美化其生活环境，又能消除环境中的污染物。植物修复技术恰恰能满足居民的这一心理需求。

(3) 植物修复重金属污染物的过程也是土壤有机质含量和土壤肥力增加的过程，被植物修复干净土壤适合多种农作物的生长。

(4) 植物固化技术能使地表长期稳定，有利于污染物的固定，生态环境的改善和野生生物的繁衍，而且维持系统运行的成本低。

(5) 用植物吸收一些可做微肥的重金属如 Cu、Zn 等，收割后的植物可用作制微肥的原材料，用这种原材料制成的微肥更易被植物吸收。

(6) 植物修复技术能够永久性的解决土壤中重金属污染问题。相比之下，多数传统的重金属处理方法只是将污染物从一个地点搬到另一个地点或从一种介

质搬运到另一种介质或使其停留在原地，其结果只能是延误重金属污染土壤的治理，给农产品安全和人类健康埋下“定时炸弹”。

(7) 植物既可从污染严重的土壤中可萃取重金属也可以从轻度污染的土壤中吸收重金属。

b 植物修复技术的不足

植物修复是今年来世界公认的非常理想的污染土壤原位治理技术，它具有物理化学修复所无法比拟的优势，但作为一项技术总有他的局限性，尤其对尚未成熟的植物修复技术来说更是如此，主要表现在以下几个方面：

(1) 修复植物对污染物质的耐性是有限的。超过其忍耐程度的污染土壤并不适合植物修复。

(2) 植物生长缓慢，植物修复过程通常比物理化学过程缓慢，比常规治理需要更长时间，尤其是与土壤结合紧密的疏水性污染物。难以满足快速修复污染土壤的要求。

(3) 用于净化重金属的植物器官往往会通过腐烂落叶等途径使重金属重返土壤，因此必须在植物落叶前收割植物器官，并进行无害化处理。

(4) 植物的发育生长需要适宜的环境条件，在温度过低或其他生长条件难以满足的地区就难以生存，因而植物修复受季节变化等环境因素的限制，尤其在北方地区更是如此。

(5) 绝大多数超积累植物只能积累一种，最多两种金属，对土壤中其他浓度较高的重金属则往往没有明显的修复效果，甚至表现出某些中毒症状，从而限制了植物修复技术在重金属复合污染土壤中的治理。

(6) 成功修复污染土壤需要很多环境因子的配合，包括水分供给、土壤肥力、品种选育与搭配等因素的最佳配合。

5.4.1.5 植物修复技术展望

在最近10年中，采用植物去除土壤中的重金属备受关注。目前所发现的超富集植物大多数个体矮小，生长缓慢，修复重金属污染土地需时太长，因而经济上并不一定很合理，这是目前限制超富集植物大规模应用于植物修复的最重要因素。

从总体上看，植物修复技术还停留在实验阶段，其根本原因是植物修复机理还不是很清楚，有关植物提取的影响因子缺乏全面研究。如何从实验室进入产业化，未来研究需从如下方面获得突破：

(1) 筛选和驯化自然界中存在的超累积植物，使其能运用于实际，仍是当前植物修复研究的一项重要任务。我国的野生植物资源丰富，通过筛选，有希望为植物修复发掘出新的种质资源。

(2) 深入研究植物对重金属解毒机理、植物对重金属的超量吸收和积累机理、耐重金属和超积累植物及其根际微生物共存体系、根际及微生物对重金属的生物有效性影响机制。前景看好的研究领域包括与超积累植物根际共存的微生物群落的生态学特征和生理学特征研究，根际分泌物在微生物群落的进化选择过程中的作用与地位，根圈内以微生物为媒介的腐殖化作用对表层土壤中重金属的生物可利用性的影响等。研究这些问题不仅可以更好地揭示逆境中植物生存的奥秘，而且可为充分利用植物及其共生的根际微生物清除污染土壤中的有毒化学污染物提供理论依据。

(3) 利用分子生物学手段，通过遗传改良，将植物对重金属的超累积遗传特性与植物的生长快、生物量大的特性结合起来，培育出生长量大、对重金属富集能力强的植物，提高植物修复的实用性，推动植物修复的产业化发展。国外这方面的工作还刚刚开始。将来的研究工作是把能使超积累植物个体长大、生物量增高、生长速率加快和生长周期缩短的基因传导到该类植物中并得到相应的表达，使其不仅能克服自身的生物学缺陷（个体小、生物量低、生长速率慢、生长周期长)，而且能保持原有的超积累特性，从而更适合于栽培环境下的机械化作业，提高植物修复重金属污染土壤的效率。

(4) 加强对植物修复的影响因子和调控机理的研究，主要包括应用改良剂(络合剂、螯合剂)、有机质、酸碱调节剂等，调控土壤重金属形态；通过农业耕作措施，改良植物的生长状况，提高植物对重金属的吸收率。

(5) 建立更多的应用植物修复技术的示范性基地，取得经验后加以推广。目前我国一些单位和学者，正在开发香根草生态工程，这种植物对 Cr、Ni、As、Cd 四种重金属的忍耐积累程度远高于一般植物（几十倍到上百倍)，且生物量大，在短时间内通过根系吸收可去除土壤中相当一部分有毒物质，这一技术有较广阔的利用前景。

5.4.2 重金属污染土壤微生物修复技术

微生物修复就是利用对污染物有一定抗性的微生物，在其生理活动过程中，对污染物进行降解、转化、吸附，从而使其对环境的危害性降低或使其完全无害化的过程。当铅、铬、镉、砷等非生物生存所需的重金属以及锌、镍等生物生存所需的重金属物质在介质中达到一定的浓度时可能会对生物产生抑制作用，但自然界中的大多数微生物与重金属长期接触后，都能尽量减少毒害或受毒害后迅速恢复生长。

5.4.2.1 微生物对土壤中重金属活性的影响

重金属污染土壤中的微生物，长期在重金属的选择作用下，会不断增强自己

的耐性、抗性，并通过生物积累和生物吸着、生物转化作用影响重金属的活性及毒性。

A　微生物对重金属的生物积累和生物吸着

微生物对重金属的生物积累和生物吸着，主要包括吸附、沉淀以及胞内积累等3种形式。

a　微生物对重金属的吸附作用

微生物的主要重金属吸附位点包括细胞壁、胞外聚合物和细胞膜。荧光假单胞菌吸附的Cd^{2+}有65%是细胞壁的作用。细菌细胞壁的组分肽聚糖、脂多糖、磷壁酸可以吸附重金属离子。据报道，耐Cd^{2+}菌株细胞壁上活性基团—NH_2、—COOH和—PO_4^{3-}活跃参与重金属离子的络合作用。进一步的研究指出，革兰氏阳性菌的吸附位点是细胞壁肽聚糖、磷壁酸上的羧基和糖醛酸上的磷酸基，因此它们有很强的吸收金属阳离子的趋向；革兰氏阴性菌富集重金属离子的位点主要是脂多糖分子中的核心低聚糖和氮乙酰葡萄糖残基上的磷酸基及2-酮-3-脱氧辛酸残基上的羧基，肽聚糖含量少，因此表现出对金属有限的吸附能力。

微生物分泌的代谢产物——胞外聚合物也可吸附重金属。胞外聚合物主要包括多糖和多肽，其他的物质成分包括蛋白质、核酸和营养盐类，这类物质的表面常带有—COO^-、—HPO_4^-、—OH^-等基团，使得胞外聚合物不但具有离子交换特性，也可以与金属离子发生螯合作用。土壤中的固氮杆菌属、假单孢杆菌属、根瘤菌属分泌的荚膜多糖，可以有效地固定重金属。

b　微生物对重金属的沉淀作用

微生物可以通过异化还原作用或是微生物自身新陈代谢作用，产生S^{2-}和PO_4^{3-}，这些离子与金属离子发生沉淀反应，使有毒有害的金属元素转化为无毒或低毒金属沉淀物。例如环境中的硫还原细菌可以通过两种方式将硫酸盐还原成硫化物：一是在呼吸过程中硫酸盐作为电子受体被还原；二是在同化过程中利用硫酸盐合成氨基酸如胱氨酸和蛋氨酸，再通过脱硫作用使S^{2-}分泌于体外。呼吸方式已经在水重金属污染和土壤重金属污染的治理领域得到应用，其反应机理为：有机物$+SO_4^{2-} \rightarrow CH_3COO^- + HS^- + HCO_3^-$；$Me^{2+}$（金属离子）$+ HS^- \rightarrow MeS\downarrow + H^+$。已有报道指出环境中的Zn、Cu、Pb、Ni、Co和Cd，在硫酸盐还原菌的作用下可生成硫化物沉淀（ZnS、CdS、CuS、CoS、NiS和PbS），从而降低重金属的迁移性。也有学者报道，产气克氏杆菌的抗金属菌株可以促使Pb、Hg和Cd生成不溶的硫化物颗粒，沉淀在细胞外表面。

再如，环境中微生物可通过两种方式释放无机磷酸盐，而无机磷酸盐易与金属发生沉淀反应，一种方式是柠檬酸杆菌等能分泌酸性磷酸酶，催化2-磷酸甘油水解，释放无机磷酸盐，无机磷酸盐在细胞表面大量积累，与细胞表面的金属发生沉淀反应，形成金属磷酸盐沉淀；另一种方式是细菌在好氧条件下不断合成多磷酸盐，并把多磷酸盐作为细菌生长代谢的能源物质，在厌氧条件下，多磷酸盐被降解产生 ATP，同时产生金属磷酸盐的沉淀。Finlay 等报道，将柠檬酸菌细胞固定于生物膜反应器通过化学耦合作用，以 HUO_2PO_4 沉淀形式，去除超过 90% 的金属 U。Maeaskie 等也指出，革兰氏阴性细菌 *Citrobacer* 分泌磷酸酶产生的大量磷酸氢根离子在细胞表面与重金属形成沉淀。

c 微生物对重金属的胞内积累

微生物可通过摄取必要的营养元素主动吸收重金属离子，将重金属离子富集在细胞内部。在生物累积过程中，可溶性金属从微生物细胞外通过细胞膜转运到细胞质中，金属离子在细胞中被隔离到特定部位，以防止接触到重要的细胞组分或细胞器，或者在细胞质中被胞内蛋白质结合，形成无毒螯合物，降低重金属的毒性。据报道，活酵母将吸收的 Sr 和 Co 离子积累在液泡里。真菌可将大部分吸收的 Co^{2+}、Mn^{2+}、Mg^{2+}、Zn^{2+} 和 K^+ 以离子态、或低分子量的多聚磷酸酯结合态累积于小气泡中。此外，许多微生物的胞内蛋白可以被 Zn、Cd、Cu、Hg 等金属诱导，与这些金属形成螯合物，从而降低细胞内金属的生物活性及毒性。与重金属结合形成无毒螯合物的蛋白质主要指金属硫蛋白。例如，聚球藻产生的金属硫蛋白与重金属都有很强的络合能力。

B 微生物对重金属的生物转化作用

a 还原作用

脱色希瓦氏菌（*Shewanella decolorationis*，Sl2）（一株异化铁还原菌）和脱弧杆菌（*Desulfovibro*），在厌氧条件下能够将三价铁（Fe（Ⅲ））还原成亚铁（Fe（Ⅱ））。亚硒酸可以被某些细菌和真菌如 *E. coli* 和链孢霉菌还原为元素硒。铬酸盐和重铬酸盐可以被青霉菌、产碱菌属（*Azcaligenes*）、芽孢杆菌属、棒杆菌属（*Corynebacteriizm*）、肠杆菌属、假单胞菌属和微球菌属（*Micrococus*）等还原为低毒性的 Cr^{3+}。程国军等从耐 Cr(Ⅵ)试验分离出了抗 Cr(Ⅵ)细菌 MDS08，将 MDS08 接种到含 0.2mmol/L 的 Cr(Ⅵ)的液体培养基中，24h 对 Cr(Ⅵ)的还原率达到 99%。硫酸盐可以被硫酸盐还原菌还原为 S^{2-}。

b 氧化作用

As 元素在环境中可以以 0 价、-3 价、+3 价和 +5 价形式存在。在无机砷中 +3 价 As 比 +5 价砷的生物毒性大数倍。环境中有些细菌如化能自养亚砷酸盐氧化菌（*Chemoautotrophic arsenite oxidizer*，CAO）和异养亚砷酸盐氧化菌（*Heterotrophic arsenite oxidizer*，HAO）可以氧化 As（Ⅲ）为 As（Ⅴ），降低其毒性。已有研究发现，氧化硫硫杆菌（*Thiobacillus thiooxidans*）和氧化亚铁硫杆菌（*Thiobacillus ferrooxidans*）、生丝微菌属（*Hypkomicrobium*）等可以氧化 Mn（Ⅱ）和 Fe（Ⅱ）。也有报道阐述，*E. coil*、芽孢杆菌（*Bacillus*）和链霉菌（*Streptomyces*）可以氧化汞。

c 溶解作用

微生物对重金属的溶解主要是通过各种代谢活动直接或间接地进行。土壤微生物的代谢作用能产生多种有机酸，如甲酸、乙酸、丙酸、丁酸、柠檬酸、苹果酸、琥珀酸以及各种氨基酸等，以此溶解、络合土壤中固定的稳定态的重金属。

李荣林等报道，在营养充分的条件下，Pb、Cd 耐受性真菌（白腐菌）可以促进 Pb、Cd 向可溶态转化，提高土壤中 Pb、Cd 的活性。Chanmugathas 等也报道，微生物可以促进重金属 Cd 的溶解，并且溶解出来的重金属主要是和微生物代谢产生的低分子有机酸结合形成的络合物形式存在。这说明微生物的代谢活动增强了土壤中固定的重金属的溶出，提高了重金属的活性。

5.4.2.2 铁氧化物及微生物交互作用对土壤中重金属活性的影响

土壤胶体中含有大量的铁氧化物（包括氢氧化物），它主要包括针铁矿、赤铁矿、纤铁矿、磁铁矿等，通常铁氧化物表面存在两类表面基团羟基—OH（A 型羟基）和水合基—OH_2，在一定条件下，这些基团易与重金属发生配合，螯合作用，影响重金属的活性。丁振华等研究发现不同类型的铁氧化物对重金属的吸附影响不同，他指出针铁矿对 Cu 离子和 Pb 离子的吸附能力最强，发现不同种类的铁（氢）氧化矿物的吸附能力明显不同，赤铁矿对 Cu 离子和 Pb 离子的吸附能力变化最大。王帅等的研究结果也说明，针铁矿对 Cu 离子的吸附作用大于赤铁矿对 Cu 离子的吸附作用。

关于微生物细胞及微生物分子与土壤矿物的交互作用已开展了广泛研究。Beveridge 等指出微生物细胞和生物分子可以在矿物表面吸附。土壤中铁氧化物、微生物能形成“铁氧化物—微生物”复合体，这种复合体对可以改变土壤中重金属元素的吸附行为。目前国内外通过“土壤铁氧化物—微生物”的复合体对土壤重金属污染的治理研究已取得一定进展。Huang 等对红壤、黄棕壤中高岭土、针铁矿、非晶形铁等矿物与根瘤菌对 Cu、Cd 的吸附表明细菌的加入显著提高了高岭土、针铁矿对 Cd 的吸附亲和力。谢朝阳等通过筛选出的耐 Cu、Cd 的产气肠杆菌对土壤胶体和黏土矿物体系吸附 Cu 能力进行研究，结果表明在加入了耐受菌——产气肠杆菌条件下，土壤胶体、针铁矿对 Cu^{2+} 的吸附量显著增加。Templeton 等通过长期 X 射线驻波技术研究表明，伯克霍尔德菌（*Burkholderia cepacia*）可以在赤铁矿表面吸附并形成单层生物膜，使得其可吸附大量 Pb^{2+} 而且不会钝化矿物表面的反应位点。

5.4.2.3 微生物修复类型

微生物对土壤重金属污染修复的机理主要有微生物固定以及微生物转化两种。微生物对重金属的生物固定作用主要表现在胞外络合作用、胞外沉淀作用以及胞内积累三种作用方式上。由于微生物对重金属具有很强的亲和吸附性能，有毒金属离子可以积累在细胞的不同部位或结合到胞外基质上，或被螯合在可溶性或不溶性生物多聚物上。另外，微生物还可以通过产生柠檬酸、草酸等物质与重金属产生螯合或是形成草酸盐沉淀，从而减轻重金属的伤害。而微生物对重金属进行生物转化，其主要作用机理是微生物通过氧化、还原、甲基化和脱甲基化作用转化重金属，改变其毒性，从而形成对重金属的解毒机制。

5.4.2.4 微生物修复的不足

虽然微生物修复具有成本低、对环境影响小、不破坏土壤环境等优点，且其修复效果在理论上和技术上都已取得了很大进展，但在实际操作中仍存在一些不足：(1) 生长状况易受温度、水分、盐分以及 pH 值等环境因素影响；(2) 某些微生物只能对特定的污染物起作用；(3) 用于现场修复的微生物可能存在竞争不过本土微生物以及难以适应环境等问题而导致修复效果不理想；(4) 吸附在微生物体内的污染物可能会因为微生物代谢或死亡等原因又释放到环境中；(5) 另外，与物理、化学方法相比较，这一技术治理污染土壤时间相对较长。

由于我们不可能将微生物群体迁移出土壤，因此尽管微生物对于修复重金属污染土壤中的汞等挥发性金属具有一定效果，但对于大部分重金属只能改变其形态，而不能对其进行彻底去除，因此单独使用微生物对于重金属污染土壤的修复是不彻底的，不能够从根本上解决这一问题。

5.4.3 重金属污染土壤植物—微生物联合修复

生态系统的自我维持是矿山生态修复的终极目标，而植被修复是实现这一目标的主要途径。在陆地生态系统中，根际是土壤—植物生态系统物质交换的活跃界面，植物是第一生产者，土壤微生物是有机质的分解者。植物将光合产物以根系分泌物和植物残体形式释放到土壤，向土壤微生物供给碳源和能源；而微生物则将有机养分转化成无机养分，以利于植物吸收利用，因此植物—微生物的相互作用维系或主宰了陆地生态系统的生态功能，而植物修复实际上就是以植物为主体、以微生物为辅助的环境修复过程。这一过程能够有效进行的前提条件即植物能够适应污染环境而存活，这一方面要依靠植物自身的抗（耐）性，另一方面利用根际环境微生物类群与植物根系的相互作用具有重要的意义。

5.4.3.1 重金属污染土壤的植物—微生物联合修复的不同形式

A 植物与专性菌株的联合修复

一般来说，重金属污染往往会导致土壤微生物生物量的减少和种类的改变，然而微生物代谢活性并未显示明显的降低，这意味着在污染区的微生物对重金属

污染可能产生了耐受性。因此，在污染区往往可以发现大量的耐受微生物菌体。这些耐受菌体的存在有助于土壤重金属污染植物修复的进行。

土壤中许多细菌不仅能够刺激并保护植物的生长，而且还具有活化土壤中重金属污染物的能力。最近俄罗斯科学家培育出一种耐重金属污染并保护植物生长的细菌，这种细菌能够在 Zn、Ni、Cd 和 Co 存在的条件下产生抗生素细菌的细胞不具备稳定的基因，但是位于染色体外能够自动复制的环状 DNA 分子，可以有效阻止重金属离子进入细胞，同时能够刺激并保护植物的生长；Ma 等成功地从 Ni 污染土壤中分离得到耐受重金属污染的细菌，并发现这些细菌在较高水平重金属污染的土壤中能够促进植物生长；盛下放等利用从污染土壤中分离得到的 3 株 Cd 抗性细菌分别接种到含有 200μg/gCd 的土壤中并利用番茄进行富集实验，结果表明，供试菌株均能显著促进植株生长，活化植株根际 Cd，接 RJ16 菌株处理中的番茄地上部植株干质量、根际有效 Cd 含量及植株吸收 Cd 的含量分别比不接菌对照处理增加 64.2%、46.3% 和 107.8%；江春玉等从土壤样品中筛选出一株对碳酸铅、碳酸镉活化能力最强的铅镉抗性细菌 WS34，通过盆栽试验发现菌株 WS34 能促进供试植物印度芥菜和油菜的生长，使其干质量分别比对照组增加 21.4% ~76.3% 和 18.0% ~23.6%；Idris 等在遏蓝菜属植物 *Thlaspi goesingense* 根际分离出大量对 Ni 耐受性较强细菌，包括 *Cytophaga*、*Flexibacter*、*Bacteroides* 等，这些细菌可以明显提高 *Thlaspi goesingense* 对 Ni 的富集能力。

可见，植物修复重金属污染土壤过程中向土壤中接种专性菌株，不仅可以提高植物生物量，而且还可以提高土壤中重金属的生物可利用性。因此，研究具有重金属耐性的促植物生长的专性菌株是植物—微生物联合修复重金属污染土壤的重要方向之一。

B 植物与菌根的联合修复

所谓菌根就是土壤中真菌菌丝与高等植物营养根系形成的一种联合体。菌根植物与土壤重金属污染的研究开始于 20 世纪 80 年代初。Bradle 等在调查重金属含量很高的矿区时发现，少量生存的植物中多为菌根植物，且与非菌根植物相比较生长好。含有大量微生物的菌根是一个复杂的群体，包括放线菌、固氮菌和真菌、这些菌类有一定的降解污染的能力，同时，菌根根际提供的微生态使菌根根际维持较高的微生物种群密度和生理活性，从而使微生物菌群更稳定。越来越多的研究表明，菌根表面的菌丝体可大大增加根系的吸收面积，大部分菌根真菌具有很强的酸溶和酶解能力，可为植物传递营养物质，并能合成植物激素，促进植物生长；菌根真菌的活动还可改善根际微生态环境，增强植物抗病能力，极大地提高了植物在逆境（如干旱、有毒物质污染等）条件下的生存能力。

关于菌根真菌用于植物—微生物联合修复重金属污染的报道较多。Richen 和 Hofner 研究了基因工程根瘤菌 *Mesorhizobium Huakuii* B3 和紫云英属豆科植物联合修复重金属，研究发现，菌根共生体能使根瘤中 Cd^{2+} 的积累量增加17%～20%；黄艺等通过测定不同施用Zn、Cu水平下苗木中2种重金属的含量，发现菌根苗体内Cu和Zn的含量是非菌根植物的216和113倍；陈晓东等比较了生长在污染土壤中菌根小麦与无菌根小麦根际Cu、Zn、Pb、Cd的形态与变化，得出了菌根环境对土壤中交换态重金属含量有较大影响，必需元素交换态增加，而Cu、Zn、Pb的有机结合态含量在菌根根际都高于非菌根际；李婷等在离体培养条件下，对外生菌根真菌 *Boletus edulis* 菌丝铜镉积累分配与生长微环境变化进行研究。发现 *B. edulis* 具有很强的铜镉吸收积累能力，最高处理浓度时，菌丝体内的Cu、Cd浓度分别是对照的26.6和28倍。菌丝体对生物体必需元素Cu和非必需元素Cd具有不同的积累模式，并可根据重金属的种类，有效地调节生长微环境，以降低重金属对菌丝体的生物有效性；陈秀华和赵斌通过5个土壤 Cu^{2+} 水平（0、20、50、100、150μg/g）的盆栽试验，研究了不同土壤 Cu^{2+} 水平接种菌根真菌 *Glomus intraradices* 和 *G. mosseae* 对紫云英生长的影响，结果表明，Cu^{2+} 污染土壤中接种 *G. intraradices* 对紫云英生长具有促进作用；Pongrac等认为利用菌根真菌 *Capnobotryella*sp.、*Penicillium brevicompactum*、*Rodotorula aurantiaca* 及 *R. slooffiae* 与 *Thlaspi praecox*（属十字花科）联合修复重金属污染土壤具有相当广阔的应用前景。此外，一些研究认为，VA菌根作为一类重要的内生菌根，具有较强的络合重金属元素的能力，当土壤中重金属含量过高时，VA菌根可以显著提高宿主植物对这些重金属离子的耐性。目前，关于菌根强化重金属污染土壤植物修复的机理研究不多，黄艺和黄志基指出了外生菌根在植物抗重金属毒害中的积极作用，并概括其抗性的主要机理为：外延菌丝的吸收作用；菌根分泌物的调节与螯合作用；菌根、菌丝套或哈蒂氏网吸收过滤有毒金属；菌根、菌丝套的疏水性作用。

虽然菌根化植物抗逆性强、吸收降解能力强，但不容易获得，因此，菌根与植物修复体系的选择与建立有非常广阔的应用价值，也是重金属污染土壤生态恢复的一个新的研究方向。

5.4.3.2 重金属污染土壤植物—微生物联合修复技术的影响因素

A 土壤中重金属污染特性

重金属的生态环境效应与其总量相关性不显著，从土壤物理化学角度来看，土壤中重金属各形态是处于不同的能量状态，其生物有效性不同。在污染土壤中，由于矿物和有机质成分对重金属的吸附，水溶态重金属所占份额不多。因此，重金属的生物可利用性、其对植物和微生物的毒性和抑制机理都会影响重金属污染土壤植物修复的效率。

B 植物本身生理生化特性

作为植物—微生物联合修复技术的主体，富集植物一般应具有以下几个特

性：即使在污染物浓度较低时也有较高的积累速率，尤其在接近土壤重金属含量水平下，植株仍有较高的吸收速率，且须有较高的运输能力；能在体内积累高浓度的污染物，地上部能够较普通作物累积10～500倍以上某种重金属的植物；最好能同时积累几种金属；生长快，生物量大；具有抗虫、病能力。

目前，根据野外采集样本的分析，全世界发现了约400种超积累植物，最重要的超积累植物主要集中在十字花科，世界上研究得最多的植物主要在芸薹属（*Brassica*）、南庭芥属（*Alyssuns*）及遏蓝菜属（*Thlaspi*）。如在重金属污染土壤上种植天蓝遏蓝菜（*Thlaspi caerulescens*），可以吸收和积累土壤中非可溶性Cu、Zn、Pb；A-Najar等发现植物羽衣甘蓝（*Brassica oleracea* var. *acephala f. tricolor*）和屈草花属植物（*Iberisintermedia*）对Tl有超积累作用，其中地上部分吸收的Tl的18%和21%来自根际土壤的植物有效态部分，50%和40%来自非可溶性部分。可见，富集植物的生理特性使其具有独特的活化土壤中其他植物所不能吸收和利用重金属的能力，并通过多种途径改变周围环境，提高重金属的溶解性，从而促进植物根系对重金属的吸收，对于植物—微生物联合修复体系非常重要。

C 根际环境因素

根际环境在很大程度上影响着植物对重金属的吸收。所谓的根际就是受植物根系活动影响较多的部分土壤，是离根表面数微米的微小区域。从环境科学角度来说，根际是土壤中一个独特的土壤污染“生态修复单元”，是根系和土壤环境相互耦合的生态和环境界面。作为植物根系生长的真实土壤环境，根际环境在植物—微生物修复技术中的作用也不容忽视。根际环境因素主要包括：pH值、氧化还原状况、根系分泌物、根际微生物和根际矿物质等。

a 根际环境中pH值因素

根系可以通过吸收和分泌作用来改变其邻近空间的环境。植物通过根部分泌质子酸化土壤来溶解金属，低pH值可以使与土壤结合的金属离子进入土壤溶液。如种植天蓝遏蓝菜和黄白三叶（*Thlaspi ochroleucum*）后，根际土壤pH值较非根际土壤低0.2～0.4，根际土壤中可移动态Zn含量均较非根际土壤高。重金属胁迫条件下植物也可能形成根际pH值屏障来限制重金属离子进入原生质，如Cd的胁迫可减轻根际酸化过程，耐铝性作物根际的pH值较高，使Al^{3+}呈羟基铝聚合物而沉淀。

b 根际环境中氧化还原状况

土壤中重金属形态和生物可利用性还受氧化还原状况的影响。如旱作植物的根系分泌物中含有酚类等还原性物质，使根际Eh值一般低于土体。该性质对重金属特别是变价重金属元素的形态转化和毒性具有重要作用。例如，在Cr污染的农田现场治理中栽种作物，作物的根系分泌出还原性物质，土壤的还原条件将会增加Cr(Ⅵ)的去除。因而，如果在生长于还原性基质上的植株根际产生氧化态微环境，那么土壤中还原态的离子穿越这一氧化区达到根表面时就会转化为氧化态，从而降低其还原能力，一个很明显的例子就是水稻，由于其根系特殊的溢氧特征，使其根际 Eh 值明显高于根外，可以推断，根际 Fe^{2+} 等还原物质的降低必然会使 Cr(Ⅵ)的还原过程减弱。同时，许多研究也表明，一些湿地或水生植物品种的根表皮可观察到氧化锰在根—土界面的积累，据桂新安等的研究，Cr(Ⅲ)能被土壤中氧化锰等氧化成 Cr(Ⅵ)，氧化锰可能是 Cr(Ⅲ)氧化过程中的最主要的电子受体。此外，有研究表明水稻含镉量与生育后期的水分状况密切相关，此时排水烤田则可使水稻含镉量增加好几倍，其原因曾被认为是土壤原来形成的 CdS 重新溶解的缘故，但从根际观点看，水稻根际 Eh 值可使 FeS 发生氧化，因此根际也能氧化 CdS，从根际 Eh 值动态变化来看，水稻根际的氧化还原电位从分蘖盛期至幼穗期经常从氧化值向还原值急剧变化，在扬花期也很低，生育后期处于淹水状态下的水稻含镉量较低的原因可能就在于根际 Eh 值下降，此时若排水烤田，根际 Eh 值上升，再加上根外土体中的 CdS 氧化，Cd^{2+} 活度增加，也就使 Cd 有效性大大增加。由此可见，在重金属污染防治中根际氧化还原的效应作用是不能忽视的。

c 根系分泌物

根系分泌物是指植物在生长过程中通过根的不同部位向生长基质中释放的一组种类繁多的物质。这些物质包括低分子量的有机物质、高分子的粘胶物质和根细胞脱落物及其分解产物、气体、质子和养分离子等。根系分泌物是一个多组分复杂的非均一体系，是植物与根际微生物及土壤进行物质、能量与信息交流的重要载体物质，是形成根际环境的物质基础。根系分泌物的种类繁多、数量差异大，据估计，植物根系分泌的有机化合物一般有 200 种以上，既有糖、蛋白质和氨基酸等初生代谢产物，又有有机酸、酚类等。这些有机物质不仅为根际微生物提供了丰富的碳源，而且极大地改变了根际微区的物理和化学环境，进而对根系的养分状况产生重大的影响。

根系分泌的有机酸在金属污染的土壤中可以改变金属的化学行为与生态行为，从而改变金属的有效性和对植物的毒性。

一方面，有机酸可以与根际中某些游离的金属离子螯合形成稳定的金属螯合物复合体，以降低其活度，从而降低土壤中金属的移动性，达到体外解毒的目的。最近的研究发现，有机酸在植物耐铝胁迫中发挥重要作用。在铝存在条件下，植物根系产生许多种有机酸，但仅有一些专一性的有机酸被分泌到根际区域。例如小麦、黑麦、菜豆、玉米、荞麦和芋头等根系均能分泌柠檬酸、草酸、苹果酸等来螯合根际区域中的 Al^{3+}，与之形成稳定的复合体，阻止其进入植物根尖，从而达到植物体外解除铝毒害效应的目的。

另一方面，有机酸可以通过多种途径活化根际中有毒的金属，使之成为植物

可吸收的状态，有利于植物吸收利用，这表现为植物对金属的积累性。目前大量报道已证实根系分泌物中的有机酸能够促进植物对金属的吸收。如草酸、柠檬酸、酒石酸和琥珀酸可以活化污染土壤中 Pb、Zn、Cd 和 Cu 等重金属，各种有机酸对 Cd 的活化能力最强，而对 Pb 的活化能力最弱，其中草酸、柠檬酸和酒石酸的活化能力最强，并随处理浓度的增加，其对重金属的浸提量也明显增加；Shirvani 等研究表明，许多种类的低分子量有机酸均能影响土壤固相结合 Cd 的释放，形成 Cd-LMWOA（镉—低分子有机酸）复合物，增加土壤中 Cd 的溶解性；Chen 等通过吸附实验发现柠檬酸的投入能够降低土壤中重金属 Cd 和 Pb 的吸附，并且对 Cd 的活化能力明显强于 Pb；水培实验结果显示，柠檬酸的存在能够减轻 Cd 和 Pb 对萝卜的毒害作用，促进重金属从植物根部向地上部的转移。

d　根际微生物

植物在整个生长期间不断地向土壤中释放的大量根分泌物质为根际微生物提供了大量的营养和能量物质，大大促进了根际微生物的活性，同时根系分泌物组成的改变也将对根际微生物的活性和生态分布产生重要的影响。Rovira 等的研究表明，在离根表面 1 ~ 2mm 土壤中细菌数量可达 1×10^9 个/cm^3，几乎是非根际土的 10 ~ 100 倍。这些生物体与根系组成一个特殊的生态系统，对土壤重金属元素的生物可利用性无疑产生显著的影响。

根分泌物为根际微生物提供了能源和碳源，反之，根际微生物的存在也大大促进了植物根分泌物的释放。根际微生物可以影响根的代谢活动和根细胞的膜透性；同时微生物对根分泌物的吸收也改变了根际养分的生物有效性。

从微生物在污染胁迫下的生态效应来看，进入土壤中的重金属，一方面直接对土壤根际中的微生物造成毒性，另一方面重金属通过对植物造成毒害，影响其生长势必会改变根系分泌物，进而间接地影响土壤根际环境中微生物的活性。研究表明，Cu、Pb、Cd、Hg 等进入土壤之后，土壤及根际微生物群落多样性发生了改变，导致微生物生物量和呼吸强度减低或显著增加，酶的活性严重损害，微生物生态参数 C_{mic}/C_{org} 降低，代谢熵则明显升高。Oudeh 等通过实验揭示：Cd、Pb、Zn 的加入导致了红壤中微生物生物量的显著下降，其生物毒性依次为 Cd > Zn > Pb。重金属严重污染会减少能利用有关碳底物的微生物的数量，降低微生物对单一碳底物的利用能力，减少了土壤微生物群落结构的多样性。在重金属的作用下根际微生物虽然会受到毒害，但某些微生物在较高浓度的重金属污染土壤中仍能存活和生长，表现出一定的“耐受性”。不同类群微生物对重金属污染的耐性也有所不同，通常为真菌 > 细菌 > 放线菌。在比较自然土与重金属污染土壤中的细菌种群时，可以发现重金属污染土壤中耐性菌落数量比轻污染土壤中的多 15 倍。Yamamoto 等发现对照土壤（Cu < 100μg/g）有 35 种真菌，中等污染土壤（Cu 含量为 1000μg/g）有 25 种真菌，高度污染土壤（Cu 含量为 10000μg/g）只

有13种真菌。

从根际微生物对植物修复的作用方面而言，根际微生物可以通过多种方式影响土壤重金属的毒性和生物可利用性。首先，土壤微生物能通过代谢活动产生的有机酸、氨基酸以及其他代谢产物溶解重金属及含重金属的矿物。如重金属 Pb 在土壤中是高度不溶的，但产生有机酸的真菌（如黄曲霉，*Aspprgillus niger*）可使其成为可溶态；Wildung 也曾报道许多真菌产生的低分子量的络合剂及细胞外螯合剂能增加土壤中 Pu 和 In 的溶解性。其次，微生物还可以与重金属相互作用降低重金属毒性。据研究，细菌产生的特殊酶能还原重金属，且对 Cd、Co、Ni、Mn、Zn、Pb 和 Cu 等有亲和力，如 *Citrobacter* spp. 产生的酶能使 U、Pb 和 Cd 形成难溶性磷酸盐；Barton 等利用 Cr(Ⅵ)、Zn、Pb 污染土壤分离出来的菌种 *Pseudomonas mesophillca* 和 *P. maltophilia* 对去除废弃物中 Se、Pb 毒性的可能性进行研究，结果表明，上述菌种均能将硒酸盐和亚硒酸盐、二价铅转化为不具毒性，且结构稳定的胶态硒与胶态铅。另外，微生物能通过主动运输在细胞内富集重金属，它们可以通过与细胞外多聚体而进入体内，还可以与细菌细胞壁的多元阴离子交换进入体内，据报道，日本发现一种嗜重金属菌，能有效地吸收土壤中的重金属。Robinson 等研究了土壤中4种根际荧光假单胞菌对 Cd 的富集与吸收效果，发现这4种细菌对 Cd 的富集达到环境中的100倍以上。同时，微生物通过刺激植物根系的生长发育影响植物对重金属的吸收，例如，菌根植物可以向宿主植物传递营养，使宿主植物抗逆性增强、生长加快，间接地促进植物对重金属的修复作用。

e 根际矿物质

矿物质是土壤的主要成分，也是重金属吸附的重要载体，不同的矿物对重金属的吸附有着显著的差异。在重金属污染防治中，也有利用添加膨润土、合成沸石等硅铝酸盐钝化土壤中 Cd 等重金属的报道，但根际环境矿物质的研究迄今尚很少涉及。据 Courchesne 报道，根际矿物丰度明显不同于非根际。特别是无定形矿物及膨胀性页硅酸盐在根际土壤发生了显著变化。王建林等研究了 Cu 在4种土壤种稻后根际—非根际土的吸附和解吸特性，结果表明，根际土吸附 Cu 的量大于非根际。陈苏等采用1次平衡法对 Cd^{2+}、Pb^{2+} 在小麦根际和非根际土壤中的吸附—解吸行为进行比较研究。结果表明，根际土对 Cd^{2+} 和 Pb^{2+} 的吸附能力高于非根际土；2类土壤对 Cd^{2+} 的吸附等温线与 Freundlich 方程有较好的拟合性，Pb^{2+} 的等温吸附过程可由 Langmuir 方程与 Freundlich 方程来描述。从目前对土壤根际吸附重金属的行为研究来看，根际环境的矿物成分在重金属的可利用性中可能作用较大，而这也会直接影响重金属污染土壤的植物—微生物的修复效果。

5.4.3.3 重金属污染土壤植物—微生物联合修复研究进展

对于任何重金属来说，往往只有生物有效态的部分可以被植物吸收，但实际上土壤中有效态的重金属含量较低。增加土壤中的重金属活性是提高植物提取效率的一个有效途径。在土壤和微生物共生环境中，微生物可将土壤有机质和植物根系分泌物转化为小分子物质为自身利用，同时这些小分子物质可能会对土壤中的重金属起到活化作用；微生物的代谢也可以分泌释放一些有机物质和酶等物质，对土壤中重金属也有活化作用。另外，微生物还有很强的氧化还原能力，微生物可对 Fe、Mn 氧化物进行还原，使其吸收的重金属被释放出来。在重金属污染的土壤中加入适量的硫，微生物可把硫氧化成硫酸盐，降低土壤 pH 值，提高重金属的活性，通过植物的吸收作用，达到土壤净化的效果。

Whiting 等人将表面消毒的遏蓝菜的种子种入灭过菌的土壤中，然后再接种对 Zn 具有抗性的细菌，结果发现细菌的加入使得植物地上部分累积的 Zn 是无菌情况下的 2 倍，而累积 Zn 的总量提高了 4 倍。在对遏蓝菜科非超累积品种 *Thlaspi arvense* 进行类似试验的结果表明，与灭菌情况下相比较，根际细菌的接种并没有增加植物对 Zn 的累积，但是与无菌对照相比较，细菌的添加增加了土壤中 Zn 的活性。Abou-shanab 等人在生长于 Ni 污染区的超累积植物 *Alyssum-mural* 根际分离出 3 种菌，即 *Sphingomonas macrogoltabidus*、*Microbacterium liquefaciens* 和 *Microbacterium arabinogltabidus*。将这 3 种菌分别接种到表面灭菌的种子种植到灭过菌的 Ni 含量高的土壤中，和不接菌相比较，这 3 种菌使得 *A. mural* 地上部分的累积量分别提高了 17%、24%、32.4%。Chen 等人的研究于生长在 Cu 矿区的超累积植物 *Elsholtzia splendens* 根际分离出 12 种对 500μmol/LCu 具有抗性的菌株，并对这些菌株对土壤中非活性态 Cu 的活化能力进行了检测。结果显示虽然这 12 个菌株对 Cu 的活化能力不同，但都可以增加 Cu 的活性，甚至达到无菌状态下的 3.4 倍。而添加菌的水培实验结果表明，菌的添加增加了植物地上部分和根部对 Cu 的累积。由此可见，微生物可以通过改变土壤中重金属的活性进而促进植物对重金属的累积。

另外，在高等植物体内，L-蛋氨酸（methionine）通过中间体 S-腺苷蛋氨酸和 1-氨基环丙烷-1-羧酸（1-aminocyclopropane-l-carboxylic acid，ACC）合成乙烯。乙烯会促进某些植物开花、生长素运转、茎和根的生长。近年来的研究发现，植物根际促生长细菌（Plant growth-promoting rhizobacteria，PGPR）体内含有 ACC 脱氨酶。植物在重金属胁迫环境下，易合成乙烯，虽然乙烯在植物生长过程中起着重要作用，但是浓度过高时将会对植物生长产生抑制作用。合成大量乙烯是重金属的毒害表现之一，而 ACC 脱氨酶可以调节乙烯的产量。

Burd 等人在重金属污染的土样中分离出对 Ni^{2+}，Pb^{2+}，Zn^{2+}，CrO_4^- 都有抗

性的菌株 *Kluyvera ascorbata* SUD165，经检验这种菌不但能够产生铁载体，还表现出 ACC 脱氨基酶活性。将 *Kluyvera ascorbata* SUD165 加到表面灭菌的油菜种子，种植到 Ni^{2+} 含量高的灭菌土中，发现接菌处理的植物幼苗与不接菌处理相比，地上部分及根长都要长。显然，*Kluyvera ascorbata* SUD165 在实验过程中表现出缓解重金属对植物幼苗的危害的能力。在 2mmol/L Ni^{2+} 时，18 小时后测得接菌时乙烯的产量比不接菌时降低，因此可见微生物对植物的保护可能是通过调节乙烯产量而引起的。

在重金属污染介质中植物对铁的吸收往往会受到重金属的影响，易导致植物缺铁而影响生长。产铁载体也是促进植物生长菌促进植物生长的重要表现。Burd 等人分离出 *Kluyvera ascorbata* SUD165 的变异品种 *Kluyvera ascorbata* SUD165/26。这两种菌不但对 Ni^{2+}，Pb^{2+}，Zn^{2+}，CrO_4^- 都呈现一定抗性，都具有 ACC 脱氨基酶活性，且它们都能够产生铁载体，但是前者产生的铁载体明显高于后者。在 Ni，Pb，Zn 都过量的土壤介质中，种植分别接种 *Kluyvera ascorbata* SUD165 及其变异品种 *Kluyvera ascorbata* SUD165/26 的西红柿、油菜和印度芥菜种子。虽然重金属的加入使得植物的干重、湿重、蛋白质、叶片中叶绿素的含量四个参数都下降，但是与接菌处理相比，这两种菌的加入使得这四个参数有明显好转。可见这两种菌的加入缓冲了重金属对植物的毒性。对植物体内重金属含量的比较结果显示，菌的添加没有增加植物对重金属的吸收。接种 *Kluyvera ascorbata* SUD165/26 比 *Kluyvera ascorbata* SUD165 对植物的保护效果更明显，说明这两种菌产生的铁载体在植物生长过程中可能起到很重要的作用。

Rajkumar 等人在 Cd 污染区分离到两种促植物生长菌株 *Pseudomonas* sp. PsA4 和 *Bacillus* sp. Ba32，这两种菌株都能产生铁载体，都能溶解 P，但 PsA4 产 IAA，而 Ba32 不能，另外对 Cr^{6+} 的耐受水平也是 PsA4 比 Ba32 高。接种这两种菌都促进了印度芥菜地上部分、根以及活力指数的增长，且 PsA4 比 Ba32 效果好。这两种菌增强印度芥菜对 Cr^{6+} 的抗性可能和 IAA、铁载体的产生以及对 P 的溶解都有关系。Wu 等人将对 Cu、Cd、Pb、Zn 都有抗性的固氮菌 *Azotobacter Chroococcum* HKN-5。溶磷菌 *Bacillus megatorium* HKP-1 和溶钾菌 *Bacillus mucilaginosus* HKK-1 用于芥菜的培养。和不接菌处理相比较，细菌的接种使芥菜地上部分的重量增加。这些菌的添加基本上也没有促进植物对重金属的吸收，但是植物体内的 S 和 N 的含量增加而且和土壤介质中重金属的含量呈正相关，这可能是因为在应对重金属压力时，植物对 S 和 N 会产生特别的需求。不断增加体内 N 和 S 的量也可能是植物减弱重金属毒性的一个机制。

Belimov 等人也分离出对 Cd 有抗性且能促进植物根系生长的菌株。其中属于 *Variovorax paradoxus*、*Rhodococcus* sp. 和 *Flavobacterium* sp. 的 11 种菌株在植物生长介质中有 Cd 或无 Cd 情况下都会促进植物根系增长，但是当植物生长在受 Cd

污染的介质中时，这些菌的作用效果更明显。在这些菌的作用效果对比来看，*V. paradoxus* 2C-1，2P-4，3C-5 和 5C-2 使植物的根系增长量最大。但他们并没有对这些菌株影响植物的根系生长的机制进行探索。

可见，植物根际的 PGPR 可以通过以下机制缓解重金属对植物的胁迫，促进植物生长：（1）固定大气中的 N，满足植物生长需要；（2）合成小分子物质，如铁载体等，并溶解土壤中的铁，提供给植物；（3）合成植物荷尔蒙，如 IAA，促进不同阶段植物的生长；（4）溶解土壤中的含 P、K 矿物质，促进植物吸收；（5）合成酶，如 ACC 脱氨酶，调节植物激素的量，从而影响植物的生长。

目前植物—微生物联合修复研究较多的还有菌根真菌。近年来菌根在降解土壤污染物中的作用已引起国内外很多学者的关注，应用菌根技术修复土壤有机污染、重金属污染、农药污染及放射性核素污染的研究也屡见报道。菌根是土壤中的真菌菌丝与高等植物营养根系形成的一种联合体。菌根植物与土壤重金属污染的研究开始于 20 世纪 80 年代初。Bradley 等在调查英国矿区植物时发现，在金属尤其是重金属含量很高的矿区，植物非常稀疏。少量生存的植物中多为菌根植物，且菌根植物较非菌根植物表现出良好的生长优势。越来越多的研究表明菌根表面延伸的菌丝体可大大增加根系的吸收面积，可为植物吸收传递营养物质，并能合成植物激素，促进植物生长。菌根真菌的活动还可以改善植物根际环境，提高植物抗逆性。

随着对重金属污染土壤生物修复技术的研究深入，人们认识到单独的植物修复或者单独的微生物修复在土壤重金属污染过程中都会受到不同条件的限制，而将植物与微生物联合应用于土壤重金属污染的治理工作中比单独运用其中一种更能发挥出生物修复的优势。

5.4.3.4　重金属污染土壤植物—微生物联合修复研究方向

在矿山废弃地的修复实践中，无论是何种具体的修复方式，只要其以生态修复为终极目标，植被修复则是其重建生态系统所不可或缺的途径，而植物一微生物系统的研究则是有效进行植被修复的理论基础和前提条件。基于此，越来越多的学者将目光锁定于植物根际和微生物相互作用的研究，希望为人工调控根际微环境以及利用有益微生物提供理论依据，这些研究主要集中在以下几个方面：

（1）根际分泌物的原位收集、鉴定技术；

（2）原位测定微生物群落结构和功能及微生物代谢产物鉴定技术；

（3）根际分泌物与根际微生物相互作用机制研究；

（4）植物与根际微生物相互作用基质研究；

（5）植物与根际微生物代谢物相互作用机制研究；

（6）植物/微生物对环境毒害的耐受和解毒机制研究；

（7）植物根际—微生物体系修复环境污染技术研究。

5.5 湖南某厂铬渣堆场污染土壤微生物修复技术构建

湖南某厂建厂以来共上缴利税多达四五亿元，而且安置了数千人就业。然而，湖南某厂对环境的破坏极其严重。该厂的铬渣堆放场是20世纪60年代初开始堆放，尽管修建了一道隔墙在一定程度上减缓了含铬污水对地下水的渗透性污染，但随着时间的推移，这些堆放铬渣的挡土墙已多处出现膨胀、倒塌等现象，残渣全部裸露，任意承受着雨水的冲刷，随之，这些含铬污水流入河流或渗入地下，铬渣浸出液已对湘乡城区及涟水河构成了严重威胁，严重影响了两个村2000多村民的生产生活用水问题。残留的铬渣最多时候达到了20多万吨，这些“铬渣山”产生的污染已威胁到当地人民的生活与健康。因此，需要对湖南某厂铬渣堆放场土壤污染状况的研究为起点，以微生物修复铬渣污染土壤为最终目的，建立该厂铬渣堆场污染土壤微生物修复技术，主要从以下几个方面进行系统地研究实践。

5.5.1 铬渣堆场污染土壤微生物修复特征

（1）振荡方式、土液比以及介质条件对土壤中Cr(Ⅵ)浸出效果均有影响，最佳浸出方式为振荡，最佳土液比为1∶10，酸浸能提高Cr(Ⅵ)浸出量，培养基浸出时，土壤中Cr(Ⅵ)含量降低。

（2）培养基的加入能使铬渣堆场污染土壤浸出液中Cr(Ⅵ)含量降低至检出限以下，土壤中水溶性Cr(Ⅵ)能被完全去除。修复土壤中Cr(Ⅵ)主要是微生物的作用。

（3）Cr(Ⅵ)污染土壤微生物修复所需营养源主要为碳源和氮源，最佳碳源为葡萄糖，最佳碳源量和氮源量分别为8g/L和13g/L。

（4）从铬渣堆场污染土壤中分离驯化出来的细菌 *Pannonibacter phragmitetus* 能完全修复模拟土壤中Cr(Ⅵ)，Cr(Ⅵ)的去除效果受细菌接种量、体系pH值、Cr(Ⅵ)初始浓度以及氧气含量的影响。菌株接种量越大修复效果越好，体系pH值越高修复效果越好，初始Cr(Ⅵ)浓度越低修复效果越好，通氧情况下Cr(Ⅵ)修复效果较好。

5.5.2 铬渣堆场污染土壤微生物修复工艺优化

（1）土柱淋溶修复铬渣堆场污染土壤过程中，培养基加入后，淋滤液中Cr(Ⅵ)浓度随着时间延长逐渐降低，直至完全消失，同时能完全修复土壤中Cr(Ⅵ)。通过对修复后土壤中不同形态Cr(Ⅵ)含量的测定发现，培养基的加入同时能修复土壤中水溶性Cr(Ⅵ)、交换态Cr(Ⅵ)和碳酸盐结合态Cr(Ⅵ)。

（2）培养基种类和含量均会影响修复效果，单独加入碳源作为培养基不能完全修复铬渣堆场污染土壤中 Cr(Ⅵ)。不同碳源和氮源结合时均能使土壤中 Cr(Ⅵ)得以完全修复，其中葡萄糖和氮源结合时修复效果最好，最佳碳源为葡萄糖，最佳葡萄糖量为4g/L，最佳氮源量为5g/L。

（3）影响土柱淋溶修复铬污染土壤中 Cr(Ⅵ)因素主要有培养基 pH 值、土壤初始 Cr(Ⅵ)浓度和循环淋溶时间。培养基最佳 pH 值范围为7.5～8.5。循环淋溶修复效果好于非循环淋溶，循环淋溶时间越长修复效果越好，最佳循环时间为全天循环。铬渣堆场污染土壤 Cr(Ⅵ)浓度为 345μg/g，连续循环淋溶 3 天，Cr(Ⅵ)能得以完全修复。

5.5.3 土著微生物修复铬渣堆场污染土壤动力学

（1）影响土著微生物原位修复土壤中 Cr(Ⅵ)速率因素主要有培养基初始 pH 值、土壤中初始 Cr(Ⅵ)浓度、培养基量、温度。土著微生物修复土壤中 Cr(Ⅵ)为零级反应，当培养基土液比为2∶1、1∶1、1∶1.5、1∶2 和1∶2.5 时，土著微生物修复土壤中 Cr(Ⅵ)的动力学方程为：$C_t = C_0 - 3.659t$，$C_t = C_0 - 5.622t$，$C_t = C_0 - 5.983t$，$C_t = C_0 - 6.549t$，$C_t = C_0 - 6.61t$。

（2）通过表面活化能的计算得知，铬渣堆场污染土壤的微生物修复属于混合控制。温度对修复速率的影响很大；在初始 Cr(Ⅵ)浓度为345μg/g、培养基量土液比为1∶2、培养基初始 pH 值为8 时，修复速率与温度的关系式为：$k(\mathrm{T}) = \exp(12.65\text{-}3261.26/\mathrm{T})$。

（3）湖南某厂铬渣堆放场下土壤，去除固相组分有机质、铁氧化物、锰氧化物后，铬还原菌 *P. phragmitetus* 对污染土壤 Cr(Ⅵ)的还原速率没有受到影响。因此，铬还原菌 *P. phragmitetus* 修复铬渣堆场污染土壤过程中，土壤有机质、铁氧化物、锰氧化物并未参与 Cr(Ⅵ)的修复，而 Cr(Ⅵ)的修复是由于菌株 *P. phragmitetus* 直接还原 Cr(Ⅵ)作用的结果。

参 考 文 献

[1] 王嘉．铜陵矿区土壤重金属污染现状评价与风险评估[D]．合肥：合肥工业大学，2010.

[2] 陈翠华．江西德兴地区重金属污染现状评价及时空对比研究[D]．成都：成都理工大学，2006.

[3] 刘桂琴．红透山铜矿区土壤重金属污染状况及尾矿重金属释放研究[D]．沈阳：沈阳农业大学，2007.

[4] 祝玺．重金属污染土壤的化学稳定化修复研究[D]．武汉：华中科技大学，2011.

[5] 林文杰．黔西北土法炼锌废弃地的植物修复[D]．雅安：四川农业大学，2007.

[6] 王学礼．福建金属矿区植物对重金属的富集效果研究[D]．福州：福建农林大学，2008.

[7] 范丽. 类芽孢杆菌—针铁矿—鸭跖草强化植物修复技术研究——以土壤中 Cu 元素为例[D]. 合肥：合肥工业大学，2011.
[8] 牛之欣，孙丽娜，孙铁珩. 重金属污染土壤的植物—微生物联合修复研究进展[J]. 生态学杂志，2009，28(11):2366-2373.
[9] 姜敏. 微生物与植物联合修复土壤重金属污染[D]. 广州：中山大学，2007.
[10] 党志，刘丛强，尚爱安. 矿区土壤中重金属活动性评估方法的研究进展[J]. 地球科学进展，2001，16(1):86-92.
[11] 许友泽. 铬渣堆场污染土壤微生物修复工艺研究[D]. 长沙：中南大学，2009.
[12] 范宏喜. 全国矿山地质环境现状调查完成[J]. 资源导刊，2008 (8)：29.
[13] 张璐. 微生物强化重金属污染土壤植物修复的研究[D]. 长沙：湖南大学，2007.
[14] 杨西飞. 铜陵矿区农田土壤及水稻的重金属污染现状研究[D]. 合肥：合肥工业大学，2007.
[15] 廖国礼. 典型有色金属矿山重金属迁移规律与污染评价研究[D]. 长沙：中南大学，2006.
[16] 唐文杰. 广西三锰矿区土壤污染与优势植物重金属富集研究[D]. 桂林：广西师范大学，2008.
[17] 崔德杰，张玉龙. 土壤重金属污染现状与修复技术研究进展[J]. 土壤通报，2004，35(3):366-370.
[18] 张力，王树. 浅谈金属矿山土壤重金属污染及其修复[J]. 有色金属（矿山部分），2007，59(4):38-40.
[19] 王志楼，谢学辉，王慧萍，等. 典型铜尾矿库周边土壤重金属复合污染特征[J]. 生态环境学，2010，19(1):113-117.
[20] 陈翠华，倪师军，何彬彬，张成江. 基于污染指数法和 GIS 技术评价江西德兴矿区土壤重金属污染[J]. 吉林大学学报（地球科学版），2008，38(1):105-111.
[21] 胥家桢. 重金属污染土壤的螯合诱导修复技术研究[D]. 哈尔滨：东北林业大学，2007.
[22] 贺迪. 重金属污染土壤的植物修复及钙离子的调节作用研究[D]. 长沙：湖南大学，2007.
[23] 王海峰，赵保卫，徐瑾，车海丽. 重金属污染土壤修复技术及其研究进展[J]. 环境科学与管理，2009，34(11):15-20.
[24] 陈三雄. 广东大宝山矿区水土流失特征及重金属耐性植物筛选[D]. 南京：南京林业大学，2012.
[25] 魏树和. 超积累植物筛选及污染土壤植物修复过程研究[D]. 沈阳：中国科学院研究生院（沈阳应用生态研究所），2009.
[26] 马海艳. 铜矿废弃地优势植物根际土壤细菌多样性及铜抗性菌株强化植物富集铜作用的研究[D]. 南京：南京农业大学，2009.
[27] 陈亚刚，陈雪梅，张玉刚，龙新. 微生物抗重金属的生理机制[J]. 生物技术通报，2009(10):60-65.
[28] 于瑞莲，胡恭任. 采矿区土壤重金属污染生态修复研究进展[J]. 中国矿业，2008，17(2):40-43.

[29] 孙嘉龙，肖唐付，周连碧，等．微生物与重金属的相互作用机理研究进展[J]. 地球与环境，2007，35(4):367-374.

[30] 熊璇，唐浩，黄沈发，刘钊钊．重金属污染土壤植物修复强化技术研究进展[J]. 环境科学与技术，2012，35(61):185-193，208.

[31] 何小燕．工业区土壤重金属污染的微生物—植物联合修复技术初探[D]. 长沙：中南林学院，2005.

[32] 黄艺，黄志基．外生菌根与植物抗重金属胁迫机理[J]. 生态学杂志，2005，24(4)：422-427.

[33] 赵永红，张涛，成先雄．矿山废弃地植物修复中微生物的协同作用[J]. 中国矿业，2008，17(10):46-48.

[34] 刘晓娜，赵中秋，陈志霞，等．螯合剂、菌根联合植物修复重金属污染土壤研究进展[J]. 环境科学与技术，2011，34(12H):127-133.

6 有色金属矿山废弃地生态修复技术与实践

矿产资源开采是目前最大规模改变土地利用方式和损坏陆地生态系统的有组织的人类活动。数目众多、规模巨大的矿山开采对土地和生态环境造成了严重破坏。我国有色金属资源总的特点是储量较丰富，伴生元素较多，矿石类型复杂，单一矿石很少，许多有色金属矿中硫含量很高，并且一些矿石含有大量的砷矿物，共伴生的有用元素达50多种，开采和加工过程中产生废石、尾矿、废渣占用了大量土地，给当地自然生态环境、社会经济生活带来了较大的负面影响，尾矿、废渣中的重金属元素又不断向周边环境释放迁移，通过植物、水生生物等食物链长期危害人类健康。

我国因采矿累计占用、破坏土地面积达743万公顷，且每年仍以4万公顷的速度递增，而全国受矿业影响的土地复垦率却只有13.3%，且其中主要是煤矿山相对较高的复垦率贡献，而金属矿山的复垦率相对较低，这与发达国家75%的复垦率相差甚远。目前我国有色金属矿山开采累积的废石、尾矿、废渣堆积成山，造成局部地方水土流失加剧和塌方现象，部分矿山没有严格执行开采方案，开采坡度大，造成边坡岩体失稳，岩石散落、崩塌现象时有发生，存在一定的安全隐患；主边坡实行台阶式开采的矿山甚少，开采一般落差均在米以上，一旦闭矿后复绿整治比较困难。同时，我国有色金属矿山贫矿多，富矿少，成分复杂的共（伴）生矿多，含有多种多样的伴生元素，如Pb、Cd、Cu、Zn、As等。因此，无论是重金属污染较严重的矿山废弃地，还是污染程度相对较低的下游农业污染土壤，往往表现为多种重金属的复合污染。由于复合污染土壤重金属之间通常发生交互作用，所以给污染土壤的应用带来了困难。因此，基于矿山和周边地区多金属污染土壤的不同特点开展联合修复技术和机理研究不仅是当前国际资源与环境研究领域的热点问题，也是我国实施可持续发展战略应优先关注的问题之一。

6.1 有色金属矿山废弃地治理与生态修复现状

6.1.1 国内外矿山废弃地治理现状

矿山废弃地是指采矿剥离土、废矿坑、尾矿、矸石和洗矿废水沉淀物等占用的土地，采矿作业面、机械设施、矿山辅助建筑物和矿山道路等在运营结束后也

成为矿山废弃地。采矿业中各类型占地的比例如下：采矿本身用地占59%，排土场20%，尾矿13%，废石堆占5%，塌陷区占3%。据报道，截至2005年底，全国采矿活动破坏的土地面积已经高达400万公顷，其中破坏森林面积106万公顷，破坏草原面积263万公顷。20世纪80年代以来，我国矿山治理工作取得较大进展，废弃地复垦系数从5%提高到了当前的12%，但这一数值远低于发达国家，同时仍以每年33万~47万公顷的速度增加。

矿区表土常被清除或流失，采矿后遗留的土壤通常是心土或矿渣，大型设备碾压后土壤板结严重，物理结构不良，持水保温能力差，氮、磷、钾和有机质等含量只有原表土层的20%~30%。矿区土壤pH值较低，重金属离子溶解性增加，降雨溢流进一步污染周边土壤。重金属进入食物链后对人体健康造成严重的直接危害。重金属污染已成为全球环境的严重问题。矿山开采造成地形地貌的破坏与景观破碎化，改变原有的局地水循环过程，破坏地表径流的下渗过程和地下水的流向。采矿活动导致生物栖息环境消失和物种多样性的降低。矿区地表植被的破坏和水系的紊乱极易诱发泥石流、山洪暴发、沙尘暴与荒漠化等次生环境灾害。

矿山开采不仅破坏和占用大量土地资源，而且对生态环境造成持久而严重的负面影响，直接危害人体健康和采矿业的可持续发展。几乎在所有情况下，开采活动都超过了生态系统的恢复力承受限值，依靠矿山废弃地自身演替的恢复需要耗时100~1000年；因此人工干预的矿山废弃地土地复垦和生态重建就成为十分必要的环境保护手段。目前，矿业废弃地复垦与生态恢复已成为世界各国共同关注的课题和跨学科的研究热点，日益受到人们的广泛重视。

早在20世纪20年代，国外煤矿开采就开始致力于矿区土地复垦和生态恢复方面的研究，最早开始矿区废弃地土地复垦和生态恢复的是德国和美国；但是矿山废弃地土地复垦和生态恢复成为环境科学研究的热点领域也不过40年左右，其中历史较久、规模较大、成效较好的有德国、澳大利亚、美国、英国等。据统计，全世界废弃矿区面积约670万公顷，其中露天采矿破坏和抛荒地约占50%。据美国矿务局调查，美国平均每年采矿占地4500公顷，已有47%的废弃地恢复了生态环境，20世纪70年代以后生态恢复率为70%左右。英国在20世纪70年代有矿区废弃土地7.1万公顷，其中每年煤矿露采占地2100公顷，由于各级政府的重视，通过法律、经济等措施，生态恢复效果显著。在矿山和矿业废弃地修复的管理和研究方面，国外起步较早，美国在1977年就通过了“地表采矿控制和修复法案”，1990年通过了“废弃矿山修复法案”，规范采矿业和解决废弃矿山的问题，明确土地、矿业、环境、农、执法办公室等有关部门在土地复垦中的职责和义务，并将需要修复矿山分为废弃矿山和正在开采矿山。根据美国《复垦法》规定，新建和正在开采矿山由开采企业履行社会责任，100%自主修复。废弃矿山由国家承担环境治理责任，详尽规定了包括原有矿和新开矿作业的标准和程序及复垦技术与目标。例如，规定将使用土地恢复到原用途要求的环境，稳定矿渣堆、恢复表层土壤、尽可能降低矿山排水危险、因地制宜种草植树等。

德国重工业发达，对能源需求巨大，是世界上重要的采煤国，年产煤炭2亿吨。德国政府对煤矿废弃地的土地复垦及环保问题十分重视，到2000年，全国煤矿开采破坏土地16.26万公顷，62%已被复垦，其中林业用地477万公顷，农业用地311万公顷，水域景观120万公顷，其他9600公顷。德国土地复垦可大致划分为4个阶段：第1阶段（1920～1945年），对各种树木在采矿废弃地的适应性进行了研究。第2阶段（1945～1958年），突出了树种的多样性和树种的混交，同时以法律形式规定矿主必须进行矿山复垦及重建。第3阶段（1958年以后），原西德根据不同的采矿废弃地分别种植橡树、山毛榉和枫树等。原东德褐煤产区先以林业复垦为主，后来逐渐转向农业复垦。两德合并，标志着德国的土地复垦进入第4阶段，复垦目标从农林复垦转向复合型土地复垦模式：休闲用地、物种保护用地和景观用地比例上升。由于机构健全、严格执法，资金渠道稳定，德国的土地复垦与生态恢复工作取得了很大成就。复垦与生态恢复工作取得了很大成绩。采矿业是澳大利亚的主导产业，矿山恢复已经取得长足进展和令人瞩目的成绩，被认为是世界上先进而且成功处理扰动土地的国家，目前已形成以高科技为主导、多专业联合、综合性治理开发为特点的土地复垦模式。在澳大利亚，矿山开采前要进行环境影响评价，有详尽的复垦方案，复垦结束政府要按监测计划实施环境监测，直至达到与原始地貌参数近似。近年来，为尽力降低采矿业的环境破坏，澳大利亚又提出“最佳实践”的理念，生态复垦后的矿山植被茂密，环境优美。

英国是工业化较早的国家，政府十分重视矿山废弃地的环境问题，1951年出台了复垦法规并设立复垦资金，1969年颁布《矿山开采法》，提出采矿与复垦同步进行的方针，并要求复垦必须按照农业复垦标准。1970年英国有矿山废弃地71万公顷，19年间新增矿山废弃地的87.6%得到生态恢复，至1993年，露天采矿废弃地已恢复54万公顷。英国复垦工作的重点是对污染土地的修复和矿山废弃地的复垦，很早就开始将矿山废弃地恢复为高产农林用地，在矿区土壤改良方面世界领先。英国“伊甸园工程”作为矿业废弃地再生的案例，无论从建筑设计手法还是空间营造方式，都是非常成功的。同时它还考虑的生态的设计要素，如雨水的再利用、植物的可持续维护、营造环保的主题等。这是一个充分考虑建筑与环境产生的综合效益的矿业废弃地再生案例。伊甸园位于英国南部康沃尔郡的圣奥斯特尔，距伦敦5个小时车程，这里原来是高磷土采矿区的矿坑废弃地，矿坑深70多米，占地约25公顷。在解决了一系列包括资金、说服当地居民等重重困难后，将这里建成了世界上最大的温室植物园。不同气候带的植物温室

模仿蜂巢形状，使用了约4600根钢架搭建成625个蜂巢，六角钢架外是六百多个连接起来的透光聚合膜新材料制成的充气囊，这种透光材料比玻璃轻很多。整个建筑像设计师用几百个钻入地下的石锚固定住的巨大“气球”。这样的温室形态既能适应废弃矿井复杂的地形，也能抵抗大风。建成的温室最高的约55米，是世界上最大的无梁柱支撑的温室，高大的热带植物也可以在这里自由生长。四座穹顶状建筑的连接，使“伊甸园”的顶部像巨大的昆虫复眼。这里容纳了来自世界各地不同气候条件下的数万种植物。英国的地理位置在北回归线以北，贫瘠的矿坑也不具备生长植物的土壤条件，因此，植物专家用废旧材料制成人造土壤来培育植物，室内的温度和湿度由电子感应器控制，提供了不同植物可以生长的环境，引入物种在这里培育。

我国对于矿山废弃地的修复研究起步于20世纪50年代，处于自发探索阶段，主要研究土地退化和土壤退化问题，以实现矿山废弃地的农业复垦为主要目标。由于社会认识、经济和技术方面的原因，直到20世纪80年代已复垦的矿山废弃地不到1%。1988年颁布《土地复垦规定》和1989年颁布《中华人民共和国环境保护法》，标志着我国土地复垦事业从自发、零散状态进入有组织的修复治理阶段，这一阶段强调生态恢复学理论在基质改良方面的应用，经过20多年的发展，取得许多进展，复垦率从20世纪80年代初的2%提升到12%，但仍然远低于发达国家65%的复垦率。从复垦的效果来看，煤矿较好，非金属矿次之，而金属矿山最差。1999年1月1日生效的《中华人民共和国土地管理法》标志着新阶段的开始。新土地管理法进一步加大了耕地保护力度，实行了土地用途管制制度、耕地补偿制度即“占多少、垦多少”和基本农田保护制度，提出了耕地总量动态平衡的战略目标。这一阶段的工作重点转向以生态系统健康与环境安全为目标的生态恢复，突出成果是《全国土地开发整理规划》《土地开发整理规划编制规程》《土地开发整理项目规划设计规范》的颁布。2001年，国务院颁布了《全国生态环境保护纲要》，提出了维护国家生态环境安全的目标。本阶段我国土地复垦工作进展迅速，某些地区复垦率迅速上升，2011年生效的《土地复垦条例》取代了1988年的《土地复垦规定》，使我国的土地复垦工作进一步规范化、科学化。《全国矿产资源规划（2008～2015年）》中提出了环境恢复治理到2010年和2015年的约束性指标，即历史遗留的矿山地质环境恢复治理率要分别达到25%和35%，但目前我国废弃矿山的复垦率才达到10%，需要环境恢复与治理的废弃矿山面积约150多万公顷，依据最保守的测算，每公顷土地恢复治理资金最低需要9万元，则需恢复治理资金1400多亿元。

总体来讲，在矿山生态环境恢复方面，我国与国外相比还有很大差距，与发达国家相比我国矿山生态环境恢复方面存在的主要差距有：

（1）复垦技术仅限于一些基本途径的研究，单一用途的复垦，没有根据整个矿区的条件，按照生态学、生态经济学原理，进行多业、综合、协调并能控制水土流失的生态复垦研究，致使复垦区生态环境改善不明显，复垦环境效益较低。

（2）土地复垦途径研究多为工程复垦技术研究，生物复垦技术研究少，使农林复垦土地生产力低，经济效益较差。

（3）矿山废石或矸石、尾矿及废水、废气是矿山生态系统破坏的主要污染源．对如何减少土地破坏，减少剥岩数量；尾矿的综合利用和复垦；尾矿水的净化、回收、循环和再利用技术等，没有从生态学理论高度，综合研究减少废石生产，抑制污染源，进行生态恢复和治理，使矿山重建生态系统的方法。

6.1.2 有色金属矿山废弃生态恢复的主要问题

生态恢复是指生态系统结构及其原先功能的再现。生态恢复（restoration）是一个概括性的术语，包含修复（rehabilitation）、复绿（revegetation）、复垦（reclamation）、重建（reconstruction）等含义。生态重建则是指在不可能或不需要再现生态系统原貌的情况下营造新的生态系统。生态重建并不意味完全恢复原有生态系统，其关键是恢复生态系统必要的结构和功能，使之实现自我维护。

金属矿山及周边地区污染环境独特，由于较强酸性、高重金属浓度和土壤物理化学性质不良等因素导致修复困难，单一修复手段难以取得满意修复效果。多种修复方法的组合是有色金属矿山废弃地污染修复实际需求。对修复目标的描述开始变得更为全面，已将其扩展到生态服务功能的全面恢复。传统的修复方法中，通常是将物理和化学方法作为生物方法的辅助，而生物修复是主体部分，修复目标最终要靠生物修复方法来实现。在生态修复中，生物修复的作用仍然十分重要，但不同方法之间的组合服从于工艺优化原则。现行的矿业废弃地的生态修复主要是强调废弃地上植被的复绿（revegetation），并通过植物稳定技术减少废弃地中重金属对周边环境的污染。为了达到使植物能生长并建立在废弃地的目的，现行的主要措施包括：（1）基质改良，主要利用一些含钙镁的碱性物质、富含有机物的工业副产品及废弃物（如煤灰、污泥）等改善基质的理化性状和营养条件，降低重金属的生物毒性，通过“以废治废”完成矿业废弃地的植被重建；（2）隔离层的使用，是利用开矿时所产生的碎石作为表土与废弃地之间的隔离层，以阻碍底质中重金属的向上迁移；（3）利用重金属耐性植物或一些本土草种，来进行植被重建。经过基质的改良结合耐性植物种的利用，已成功地对一些矿业废弃地进行了修复。

植被的重建被公认是固定矿业废弃物，减少污染物对周边环境的污染及美化环境的最好方法，但矿业废弃地对植物来讲是一个非常恶劣的生长环境，因为它存在着许多限制生长的因素，尤其是高浓度的残留重金属、极端酸性、大量营养元素（如N、P）的缺乏和极差的土质结构。这些特征导致许多矿山（废弃地）

即使是经过多年的废弃之后，绝大部分还是缺乏自然植被的生长。

目前，世界上共发现超富集植物有400多种，但通常只能对一种重金属元素表现出富集能力，仅少部分可以超富集吸收两种或两种以上的重金属，能用于复合污染土壤修复的多金属超富集植物尚不多见。但目前的矿业废弃地（尤其是重金属矿业废弃地）的植被恢复/重建无论理论研究还是实践上都存在不少要急需解决的问题。如：（1）耐性植物的种子资源非常有限，目前世界上仅在温带地区能提供商业性的金属耐性的草种；（2）金属耐性植物往往只是对专一金属具有耐性；（3）由于植物金属耐性种群的缺乏和相关修复实践的限制，植物对多金属复合污染的耐性机理和植物固定机理尚缺少系统的研究。以上的因素严重限制了多金属矿业废弃地的植物稳定技术的大面积利用。

在植物修复领域，Chaney是国际上最早开始超富集植物研究，并最先将其投入成功商业利用的科学家之一，他领导的研究组和Viridian环境修复公司合作，先后在美国和加拿大成功进行了Ni污染土壤植物修复的野外工作，2004年在印度尼西亚的Cd污染土壤修复工作也取得了成功。中国科学院地理科学与资源研究所、中国科学院南京土壤研究所、中山大学等在“863”项目的支持下，在国内分别建立了As、Cu、Zn等单金属污染土壤的矿山及周边污染土壤植物修复基地，但由于超富集植物种类的限制，在多金属污染土壤植物修复的实际应用方面还缺乏系统性研究，2008年以来，中山大学等单位利用所发现的多金属超富集植物在大宝山开始了相关的研究实践。

目前，我国在金属矿山废弃地改良方面的研究多侧重于酸性Pb/Zn矿的植被恢复，对于碱性Cu矿尾矿砂的改良研究也正在开展之中，在对金属矿山废弃地自然定居植被调查研究的基础上，筛选出了一批具多金属耐性的本土植物，提出了行之有效的基质改良方案，在植被重建和重金属植物固定等方面取得一系列进展，北京矿冶总院在铜陵五千米铜尾矿、中国科学院生态环境研究中心在德兴铜尾矿的生态恢复研究也都是矿山废弃地植被重建的代表性工作。

我国矿山类型多、地域分布广且分散，植被破坏区域一般在自然状态下缺少植被生长的水、土等自然条件，植被恢复困难，导致大量矿山废弃后长期裸露，使这些矿山矿点形成了新的污染源，而且涉及行业部门多、面积广、后遗症多，给生态环境造成了严重的不良影响。缺乏严格的监督保障系统，难以确保各项法规的正常执行；在不少部门还未得到应有的重视，得不到充分的保障。现有的一些有关矿山生态植被恢复法律法规，在工作实施过程中由于法律实施保障以及各部门的行业多头管理造成相关监督执法力度不足。部分废弃矿山的权属类型不同，有大型国有企业、集体企业、私企；一些矿山在开采期间未能及时进行植被恢复，并且没有预留生态植被恢复资金，当矿山闭矿或关停之后，植被恢复资金和责任业主难以落实，其中一部分是近年政府明令关停的项目，一部分是因资源枯竭而停产，还有一部分是由于效益不佳而倒闭形成的废弃矿山。对于这些政府部门明令关停的项目可以由政府投资进行生态植被恢复，但是对于一些因个体和民营企业的私挖乱采等违法行为形成的矿山以及无明确业主的废弃矿山造成的植被破坏，尤其是严重的生态环境破坏，其既得利益者并不承担破坏区域的植被恢复责任，这些问题造成权责不清、生态恢复责任业主不明，使生态植被恢复难以实施。

我国矿山治理仍然采用“先破坏、后修复”的模式，且普遍存在理论落后于实践、重工程实践、轻理论研究的现象。研究的薄弱环节在于政策法规的制定和实施、现行技术的革新和理论提高，而多学科专家的参与和联合攻关也是当务之急。重修复数量而轻修复质量，还有大部分矿山未进行治理，远远落后于先进的国家，我国治理的目的主要是解决环境污染和增加可耕地，治理技术主要以单一恢复植被为主，基本未考虑恢复自然生态。由于缺少统一规划和指导思想理念，零星开展的废弃矿山生态植被恢复虽然起到了一定的生态恢复和示范功能，但是由于开展的工作不系统，未能进行科学设计和全面总结，反而对社会造成了一定程度的误导。主要表现在不能按照近自然的原理进行废弃矿山的生态恢复，而是强化人工痕迹，实施人工造景和地面硬化，造成与周围自然环境不协调。由于行政决策或设计、施工单位技术单一，缺乏对技术的科学组合运用，对需要生态植被恢复的废弃矿山，不能根据立地条件的差异，采取不同的技术模式或技术组合分区实施生态植被恢复，从而造成生态植被恢复效果不理想，技术模式的经济可行性差，难以推广实施。在进行矿区生态植被恢复时不能最大限度地采用乡土植物品种，采用国外引进的一些草种和外来植物品种，致使植物对立地条件的适应性差、不能持续稳定地成长，导致生态恢复工程的失败。同时，由于不能科学合理地进行植物种子混配，造成植被群落不能实现正常演替，目标群落不能如期实现；此外，选择的植物品种的耐瘠薄、耐旱等抗逆性差，一旦失去人工养护，植被就开始退化。矿山废弃地生态恢复是一项综合的、跨学科的，集成了生态、材料、植物、土壤、工程等方面多项技术为一体的生态破坏区域生态植被恢复综合工程技术体系。目前国内这方面的专业规划设计人员缺乏，一些实施的工程不是由专业人员设计的。此外，实施废弃地生态植被恢复的施工单位多为近两年从土建施工、园林绿化施工转向而来，或者由地方政府组织地方农民施工，认为废弃矿山生态植被恢复只是“砌道墙、栽棵树、种片草”，过于简单地看待，造成不能按照设计思路施工，最终导致项目实施失败。矿山废弃地生态条件极差，消除地质灾害隐患、造林绿化、工程治理的难度大，所需投资也大。由于在以前的矿山开采过程中没有建立起完善的矿山生态环境恢复制度，矿山企业只管开采，不管治理，或者是重开采轻治理，企业方面缺乏生态修复的专项资金，各级政府也没有足够的生态恢复资金，从而造成矿山生态恢复资金缺口大的局面。

6.2 矿山废弃地生态修复的理论基础

生态修复（ecological remediation）是指在生态学原理指导下，以广义的生物修复为基础，结合各种物理修复、化学修复以及工程技术措施，通过优化组合和技术再造，使之达到最佳效果和最低耗费的一种综合的修复污染环境的方法。也就是说，生态修复是根据生态学原理，利用特异生物（如修复植物或专性降解微生物等）对环境污染物的代谢过程，并借助物理修复与化学修复以及工程技术的某些措施加以强化或条件优化，使污染环境得以修复的综合性环境污染治理技术。生态修复的顺利施行，需要生态学、植物学、微生物学、土壤学、栽培学、化学、物理学以及工程技术等多学科的参与，因此，多学科交叉和融合也是生态修复的特点。

6.2.1 生态学基础

生态恢复是帮助退化的、受损的或损坏的生态系统恢复的过程。基于生态恢复的实践，恢复生态学（restoration ecology）是研究生态系统退化的过程和原因、退化生态系统恢复和重建的技术和方法、生态学过程和机理的科学，因而恢复生态学可以作为生态恢复实践的理论，同时还为生态恢复提供模式和方法。

演替是一个植物群落为另一个植物群落所取代的过程，它是植物群落动态的一个最重要的特征，演替导向稳定性，是植物植被生态学的一个首要的和共同的法则。演替顶极或称为顶极群落，则是演替最终的成熟群落，顶极群落的种类彼此间在发展起来的环境中能很好地配合，能够在群落之内繁殖、更新。顶极群落无论在区系植物上和结构上，以及它们相互之间的关系和与环境相互间的关系都趋于稳定。同一地段顺序出现的生物群落都要经过迁徙、定居、群聚、竞争、反应和稳定的阶段而达到与生境相应的稳定群落阶段。自然演替的速度极为缓慢，矿山废弃地植被生态恢复实质上是一种人为创建条件以加快其自然演替的过程。其关键在于土壤理化性质改善和群落的构建。

生态演替理论是指导矿山废弃地土地复垦和生态恢复的基础理论，即引入到矿山植被恢复过程的先锋植物经过一系列演替阶段，最终达到顶级群落，其核心原理是整体性原理、结构稳定与功能协调原理、自生原理与循环再生原理。自然演替是一个缓慢的过程，最少也需要 50 ~ 100 年才能在矿山废弃地上恢复植被；如果废弃地完全没有表土，则恢复时间可能要超过 1000 年。矿山生态恢复过程一般由人工设计，采用人为措施，可使演替的时间大大缩短。生态恢复的目标是一个结构复杂的多层次系统，能够实现多样的功能。具体恢复过程还会应用以下原理：生态位原理、限制因子原理、热力学定律、植物入侵原理、生物多样性理论、生态适应性理论、种群密度制约及分布控制原理、生物与环境的协同进化原理、生态等。矿山废弃地生态恢复应当以生态学理论为基础，结合矿山边坡稳固技术、工程绿化技术、土壤改良技术恢复严重受损的生态环境，实现矿山废弃地的生态复垦与可持续利用。矿山废弃地土地复垦应当持有生态学视角，以植被复原与生物多样性保护为目标，选用适宜的方案改良土壤，利用生物工程恢复生态格局，控制重金属的迁徙，在生态复垦中更强调景观美化、可持续发展、人与自然的和谐等问题。

生物多样性一般的定义是“生命有机体及其赖以生存的生态综合体的多样化和变异性”。生物多样性有着丰富的内容，包括多个层次，主要是：遗传多样性、物种多样性、生态系统多样性和景观多样性。生态系统多样性是指生境的多样性、生物群落多样性和生态过程的多样性。自然群落的稳定性归结为取决于两个方面的因素，一是物种的多少，二是物种间相互作用的大小，而物种的多少对稳定性的作用是最基本的。一个物种较多的群落就可能保持稳定。退化生态系统的恢复过程，毫无例外地增加了生态系统的物种多样性，最终生态系统的演替趋向于稳定的地带性顶极类型。矿山废弃地植被生态系统的恢复与重建，总朝向生态多样性的方向构建，而关键则是植物多样性的构建，这同时应考虑种间竞争与种间互惠关系对植物多样性构建的影响。

污染生态修复（ecological remediation）是指在生态学原理的指导下，以生物修复为基础，结合各种物理、化学、工程技术等措施，通过优化组合，使之达到最佳效果和最低耗费的一种综合的修复污染环境的方法。污染生态修复是以生物修复为基础，研究如何将生物修复、物理修复、化学修复、工程技术及环境因子（如土壤水分、养分、pH 值、氧化还原状况、气温、湿度等）有效结合或最优化组合，最大限度激活生态系统的自净功能，实现对污染物所处环境的系统修复，是一种系统的方法论观点和修复的系统工程方法。

6.2.2　土壤学基础

土壤是地球表面生物、气候、母质、地形、时间等因素综合作用下所形成的、可供植物生长的一种复杂的生物地球化学物质；与形成它的岩石和沉积物相比，具有独特的疏松多孔结构以及独特的化学和生物学特性；它是一个动态生态系统，为植物生长提供了机械支撑、水分、养分和空气条件；支持大部分微生物群体的活动，来完成生命物质的循环；维持着所有的陆地生态系统，其中通过供给粮食、纤维、水、建筑材料、建设和废物处理用地，来维持人类的生存发展；通过滤掉有毒的化学物质和病原生物体，来保护地下水的水质，并提供了废弃物的循环场所和途径或使其无害化。因此，矿山废弃地植被恢复必须遵循土壤学的基本理论，营造适宜植物生长的土壤环境。以下概述了土壤的物理特性、化学特性及土壤的水、肥、气、热状况对植物生长的影响。

土壤是由土壤有机质、矿物质、水分和土壤空气共同构成的统一体。它提供了植物扎根固定的场所，是植物所需矿物质养分的来源和贮藏库，它供给植物水分和养分，是植物与无机环境之间进行转化和交换的主要场所。土壤是动物、植物、微生物分布和生存的基本场所，是决定和影响生物分布的重要因素。土壤质地是决定土壤持水性、通气性及温度状况的重要因素。质地粗的土壤易于透水，从而有利于深根植物的水分供应，但其保水力差，不利于根系持续供水。质地黏重的土壤易形成地表径流，跑水性强，可供利用的水分较少。质地适中、结构良好的土壤则在很大程度上排除了二者的缺点，是最有利于植物生长的土壤。质地还影响土壤的水、肥、气、温及其组合状况，从而间接影响微生物活动和土壤中的矿质化、腐殖质化过程，进而影响土壤肥力状况。

土壤有机质主要是指进入土壤中的有机物质经过一定程度的分解和腐烂后形成的产物。它对土壤物理、化学性质和肥力状况有很大影响。有机质进入土壤后，立即受到微生物的分解作用和土壤动物的破碎作用，一部分有机物质被彻底分解矿化成简单物质归还到环境中（即矿化过程），还有一部分中间产物形成了复杂的高分子含氮腐殖质（即腐殖质化过程）。土壤有机质可以改善土壤的团粒结构和贮水、贮肥性能，土壤腐殖质对营养元素的保存和供应是极其重要的。土壤是陆生植物所必需的矿物养分的基本来源，土壤中的养分大部分呈束缚状态，溶解性养分只占很小一部分。土壤矿物质营养以溶于土壤水分中的离子状态被植物根系吸收并进入植物体，转化成植物体的构成部分。每种矿物质营养对植物都有独特的功能作用，不能被其他元素所取代，这些元素不仅数量上要充足，而且比例也要恰当。否则，将会造成植物生长和发育不良。

从土壤发生学角度来考虑，影响矿区人工再造土壤形成和发育的地形、母质、生物三大因素，在土地复垦初期，主要在人的参与下而发生作用。但随着时间的推移，这三个因素对土壤肥力演变的作用，受区域气候（如降水）的影响越来越明显，此种人工再造土壤能否演变到破坏前的地带性土壤，尚需长期定位观测。这对丰富土壤发生学理论有着一定的意义。在物理风化基础上，进行人工控制，加速其生物风化和化学风化，揭示其风化成土过程和环境效应，使在风化成土过程中不至于对植物和环境造成危害和影响，在土壤学、地质学及环境科学学科中是一个有理论价值和实践意义的问题。

6.2.3 植物修复与植被恢复基础

植物修复是一种利用自然生长植物或者遗传工程培育植物修复金属污染环境的技术总称。植物修复根据植物修复的作用过程，金属污染土壤的植物修复机理被分为植物稳定、植物吸收和植物挥发等三种类型。植物稳定技术可以有效替代那些昂贵而复杂的工程技术。植物稳定的研究方向应该是促进植物发育，使根系发达，键合和持留有毒重金属于根土中，将转移到地上部分的重金属控制在最小范围。植物稳定有其局限性，它只是一种原位降低污染元素生物有效性的途径，而不是一种永久性的去除土壤中污染元素的方法。相对地，植物吸收或又称为植物萃取、植物攫取，是一种具永久性和广域性于一体的植物修复途径。有色金属矿山不仅有土壤退化的问题，同时兼具多种重金属污染，因此，在矿山生态环境修复尤其是土壤的恢复重建过程中，绿色植物的选择应充分考虑重金属修复的植物种类。

矿区植被恢复，要符合植物的自然演替和繁育规律，首先让一两种先锋植物生存下来，并以一定的顺序使不同植物种类逐步侵入，最终演变成森林顶极群落。为了尽快形成目标植物群落，除了尽可能地营造植物生长所需的环境条件、引入先锋植物外，最好能选择一些与目标群落相接近的植物种类。其中很重要的一点是注意不同植物种类的合理组合，以便于种间的有效集合，形成稳定的群落。

对矿区废弃地立地类型进行划分，是进行植被恢复的重要基础工作，是对项目区植被恢复实现“因地制宜、适地适树”的先决条件。立地类型是由气候、地貌、土壤、植被等多种因素组成，是一个统一的整体。进行分类时应全面考虑各项因素以及它们之间相互关系，系统分析区域内所有的成分和整体特征，综合对林木生长有普遍重大影响的立地因素，视其相似程度划分立地单元，并确定界线，正确反映地域分异情况。

6.3 废弃地的土地复垦与土壤改良

有色金属矿山废弃地一般地形破碎、土壤贫瘠，缺少植物生长的立地条件。为了改善其立地条件，创造植物生长的有利条件，必须对其进行地形整理。地形整理应该做到因地制宜，随坡就势，营造与周边环境相协调的地形地貌，同时要求符合植被恢复作业需要。对于废弃地贫瘠的土壤条件以及受酸碱度、重金属等污染的情况，需要进行专项分析，采取针对性措施进行土壤改良。

6.3.1 矿山废弃地的复垦

6.3.1.1 土地整治

土地整理主要提高渣体和被面的稳定性，便于施工作业；同时通过微地形的整理，增加天然降水地表径流的利用率，从而提高植物成活率。对弃渣体地形整理的主要目的和作用在于：

（1）减缓坡度，减少粒度，改善地表组成物质的粒径级配；

（2）改善孔隙状况，增加毛管孔隙度，提高土壤的持水、供水能力；

（3）改善局部土壤的养分和水分状况，增加土壤含水量；

(4) 稳定地表结构，减少水土流失，控制土壤侵蚀；

(5) 便于植被恢复施工，提高造林质量；

(6) 增加栽植区土层的厚度，提高植物对有限降水的利用率、保存率，促进植物生长。

通过对开采被面的整理，可以清除浮石、危石，提高坡面作业的安全性；对于一些土质或土石结合的坡面，通过削坡、放坡等坡面整理措施还可以增加坡面的稳定性。

土地整理需要与总体规划相结合，要符合矿区内对本区域土地的最终利用方向，对一些弃渣优先进行综合利用，对一些塌陷地和开采坑可以结合土地的调整利用方向，改为养鱼塘或是尾矿库，减少地形整理的工作量。有条件的地方可以利用坑洼改建为蓄水池，蓄积降水，合理开发利用水资源。土地整理和客土改良方案需经济可行，没有必要进行大平大整，可因地制宜、随坡就势的平整，以利于植被恢复的操作为宜。对于土源紧张的废弃矿区能够采取局部客土解决植被恢复问题的，尽可能不采用全面客土的方式；能够用简单易行方式的避免使用高成本的方式。由于矿区废弃地地形起伏较大、坡面多，表面覆土后很容易发生表面侵蚀，产生水土流失，并且存在上游来水的可能，因此土地整理应与排水系统的完善相结合，保证植被恢复成果持续稳定。土地整理与土壤改良、治污相结合，将对植物生长有不利影响的不良土壤进行隔离或治理，并对不宜植被生长的酸碱度进行调整。采用“随坡就势、小平大不平”的方式，对高陡渣坡进行放坡处理，减缓地形起伏，保障安全，同时还营造了适宜植物种植的相对平缓的立地条件，便于植被恢复；此外，利用弃渣塑造地形，使排土场在植被恢复后地形起伏，接近自然，能与周边原始自然山体相融合。

矿区废弃地植被恢复整地的方式可分为全面整地和局部整地，局部整地又分为带式整地和点式整地。在矿山废弃地的整地常与客土、土壤改良等作业相结合，尤其与客土作业联系紧密，全面整地与全面客土作业相对应，而局部整地对应局部客土改良作业。全面整地尤其是全面容土改良整地对改善土壤理化性质的作用大，便于全面恢复矿区植被，提高地表植被覆盖率，但是用工较多，投资较大，成本高。局部整地包括带式客土整地和点式客土整地。带式整地是指以长条状整理废弃地作为重点客土改良种植区域，其坡面可以采用全面播层客土或点式客土的方式。带式客土整地是弃渣边坡（如煤矸石山、铁矿排土场等堆积废弃地）重要的整地方法。在山地带状整地时，带的方向应沿等高线保持水平。破土带的断面可与原坡面平行（水平带状整地）或者成阶状（水平阶整地）、沟状（水平沟整地），带长应根据地形情况而定，在可能的条件下，带宜长些，但不宜过大，否则不易保持水平，容易汇集水流，造成冲刷。点式整地多用于地形较为破碎或坡面较陡的情况下，在需种植的点位进行局部点式整地。点式整地灵活性大，整地省工，但改善立地条件的作用相对较差。矿区废弃地应用的点式整地方法有：穴状坑、块状坑、鱼鳞坑、“回”字形漏斗坑、反双坡或波浪状坑等。点式整地的整地面积，主要是依据坡面水土流失量的大小、植被、土壤条件等确定。块状地的形状有长方形、圆形、正方形、半圆形，以及大规格的鱼鳞坑等。

6.3.1.2 废弃地复垦

土地复垦是生态恢复的核心内容，我国将土地复垦定义为：生产建设活动和自然灾害损毁的土地，采取整治措施，使其达到可供利用状态的活动。

土壤作为环境系统的核心介质，是沟通大气和水体的枢纽，也是生物体和人类活动的基本载体。大气和水体的污染，最终反映并集中于土壤的污染。由于土壤污染具有隐蔽性、滞后性、累积性和长期性等特点，土壤污染没有得到应有的重视，环境的面源污染仍在恶化。事实上，如果土壤污染得不到缓解或有效解决，良好的环境与可持续发展往往就成为一句空话。

矿区土壤受到破坏后，必须通过详细的调查测试，探讨土壤退化的原因、类型、过程、阶段和程度，尤其是和原地貌土壤退化有什么不同。在矿区地形地貌、地层结构剧烈扰动、土壤质量极度退化的状态下，要重构一个高质量的土壤，就必须对复垦土壤的母质来源进行详细的诊断，特别是对环境和植物有影响的汞、铬、镉、铅、砷、铜等污染元素，氮、磷、钾、硼、铁、钼等营养元素进行分析；对某些污染严重的土壤要采取生物修复等措施。将复垦土来源背景值弄清楚后，要对废弃土地的资源再利用目标做出规划设计，结合复垦的目标（优质耕地、林地、牧地等），采取相应的技术经济措施，重新进行土壤剖面重构、人为加速风化熟化、土壤培肥等。为了在短时间内能复垦一个高质量的土壤，必须对重构土壤的水肥气热进行动态监测，并对土壤质量的演变做出科学、合理的预测，如：重构的土壤能否演变为地带性土壤类型？重建植被演变的顶级群落是什么？这需要土壤地理学、植物生态学、植物群落学等学科理论、方法的交叉与融合才能解答。矿区生态恢复重建是一个时空跨度较大的持续经济投入工程。因此，为了正在开采矿区和今后将要开采矿区的持续发展，尤其是能够较准确地估计和把握“西部大开发”中矿区生态重建与经济发展的后果，人工正确地诱导生态最终演替方向，保持生态恢复重建的最小风险，准确评价重建生态系统的结构、功能，科学预测未来空间的发展趋势，这需要借用现代技术手段（GPS、RS、GIS、ES 技术）、引入恢复生态学、景观生态学、环境美学、环境质量评价等学科理论与方法。

土地整理的技术手段是土地整理成功的基础，其科学规范性是判断土地整理是否可持续的指标之一。土地整理过程中的技术手段主要包括信息采集技术、环

境评价技术、地产评估技术以及景观塑造保护技术。土地整理中的各项技术已经比较科学规范，适应了土地整理内容与目标的要求。目前，电子速测仪、高精度GPS等设备已广泛应用于基层测量局，作为土地整理过程中信息采集的手段，实现了重要资料数字化。在软件建设方面，建立了土地整理信息系统，对各种图形、属性数据实现一体化管理，并通过专线网络传输各种数据，实现了土地整理完成后各种数据的及时更新和不同部门之间的资源共享。在土地整理，景观重塑应与当地的环境相适应、相协调。要求尽量保留已有的自然景观再增加新的景观，促使各种生物的生息环境得到保障和改善，对水土流失区，要制定出水土保护措施。

6.3.1.3 矿山废弃地复垦方式

对废弃矿山，采用宜地则地，宜绿则绿，宜地与宜绿相结合，以增加优质园地和绿化用地为主，因矿施治，进行复垦还绿。

(1) 复垦为农从用地。这种复垦方式一般应覆盖表土并加施肥料或前期种植豆科植物来改良尾砂。

(2) 复垦为林业用地。大多数尾矿库，特别是其坝体坡面覆盖一层山皮土后可用于种植小沼木、草藤等植物，可种植乔、灌木，甚至经济果木林等。复垦造林在创造矿区卫生优美的生态环境方面起了很大作用，并对嗣旧地区的生态环境保护起着良好的作用。

矿区废弃地复垦作为一个工程，其工作程序离不开工作计划和工程实施两个阶段。由于土地和生态系统的形成往往是经过较长时间的自组织、自协调过程、复垦工程实施后所形成的新土壤和生态环境，往往也需要一个重新组织和各物种、成分之间相互适应与协调的过程才能达到新的平衡。而这个工程实施后的有效管理和改良措施，可以促使复垦土地的生产能力和新的生态平衡尽早达到目标，所以复垦工作后的改善与管理工作是必不可少的。因此，根据土地复垦工程的特点，其一般可概括为以下三个阶段。第一阶段：规划设门阶段；第二阶段：复垦工程实施阶段，即工程复垦阶段；第三阶段：复垦后改善与管理阶段。

复垦规划的意义如下：

(1) 保证土地利用结构与生态系统的结构更合理。矿区废弃地复垦规划是土地利用总体规划和矿区生态环境恢复规划的重要内容，又是土地利用和矿区生态恢复的一个专项规划。国内外矿区复垦实践证明：制定一个科学合理的复垦规划，是矿区生态环境恢复的关键之一。

(2) 避免复垦工程的盲目性和浪费，提高复垦工程的效益。不经过系统规划设计的复垦工程，往往存在以下盲目性和工程浪费。

通过对复垦工程进行系统的规划，可以最大限度地发挥矿区自然和环境资源优势，正确选择复垦投资方向，达到投资少见效快、系统整体效益明显的目的。

（3）保证复垦项目时空分布的系统性和合理性：复垦规划的实质就是对尾矿复垦工程实施的时间顺序及时空顺序及空间布局作系统的科学安排，即在时间上，使复垦工程与企业生产和发展规划相结合，在空间上，按照矿区特性因地制宜进行矿区废弃地复垦。

6.3.2　土壤改良

土壤重构矿山废弃地生态恢复的关键问题就是土壤基质的重构，只有土壤的团粒结构、酸碱度和持水保肥能力得到相应的修复，后续的生态修复和生态系统重建才能进行。矿区污染土壤修复中，废弃地土壤的重构和改良就显得尤为重要，必须综合利用工程措施及物理、化学、生物、生态措施，重新构造适宜的土壤剖面和理化性质。

6.3.2.1　物理改良

矿山废弃地物理改良措施包括排土、换土、去表土、客土与深耕翻土方法，可根据矿区具体条件、经费和修复目标选取不同的方法。对于任何类型的矿山废弃地来讲，最简单的办法就是覆盖土壤，但覆盖土壤的费用很高。在废弃地恢复中克服物理因子的不足常在实践中应用，如挖松紧实的土壤、整理土壤表面的措施是较为有效的措施。

地表扰动前将土壤分层取走保存，这样土壤的物理结构、营养元素以及土壤中的植物种子库及土壤微生物、土壤动物等受到的影响最小，待工程结束后再将土壤分层运回原处加以利用。这一方法已是当前矿山环境保护的标准程序。土壤结构是指土壤颗粒的排列与组合形式及不同深度的土层中土壤颗粒的大小。松散的土壤结构对植物的根系生长非常重要，植物在熔块状土壤基质中可以使其根系在纵向与横向充分渗透，从而获得足够的水分和养分。土壤结构的松散和紧密程度可以通过替换表层土壤得以实现。矿山废弃地的土壤比较紧实，生物修复前应当通过深耕翻土改变土壤密度与团粒结构，之后才可以采用剥离、粉碎、固定、灌溉的方法进行土壤化学性质和肥力的改良。如果废弃地污染严重、土层过薄，甚至部分废弃地完全没有土壤层，在废弃地上覆盖客土成为必须步骤。客土法的关键在于寻找土源和确定覆盖的厚度与方式。动电方法也是修复土壤重金属的一种方法。该法将电极对插入受污染土壤，通入直流电后，重金属离子可在电场作用下通过电渗析向电极移动，然后通过收集系统集中处理。这种方法近年来发展较快，但在实际应用中受土壤复杂性的限制无法充分发挥其优点。如果矿区土壤污染物易于分解扩散，可采用振动束泥浆墙、平板墙、薄膜墙、化学泥浆、喷射泥浆的方法加以隔离，自动去除污染物。

6.3.2.2 化学改良

多数矿山废弃地存在酸碱化倾向。对于碱性废弃地，宜采用 $FeSO_4$ 及硫酸氢盐等物质来改善。$CaSO_4 \cdot H_2O$ 可以将土壤中的钠离子替换成钙离子减轻土壤盐碱化程度，从而增强土壤中水的渗透能力，改善土壤基质。对于酸性废弃地，可向土壤中投放生石灰或碳酸盐中和。重金属氢氧化物溶解度仅次于硫化物，土壤中加入石灰可使重金属形成氢氧化物，同时 pH 值的升高，引发钙离子与重金属离子共沉淀现象，有效地降低土壤中重金属的移动性以及它们在植物体内的富集。有机物例如木屑、堆肥、绿色垃圾、粪肥和有机污泥都能提高土壤的 pH 值，并且可以改善土壤结构、提高土壤持水能力和阳离子交换能力。在废弃地上铺盖厚 20cm 的垃圾及 20kg/m^2 的石灰，可以有效防止尾矿酸化，Ca^{2+} 的存在可以缓和重金属阳离子毒性。

大部分矿山废弃地缺乏氮、磷等营养物质、是植物生长的限制因子之一。解决这类问题的办法是添加肥料或利用豆科植物的固氮能力。近年来，有关蚯蚓生物学、生态学有大量研究报告，将蚯蚓应用到退化土壤恢复之中，研究结果表明蚯蚓对土壤的机械翻动起到疏松、拌和土壤效应，改造了土壤结构性、通气性和透水性，使土壤迅速熟化；同时排出的粪便，不仅含有丰富的有机质和微生物群落，而且具有很好的团粒结构，保水保肥能力强，促进了植物的生长发育，是目前很好的土壤改良剂之一。

大部分矿山废弃地缺乏 N、P、K 和有机质等营养物质，是植物生长的主要限制因子之一。用于农业或其他集约使用的土地复垦区域一般都需要对土地肥力进行维护。相关研究表明，木屑可以提高树木、非禾本草本植物和灌木的存活率。通过应用含氮的木屑增加了土壤肥料如 N、P、K 或石灰的作用。大部分植物或土壤生物群落所需要的氮素来自生物固氮以及随后的有机氮的矿化。城市污泥是城市污水处理厂在污水处理过程中产生的固体废物。由于城市污泥除了含有丰富的 N、P、K 和有机质外，还有较强的黏性、持水性和保水性等物理性质，因此是矿区土壤复垦中良好的填充物。有机碳为土壤微生物提供了新陈代谢的能量来源。微生物通过与寄主植物建立的共生关系或通过动植物在土壤中分解、腐烂而获得有机碳。通过对土壤补充树皮或者黑麦草可以为土壤细菌提供充足的有机碳从而促进它的新陈代谢，例如印度黄檀能增加土壤的水分和有机碳以及 N、P、K 含量。有机碳增加的水平与落叶层堆积和分解成腐殖质的强度有关。

6.3.2.3 生物改良

豆科植物能够与根瘤菌形成固氮根瘤，从而将土壤中的氮气转化为氨固定下来，因此，利用寄主植物、根瘤菌和它们的共生体系对废弃地土壤中重金属毒性

的耐受能力和固氮能力对矿区废弃地的基质改良。目前中国大约有44种非豆科固氮树种，包括沙棘、杨梅、马桑等。此外，各种废弃地影响植物定居的因素复杂多变，各种改良物质有其独特的性质和作用。

微生物改良技术是利用微生物的接种优势，对复垦区土壤进行综合治理与改良的生物技术措施。借助向新建植的植物接种微生物，在改善植物营养条件、促进植物生长发育的同时，利用植物根际微生物的生命活动，使失去微生物活性的复垦区土壤重新建立和恢复土壤微生物体系，增加土壤生物活性，加速复垦地土壤的基质改良，加速自然土壤向农业土壤的转化过程，使生土熟化，提高土壤肥力，从而缩短复垦周期。微生物肥料已在复垦土壤培肥中得到工业化应用。微生物的接种可以考虑选择抗污染的细菌，许多细菌具有抗污染的特性，因此在污染区接种抗污染菌是一种去除污染物的有效方法。这些细菌有的能把污染物质作为自己的营养物质，把污染物质分解成无污染物质，或者是把高毒物质转化为低毒物质，如在铁污染的土壤中可以接种铁氧化菌，不仅效果好，而且比传统的方法节约费用；在汞污染的河泥中，存在的一些抗汞微生物，能把甲基汞还原成元素汞，降低了汞的毒害。还可以接种营养微生物：废弃地的植物营养物质非常贫瘠，接种能提供营养的微生物对废弃地的生态恢复无疑是有很大的促进作用。有的微生物不仅能去除污染物，而且还能为群落的其他个体提供有利的条件。研究表明，在铅锌矿尾砂库的生态恢复中，把根瘤菌接种到银合欢等豆科植物的根部，能促进根瘤的形成，进而促进地上部分的生长，植株健壮。在有铝污染的地区接种菌根不仅有利于植物对磷的吸收，而且还有利于对钼的吸收。

土壤动物在改良土壤结构、增加土壤肥力和分解枯枝落叶层促进营养物质的循环等方面有着重要的作用。作为生态系统不可缺少的成分，土壤动物扮演着消费者和分解者的重要角色、因此，在废弃地生态恢复中若能引进一些有益的土壤动物，将能使重建的系统功能更加完善，加快生态恢复的进程。如蚯蚓则是世界上最有益的土壤动物之一，在改良土壤结构和肥力方面有重要作用。在矿山生态恢复方面率先将蚯蚓引入到煤矿山的土壤复垦中，不仅能改良废弃地的土壤理化性质，增加土壤的通气和保水能力，同时又富集其中的重金属，减少了重金属的污染，达到了矿山废弃地生态恢复持续利用的目的。

在现有的土壤重金属污染治理技术中，生物技术被认为是最有生命力的。矿山废弃地的生态恢复是当今世界关注的重要问题之一，基质改良又是进行生态恢复的关键。经过近几十年的研究与实践，国内外在矿山废弃地的土壤基质改良方面的研究有了突破性的进展。但由于矿区废弃物构成的多样性、局部立地条件的差异性、地带性差异、恢复利用目标的不同，致使土壤基质改良更为复杂，存在着一些迫切解决的问题。根据矿业废弃地土壤基质针对恢复利用的限制性因子划分为不同的类型，并在此基础上研究不同类型矿山废弃地的土壤基质改良适宜的

方式方法，这是矿山废弃地复垦和生态恢复的关键问题。土壤改良方法的选用，应该遵循因地制宜、就地取材的原则，结合以往的研究成果，借鉴国际矿区土地复垦和生态修复的成功经验，研究废弃物土壤化演化的自然规律和机理。通过各种技术手段进行土壤化发育机理研究，实现人工辅助的土壤化演化。

6.4 有色金属矿山废弃地生态修复设计与实践

矿山开采对生态系统的破坏十分严重，特别是土壤和植被的丧失，使土地失去利用价值。由于矿山废弃地土壤结构性差，有机质含量及植物必需的养分元素（尤其是氮、磷、钾）严重缺乏，同时重金属含量又较高，因此很不利于植物生长和其他生物活动，恢复起来十分困难。据统计，全国开发累计破坏土地面积200多万公顷，而且正以每年3.3万~4.7万公顷的速度递增，因此，矿业废弃地的生态恢复和重建，对国土资源的合理利用及生态环境保护均有重要意义。矿业废弃地的植被自然恢复是非常缓慢的，应采取积极的人工措施来加快植被的建植过程，缩短水土流失过程，使其在获取生态效益的同时，又能获良好的生态效益。

矿山废弃地生态恢复技术研究矿山废弃地退化严重，极端贫瘠、有害元素含量超物理性状恶劣，以此为基础进行生态系统的自然演替。通过人工手段改善土壤、植被和水系条件，是进一步的生物修复、水体治理及农林利用的前提条件。有色金属矿山废弃地生态修复，首先应考虑将污染物降低到可接受程度。根据研究区域土壤背景值、相关法律法规标准、土壤生态安全、目标实现的可能性、经济可承受能力等情况制定具体的目标污染物修复值，然后采取措施恢复或全部恢复土壤的生态服务功能。

为了在短时间内能复垦一个高质量的土壤，必须对重构土壤的水肥气热进行动态监测，并对土壤质量的演变做出科学、合理的预测，如重构的土壤能否演变为地带性土壤类型，重建植被演变的顶级群落是什么？这需要土壤地理学、植物生态学、植物群落学等学科理论、方法的交叉与融合。矿区生态恢复重建是一个时空跨度较大的持续经济投入工程，人工正确地诱导生态最终演替方向，保持生态恢复重建的最小风险，准确评价重建生态系统的结构、功能，科学预测未来空间的发展趋势，这需要借用现代技术手段（GPS、RS、GIS、ES技术）、引入恢复生态学、景观生态学、环境美学、环境质量评价等学科理论与方法。

6.4.1 矿山废弃地生态修复设计

有色金属矿山废弃地的生态修复实质是对污染土壤生态系统进行修复的系统的生态工程方法，而生态工程设计原则主要有：生态学原则、因地制宜原则、系统功能需求的独立性原则。生态修复主要通过植物、动物、微生物等生物体的生命活动完成，而生物体的生命活动依赖于各种环境因子（如土壤水分、养分、

pH 值、氧化还原状况、气温、湿度等)。因此，污染物的种类和性质，修复生物体的种类和性质，修复生物体对污染物的吸收、降解等能力，土壤性质、气温、湿度等环境因子都会对生态修复过程产生影响。生态修复作为一个客观存在的生态工程工艺实体，与所处地域的自然环境和污染特征密切联系，因而污染土壤生态修复必须根据时空变化和不同的环境条件产生不同的生态修复工艺，表现出不同的工艺组合、工艺参数与调控方法。

矿山废弃地的生态修复技术中，如何实现物理、化学、生物方法的优化组合，是目前污染土壤生态修复研究的热点和难点。污染土壤采用多种修复措施相结合的联合生物修复工程技术，综合运用各种物理、化学、生物手段，直接或间接提高污染土壤微生物降解效率和植物吸收代谢效率，形成一个具有生物活性、自我调节功能完整的修复系统，通过利用该系统及其辅助管理措施，对污染土壤场地修复的工程技术。各种修复方法之间的优化组合应是一种耦合（couple)。耦合在生态学中常用来表示各系统之间、各系统的子系统之间以及系统组分和环境要素之间相互依赖、相互协调、相互促进的动态关联机制。可见，污染土壤生态修复方法的优化组合就是通过各修复方法与其他辅助性措施之间的组合或联合，克服各修复方法单独作用的缺陷，提高修复效率，形成一个符合生态学原理，生物之间、生物与物理、化学等因素之间和谐共存、相互促进，物质流、能量流、信息流良性循环和动态平衡的污染修复系统。修复方法的组合应依据一定的原则，采用正确的组合方式，选择合适的组合位点，目前，相关研究中修复方法组合的位点主要有同步组合和阶段组合两种方式。

目前报道的污染土壤修复方法的组合方式多种多样，但表现出以植物和微生物为中心，辅助其他措施组合的特点。一是以植物为主体的植物—物理或化学修复、植物—物理—化学修复、植物—微生物修复、植物—微生物—物理或化学修复；二是以微生物为主体的微生物—物理或化学修复、微生物—物理—化学修复。

矿区土壤受到破坏后，必须通过详细的调查测试，探讨土壤退化的原因、类型、过程、阶段和程度，尤其和原地貌土壤退化有什么不同。这需要土壤学、水土保持学、水文地质学、植物生态学、采矿学等学科理论、方法的交叉融合。在矿区地形地貌、地层结构剧烈扰动、土壤质量极度退化的状态下，要重构一个高质量的土壤，就必须对复垦土壤的母质来源进行详细的诊断，特别是对环境和植物有影响的汞、铬、镉、铅、砷、铜等污染元素，氮、磷、钾、硼、铁、钼等营养元素进行分析；对某些污染严重的土壤要采取生物修复等措施。这需要土壤学、环境微生物学、植物营养学、植物生态学、植物生理学等学科理论、方法的交叉融合。当复垦土来源背景值清楚后，要对废弃土地的资源再利用目标做出规划设计，结合复垦的目标（优质耕地、林地、牧地等)，采取相应的技术经济措

施，重新进行土壤剖面重构、人为加速风化熟化、土壤培肥等。这需要土地利用规划学、土地资源学、资源环境经济学、土地利用工程学、作物栽培学、林木培育学、土壤改良学等学科理论、方法的交叉融合。

土地复垦和生态恢复的初始阶段，植物种类的选择至关重要。物种配置可运用恢复生态学、景观生态学和植被群落理论等原理对植被群落的组成、结构和密度等进行设计，创造适宜的植物生存空间，避免种间竞争。植被的群落组成根据多样性促进稳定性的原理，废弃地造林应尽量配置成混交林，以增加植物生态系统的物种多样性和层次结构。植被的群落结构应该模拟天然植被结构，实行乔灌草复层混交。实践证明，对落叶乔、灌木应采用少量配土栽植，对常绿树种则应带土球移植，对于草本植物应采用蘸泥浆或拌土播撒种植。另外，通过矿区表层土壤发育的优劣，分别采用覆土和无覆土栽培技术。当表层土壤厚度较低时，可以在矿山废弃地表面覆盖一定厚度的土壤、污泥、粉煤灰等，促使土壤环境得到较大改善。对于分化较好的矿山废弃地，由于表层土壤发育较好，可将植物直接栽植于土壤上。当矿山废弃地土壤缺乏水分的条件下，可以采取各类抗旱栽植技术，如保水剂技术、容器苗造林技术、覆盖保水技术、ABT 生根粉技术等。

根据废弃地的极端环境条件，植物物种的选择应当遵循以下原则：（1）优先选择播种容易、种子发芽率高、抗逆性好、耐贫瘠、耐酸碱、耐重金属、适应性好、根系发达、生长迅速、成活率高的物种。（2）优先选取能够提高土壤有机质、改善土壤理化性质的树种。（3）本地种优先，尽量选取优良的土著物种和先锋植物。（4）考虑经济效益的同时要考虑植物的多种性能，包括耐旱、耐淹、抗风沙和抗病虫害。（5）草本植物可以作为保护植物应用于植被恢复过程初级阶段，特别是 C4 草本植物对干旱和低土壤养分以及气候压力具有很强的适应性，禾本科和茄科植物对铅锌矿渣具有较强的忍耐能力。

为了在有毒金属矿区的土地上建立一个可自我维持的植被，矿区优先考虑的先锋树种应该遵循以下原则：（1）选择播种容易，种子发芽力强，苗期抗逆性强，易成活的植物。(2）根据矿山废弃地的土地条件，选择根系发达、能固土、固氮和有较快生长速度的植物。（3）矿山废弃地的水肥条件恶劣，重金属等有毒有害物质的含量高，对有毒有害物质耐受范围广的树种。鉴定限制生态环境恢复的因子和有毒物质，结合矿区土壤的结构进行基质改良和植被种类筛选，最终可以进行矿区废弃地的植被恢复。经复垦后的矿区土地有了新的使用价值，改善了人类的生存环境，并创造了全新的生态系统。如矿区废弃地复垦后为农林草用地、水产养殖用地、建筑用地、风景旅游及休闲娱乐区等用途，可使生态景观得到明显的改善。但由于某些矿区地质背景复杂，土壤中重金属含量高，生产中已发现某些复垦区的水稻、大豆、甘蓝、菠萝等作物受到重金属不同程度的毒害。因此，对于复垦后的矿区，要及时进行重金属的环境监测和评价工作。

生态恢复不只包括土壤和植被的恢复，完整的生态系统结构还需要土壤微生物实现分解者的功能。微生物修复是指利用微生物的生命代谢活动减少土壤环境中有毒有害物的浓度而降低其危害性。恢复该地区原有的微生物群落之后，还可以引种其他微生物，以加强去污肥土的效果。微生物改良技术是利用微生物的接种优势，向新建植物根部接种微生物，使失去土壤微生物活性的矿山废弃地土壤重新建立和恢复土壤微生物体系，增加土壤活性，加速土壤改良，促进生土向熟土的转化，从而缩短复垦周期。植物修复耦合微生物肥料的施肥措施能够改良或培肥土壤基质，提高植物修复效果。

6.4.2 北京首钢铁矿植被恢复规划设计与实践

北京首钢铁矿位于距北京市密云县城东15km的巨各庄镇，东经116°52′18″~117°04′57″、北纬40°19′42″~40°27′31″。地貌为华北平原与蒙古高原的过渡地带，属燕山山脉，为低山丘陵地带，海拔高度在45~1730m之间。区域内界限分明、相对高差大，土地切割深、土层薄、坡地多、平地少。受地形影响，该区主要盛行偏北风、西南风。区域内年降水量550mm，雨季为7、8、9月份，多年平均最大24小时降雨量102mm。北部土壤分布以棕壤、褐土为主，南部土壤主要分布着褐土、潮土，矿山所在区域是北京市政府公告的水土流失重点预防保护区。北京首钢铁矿是生产多年的中型采选联合企业，由沙厂矿山和霍各庄矿山组成，霍各庄矿山已于1979年停产，目前只有沙厂矿山在开采。沙厂矿山始建于1969年，1971年投入生产。铁矿主要由开采区废弃地、选矿厂、球团车间、排土场废弃地、尾矿库废弃地、运输道路系统、办公生活区等部分组成。

结合密云县生态涵养发展带的功能定位和北京首钢铁矿为了可持续发展而确定的矿山公园的整体规划，在生态植被恢复时宜林则林、宜草则草、宜景则景，分区域规划，因地制宜采用多种单项技术和技术组合，示范引导，突出矿山植物特点，对矿区开采造成的植被破坏区域进行植被恢复，创建良好的景观效果，构建循环经济。北京首钢铁矿矿区废弃地生态植被恢复主要是通过工程措施和生物措施相结合的方法实现对开采区边坡因自然和人为活动而造成的生态破坏区域的生态恢复，因地制宜，分类实施，宜林则林、宜草则草、宜景则景，侧重于对破坏生态环境的修复和再造。同时，通过示范工程的建设为本地区其他类似项目的生态修复提供技术支撑。

6.4.2.1 植被恢复目标

通过综合植被恢复，使治理区域平均植被覆盖率达80%以上，实现接近然的生态治理。排土场环境与周边环境和谐一致，实现工业开采场地的生态修复。通过地形整理、不同植物的选配，营造不同的景观。根据矿区开采造成植被破坏

的特点，将矿区废弃地按照开采区、排土场、道路、尾矿库4部分进行植被恢复设计施工。

6.4.2.2 植被恢复模式设计

A 开采区

铁矿开采形成的开采作业面，包括开采边坡、开采平台、开采坑底几部分。开采边坡光岩裸壁，坡度较陡，一般在60°~75°之间，但是也有一部分坑口坡面由于开采较久等原因坡度较缓。岩面由于爆破作业留有大量裂隙，并且表层坑洼较为丰富、糙率大，而且岩性坚硬，深层稳定，有利于生态修复工程的实施；同时部分岩石表层风化比较严重，部分表层有浮石，此类被面实施生态防护的措施受限；有部分坡面由于开采作业形成的开采平面局部坡脚欠稳定，需要进行稳定处理才能实施生态修复。开采平台的岩体基本稳定，并且原来承担着运输道路的功能，表面平坦，生态修复工程实施的基础条件较好，开采坑底部目前还在开采利用过程中，做好坑底部的积水排放利用工作，坑底部的生态修复工作主要是解决植被生长所需要的土壤基质条件。根据矿区开采坑开采形成侧壁的特点，对不同坡度、坡面稳定程度、坡面现有植被状况采取不同的技术措施实施分区域防治实现生态修复：

（1）种植槽穴植被恢复技术模式。主要包括开采坑内近乎垂直和反坡部位且分风化不严重的坡面。利用局部坑洼或人工手段形成种植穴，在种植穴内栽植爬山虎等攀缘植物实施垂直绿化。

（2）简易客土喷播技术模式。主要包括坡度较陡、岩面风化程度较重、裂隙丰富的坡面。在保证施工稳定的基础上，采用简易客土喷播结合植苗绿化的方式进行植被恢复。

（3）挂网客土喷播技术模式。主要包括60°左右坡度，岩面风化程度较轻的坡面。采用锚杆固定+挂两层双向格栅网+客土喷播+生态植被毯的方式实施植被恢复。

（4）苗木种植结合平台拦挡模式。主要包括帮坡平台。包括有风化堆积物和无风化堆积物的两种。首先对平台外沿码放几层生态植被袋并用锚杆固定，植被控的高度根据风化物或者客土层的厚度来定。对有风化堆积物的部分，采用生态灌浆的工艺增加保水防渗性、提供土壤肥力，对无风化堆积物的平台采取客土30cm，然后在风化物和土层栽植灌木和乔木，再在表层喷附灌草种。

B 排土场

排土场总面积50hm²，根据植被恢复规划实施区域的立地条件，通过生物措施辅以工程措施，采用地形整理、客土及土壤改良、抗旱节水造林等技术措施，栽植工程结合播种工程相结合，人工促进自然恢复，生态与景观并重，对排土场进行综合治理，营造生态环境良好的矿区环境。通过综合植被恢复，使治理区域排土场植被覆盖率达 80% 以上，实现接近自然的生态治理。

排土场边坡位于路口，是出入开采区和排土场的必经之路，是迫切需要进行植被恢复的区域。排土场边坡基本稳定，各个分级马道依稀可见但是不完善，需先进行分级整理坡面。在每级平台根据栽植苗木的规格进行局部客土，以满足所栽苗木的生长要求，客土厚度一般要达到 0.5m，再对坡面进行灌浆和覆土处理，营造植物生长的基盘，平均厚度要求达到 0.2m。选择适应土地条件的树种栽植，充分利用各分级平台进行乔木栽植，迅速达到绿化效果，从前到后形成由低到高，具有层次感的立体布置。在平台考虑常绿和阔叶树种搭配，灌木、小乔木、大乔木的有机结合；在坡面采用先锋草种和乡土灌木形成植被覆盖，营造植物生长的环境，为后期顶极群落的形成创造条件。在坡面主要采用草本和乡土灌木植物。对于渣坡下部的道路两侧坡体由于现有一定的植被覆盖，所以拟采用先对现有的渣体进行清理，同时对不稳定坡体进行处理，然后来用客土植苗造林的方式进行植被恢复。

C　尾矿库坝面

尾矿库目前还处于使用过程中，尾矿库坝面无植物生长的土壤条件。质地疏松，风起沙扬，是急需进行植被恢复的区域。但是由于尾矿库坝是由尾砂碾压成坝，坡比在 1∶4 左右，属于透水型坝体，下部水分充盈，对深根性植物吸取水分提供了可能。对尾矿库坝面的植被恢复改良进行了两种模式的植被恢复对比试验。一种是在坝面覆盖 10cm 的山皮土，然后覆盖含有灌草种的生态植被毯进行植被恢复；另一种是直接撒施适量的草炭土有机质和缓效氮肥，进行土壤肥力改良，然后铺设生态植被毯进行植被恢复。试验结果看来，不覆土能够实现坝面的植被恢复。

6.4.3　山东铝业公司氢化铝厂 1 号赤泥堆场生态修复工程

山东铝业公司位于山东省淄博市张店区南定镇。淄博位于山东中部，地处东经 117°40′52″～118°29′29″，北纬 36°16′27″～37°06′20″。淄博市地处鲁中山区和华北平原的过渡地带，境内多山丘，有平原也有盆地。地势南高北低，起伏很大。1 号赤泥堆场建在山东铝业公司以东 1km 左右，1 号赤泥堆场建于 1954 年，为平地堆坝，占地面积 45 万平方米，设计库容为 2200 万立方米，实际存量现达到 3000 万立方米。现已不再使用。经过几十年的风吹日晒，赤泥堆场已成为粉尘污染的源头，对氧化铝厂的空气环境质量造成极大的污染，生态景观破坏严重。

6.4.3.1　赤泥堆场生态修复设计

赤泥堆场的边坡坡度为 60°，属于险坡。根据现场调研与实际勘察的结果，

在做现场施工方案时必须考虑几个方面的影响因素。如怎样克服坡度大给施工带来的困难，如何把各种材料混合均匀，生长基质层如何填充，基础框架的尺寸，选用的施工材料在当地是否为普通、大量的生产资料。这些问题的解决，可为现场施工打下良好的基础。

此次的现场施工由于面积小，没有大型机械设备可供施工时用，因此考虑方案时这也是一大困难。施工方案确定：在充分考虑赤泥的特性及坡度大的现场实际情况后，设计了几种方案。经模拟试验及专家论证，在综合考虑多方面因素的情况下，最终选择的方案为：用方格加拱形支撑的办法，以人工施工为主现场作业，把坡面重新改造，使之能成为让植物正常生长的完整基质层。

(1) 坡面前期处理：由于赤泥堆场经几十年风吹日晒表面已风化，须先行铲除表层浮石及把坡面大致铲平。处理液选用质量浓度为1mg/L溶液。

(2) 基础框架：由于坡面很陡及坡顶平面上的排水沟间隔距离长，因此，要考虑排涝防冲刷及建成后坡面的稳定性。

(3) 隔离层的铺设：目的是为了阻隔赤泥中碱盐返到生长层中。隔离层材料的选择用“有机材料组合”。

(4) 生长基质的铺设：这是关键的一步，它关系到植物生长的重要条件之一土壤。要考虑到土壤的硬度、孔隙度、土壤肥力等多方因素。因此，生长基质的组成是重中之重，以前期试验结果及现场所占的材料，综合多方面的因素，选用土壤、秸秆、草炭这种最适宜的配比组合用在现场，确保扩大试验能够成功。土取自当地农田，秸秆也是当地一个乡镇企业的加工产品，草炭来自东北。经过以上四个步骤的施工人工边坡施工部分顺利完工。

6.4.3.2 植被种植设计

A 品种选择

在前期试验的基础上，结合一些耐性好的当地品种。初步选择出适宜品种；高羊茅、披碱草、狗牙根、黑麦草、沙打旺、紫花百秸等禾本科及豆科的草种。

B 播种方法

由于坡度大，种子着床很困难，根据温室内播种方法的试验，播种采用了三种方法：一是条播；二是喷播；三是铺植生带。条格是把种子撒在用耙犁出的沟中，然后表面覆盖一层薄土。喷播是把种子拌在纤维混合体中由人工甩在坡面上。这个播种方法要掌握好混合体的比例及稀释的程度。铺植生带，此方法比较简单，但成本高。播种后覆盖草帘以达到保墒的目的。

6.4.4 水龙山酸性废石堆场边坡生态修复工程实践

德兴铜矿位于江西省上饶地区德兴市，全矿总面积100km^2。矿区内地貌为低山、丘陵，海拔65～500m。矿区居中亚热带季风气候，年平均温度17.0℃，≥10℃年积温5233～5089℃，无霜期248～273d；年日照时数1800～2000h，年太阳辐射总量466.75～468.43kJ/m³，年降雨量1901.6mm，年均相对湿度81.4%，年蒸发量1303mm。土壤主要为红壤和山地黄红壤。矿区植物区系属于亚热带湿润森林植物区系。由于自然条件优越，又未受到第四纪大陆冰川的毁灭性袭击，因此，植被类型繁多，植物区系丰富。有藻类6门，31科，56属，135种；蕨类植物13科，16属，19种：种子植物123科，308属，462种。在种子植物中，裸子植物有8科，10属，10种；被子植物115科，298属，462种。按照林英教授的区系分析方法，该矿区的植物区系可分为主要世界性或亚世界性成分，主要热带性成分，主要热带、亚热带性成分，主要亚热带性成分，主要亚热带、温带性成分，主要热带、温带性成分和主要温带性成分。植被的优势种和常见植物区系成分以主要热带性成分和主要热带、亚热带性成分占优势。主要植被类型有亚热带常绿阔叶林、常绿与落叶阔叶混交林、针叶林、竹林、荒山灌木草丛、荒山草丛、草甸等。

坡体由大量碎岩和矿尾石块堆砌而成，坡面松散程度较高，且废石含有硫化矿物，没有土层，植被恢复极度困难。坡度为45°～60°，坡面pH值约为3.0，酸度较高。生态治理最大的难点在于：一是坡体极其不稳定，呈现松散体的状况；二是坡面酸化程度较高，严重制约了植物的正常生长。

6.4.4.1　边坡稳定性治理措施

（1）人工开挖平台。坡面松散程度较高，通过人工开挖平台将坡面分割成4个区，到分割坡面，稳定后期喷播基材作用，平台宽度控制在1.0～1.5m。

（2）坡顶截排水沟的设置。在坡顶设置截排水沟，可以防止自然降水而形成的山体上部坡面汇水径流对坡面上植生基材层的冲刷，保证坡面基材层的长期稳定，同时可以减少坡面汇水大量深入坡体内部而形成基材（岩层）滑动的可能。

6.4.4.2　边坡植被恢复方案设计

A　施工分区

坡面整体划分为A、B、C、D共4个区，按照试验计划，4个区设计3种处理方案：（1）A区施工工艺：植被毯+生态棒+挂网厚层基材喷播，面积约800m²；（2）B、D区施工工艺：挂网厚层基材喷播，面积约800m²；（3）C区施工工艺：排水板+挂网厚层基材喷播，面积约400m²。

B　锚杆固定设计

结合坡面的立地条件，主锚杆采用高强度耐腐蚀的高分子材料的膨胀锚杆，

受力时靠锚杆倒齿稳固格栅网，使之不易脱落，辅锚杆采用木桩锚固。

C 隔离层设计

本方案共设4个区，3个处理，A、C两个区设置隔离层，A区隔离层采用植被毯，植被毯中间填充蛭石、珍珠岩；C区隔离层采用排水板。

D 生态恢复设计

鉴于坡面松散程度较高，稳定性差，直接采用常规基材喷播技术难以保证基材长期稳定和合理的厚度，在坡面布设生态棒并用锚固，可以有效地将大坡面进行合理分割，提高基材长期稳定性。

6.4.4.3 植被物种的选择

植物选择标准：（1）选择抗旱、抗风、抗瘠薄的植物种类；（2）选择多种生活型的植物种类（草本、灌木和乔木等），适当引入外来树种，有利于加速植物的演替，建立稳定的植物群落；（3）选择繁殖能力强的植物种类，它们能通过风力传播种子或通过根茎蔓延，迁入、定居到矿区岩体上；（4）引入豆科植物，利于改良土壤和促进其他植物的生长。

采用适宜的种植方式是废石推场植被恢复的技术保障，借鉴国内外成功的护坡技术，针对不同的植物种类采用不同的种植方式（表6-1），利于植物生长和植物群落的建立。

表6-1 植被恢复种植方案

植物种类	种植方案	方案特色
草本(种子)+灌木(种子)	液压喷播，将种子、木纤维、保水剂、黏合剂、废料、染色剂等与水的混合物通过专用喷播机喷射到预定区域	机械化程度高；技术含量高；施工效率高，成本低；成坪速度快、覆盖度大；均匀度大，质量高
木本	育苗器育苗或者直接采购的苗木移栽到边坡上	利于植物自然演替，与周边的自然系统协调统一

6.4.4.4 工程实施效果

酸性废石堆场的植被破坏极其严重，其植被恢复也是一个长期、系统的工作。该项目完成了工程所有工作，已经初见成效。施工两天后先锋草种开始发芽，1个月后绿色已覆盖整个坡面，3个月后植被覆盖度迅速达到了100%，中间间生大量小灌木，坡面呈现出良好的自然景观。

通过对德路铜矿水龙山酸性废石堆场生态环境治理工程进行深入探讨，得到以下几点认识：

（1）恢复目标植物群落类型的确定，在恢复治理中，治理时要具体考虑坡度、高度、岩性、周边环境等因素，坡度大等土地条件恶劣，不适合植物生长发育，要进行种子喷射等植被恢复措施。主要是首先构建先锋植物群落，改善土壤、小气候条件，为最终植被恢复目标的实现创造有利条件。

（2）刺槐、盐肤木、紫穗槐、胡枝子、高羊茅、紫花苜蓿等植物品种表现出良好的生态适应性，是项目区周边类似立地条件进行生态修复司选择的植物品种。

（3）对于边坡苗本的栽植与灌草种子的撒播相结合能够明显提高坡面植被覆盖率，并有利于在一定的周期内逐步形成灌草结合的稳定植被群落。

（4）针对不同的植物种类确定种植方案，利于加快植被恢复进程和推进植被正常演替，形成稳定的植物群落。

（5）植被品种选择及喷射种子配比研究，酸性废石堆场边坡土壤有机质及N、P、K含量低，缺乏植物正常生长发育所需的基本养分，因此植物种类的选择以及配比尤为重要。

参考文献

[1] 魏远，顾红波，薛亮，等．矿山废弃地土地复垦与生态恢复研究进展[J]．中国水土保持科学，2012，10(2)：107-114.

[2] 仇荣亮，仇浩，雷梅，等．矿山及周边地区多金属污染土壤修复研究进展[J]．农业环境科学学报，2009，28(6)：1085-1091.

[3] 周启星，魏树和，刁春燕．污染土壤生态修复基本原理及研究进展[J]．农业环境科学学报，2007，26(2)：419-424.

[4] 宋蕾．美国土地复垦基金对中国废弃矿山修复治理的启示[J]．经济问题探索，2010(4)：87-90.

[5] 白中科，付梅臣，赵中秋．论矿区土壤环境问题[J]．生态环境，2006，15(5)：1122-1125.

[6] 骆永明．污染土壤修复技术研究现状与趋势[J]．化学进展，2009，23(3)：559-564.

[7] 焦居仁．生态修复的探索与实践[J]．中国水土保持，2003(1)：10-12.

[8] 焦居仁．生态修复的要点与思考[J]．中国水土保持，2003(2)：1-2.

[9] 姜德文．荷兰等欧洲国家生态修复所见所思[J]．中国水土保持，2004(5)：4-5.

[10] 王英辉，陈学军．金属矿山废弃地生态恢复技术[J]．金属矿山，2007(6)：4-8.

[11] 魏艳，侯明明，王宏银，等．矿业废弃地的生态恢复与重建研究[J]．矿业快报，2006，11：36-39.

[12] 李江锋．北京矿山废弃地生态恢复质量评价研究[D]．北京：北京林业大学，2010.

[13] 赵默涵．矿山废弃地土壤基质改良研究[J]．中国农学通报，2008(12)：128-131.

[14] 刘凯，张健，杨万勤，吴福忠，等．污染土壤生态修复的理论内涵、方法及应用[J]．生态学杂志，2011，30(1)：162-167.

[15] 王琼，辜再元，周连碧．废弃采石场景观设计与植被恢复研究[J]．中国矿业，2010，19(6):57-59.

[16] 胡振琪，魏忠义，秦萍．矿山复垦土坡重构的极念与方法[J]．土壤，2005，37(1)：9-11.

[17] 李明顺，唐绍清，张杏辉，等．金属矿山废弃地的生态恢复实践与对策[J]．矿业安全与环保，2005，32(4):16-18.

[18] 李永庚，蒋高明．矿山废弃地生态重建研究进展[J]．生态学报，2004，24(1):95-99.

[19] 王琼，辜再元，周连碧．德兴铜矿水龙山酸性废石堆场边坡生态恢复工程模式研究[J]．中国矿业，2011，20(1):64-66.

[20] 赵方莹．矿山生态植被恢复技术[M]．北京：中国林业出版社，2010.

[21] 李金海．生态修复理论与实践：以北京山区关停废弃矿山生态修复工程为例[M]．北京：中国林业出版社，2008.

[22] 赵水阳，孟志军，张才德，等．矿山自然生态环境保护与治理规划：理论与实践[M]．北京：地质出版社，2006.

[23] 周启星，魏树和，张倩茹，等．生态修复[M]．北京：中国环境科学出版社，2006.

[24] 张正峰．土地整理的模式与效应[M]．北京：知识产权出版社，2011.

[25] 吴秉礼，贺立勇，陈晓妮，等．科学决策生态修复目标理论与方法研究[M]．兰州：兰州大学出版社，2009.

[26] 王应刚．生态失调机理与修复方法[M]．北京：气象出版社，2006.

[27] 周连碧，王琼，代宏文，等．矿山废弃地生态修复研究与实践[M]．北京：中国环境科学出版社，2010.

[28] 杨京平，卢剑波．生态恢复工程技术[M]．北京：化学工业出版社，2002.

[29] 任海，彭少麟．恢复生态学导论[M]．北京：科学出版社，2001.

冶金工业出版社部分图书推荐

书　　名	定价(元)
我国金属矿山安全与环境科技发展前瞻研究	45.00
中国有色金属工业环境保护最新进展暨环保达标企业总览	90.00
矿山环境工程(第2版)	39.00
金属矿山环境保护与安全	35.00
金属矿山清洁生产技术	46.00
矿山尘害防治问答	35.00
矿山生产技术管理	45.00
矿山废料胶结充填(第2版)	48.00
复合散体边坡稳定及环境重建	38.00
论提高生产矿山资源的保障能力	95.00
金属矿山尾矿综合利用与资源化	16.00
尾矿的综合利用与尾矿库的管理	28.00
尾矿库手册	180.00
矿山生产规模及要素优化理论与方法	25.00
现代水泥矿山工程手册	360.00
工业生态实用技术知识问答	25.00
资源型城市转型与城市生态环境建设研究	26.00
安全生产与环境保护	24.00
冶金企业环境保护	23.00
能源利用与环境保护——能源结构的思考	33.00
环境污染物毒害及防护——保护自己、优待环境	36.00
走进工程环境监理——天蓝水清之路	36.00
土壤污染退化与防治——粮食安全,民之大幸	36.00
废水是如何变清的——倾听地球的脉搏	32.00
环境污染控制工程	49.00
环境工程微生物学	45.00
环境补偿制度	29.00
“绿色钢铁”和环境管理	36.00